新工科计算机专业卓越人才培养系列教材

计算机图形学基础与应用

——基于WebGL

匡平 何明耘 李凡◎编著

人民邮电出版社

北 京

图书在版编目（ＣＩＰ）数据

计算机图形学基础与应用：基于WebGL / 匡平，何明耘，李凡编著. -- 北京：人民邮电出版社，2022.12
新工科计算机专业卓越人才培养系列教材
ISBN 978-7-115-60237-4

Ⅰ.①计… Ⅱ.①匡… ②何… ③李… Ⅲ.①计算机图形学－高等学校－教材 Ⅳ.①TP391.411

中国版本图书馆CIP数据核字(2022)第190019号

内 容 提 要

计算机图形学是研究利用计算机进行图形绘制的科学，其主要研究内容为利用计算机实现将三维模型投影到平面的方法。本书首先搭建基本的计算机图形学知识体系，然后在此基础上，围绕 GPU 管线的处理结构分析管线各个阶段的实现算法；同时介绍 WebGL 在编程方面的应用，使读者不仅能够掌握图形应用软件的编程方法，还能明白计算机图形学的基本原理。

编者在本书中融入了大量实例的源代码，可以为读者应用不同的理论知识进行实践提供参考。此外，与本书配套的"计算机图形学实验"平台上不仅展示了多个实验下多位学生的三维交互作品，以供院校师生参考学习，而且支持读者注册并使用该平台，进行代码上传与调试及作品展示等，这可以极大程度地提升读者的实战技能。

本书可作为高等院校计算机、数字媒体、软件工程等相关专业的教材，也可供图形应用领域的技术人员学习使用，还可作为图形研究人员的参考用书。

◆ 编　著　匡　平　何明耘　李　凡
　　责任编辑　王　宣
　　责任印制　王　郁　陈　犇
◆ 人民邮电出版社出版发行　　北京市丰台区成寿寺路 11 号
　　邮编　100164　　电子邮件　315@ptpress.com.cn
　　网址　https://www.ptpress.com.cn
　　固安县铭成印刷有限公司印刷
◆ 开本：787×1092　1/16
　　印张：14.5　　　　　　　　　2022 年 12 月第 1 版
　　字数：397 千字　　　　　　　2025 年 1 月河北第 3 次印刷

定价：59.80 元

读者服务热线：(010)81055256　印装质量热线：(010)81055316
反盗版热线：(010)81055315
广告经营许可证：京东市监广登字 20170147 号

❖ 背景介绍

计算机图形学是数字媒体方向的一门专业核心基础课程，其涉及的理论与技术可作为相关学科知识应用的有力支撑。读者在学习本书并实现计算机图形学知识体系搭建的基础上，才能系统学习数字媒体方向的其他相关知识，并对它们加以应用。

经过多年的发展，计算机图形学的相关技术有了很多新的变化。然而现有的某些计算机图形学教材，还是针对最早的固定管线的相关算法进行讲解，虽然几经扩展，但也只是加入了一些 OpenGL 的应用知识，缺乏对整体框架及相关内容的调整。这导致读者在学完相关课程之后很难将相关理论加以应用，即存在严重的理论与实践脱节的问题，进而导致读者进入社会中的相关应用领域后无法直接展示自己的才能。

党的二十大报告中提到："坚持面向世界科技前沿、面向经济主战场、面向国家重大需求、面向人民生命健康，加快实现高水平科技自立自强。"为了使读者更好地学习计算机图形学的相关知识并加以应用，编者特意编写了本书。

❖ 本书内容

本书从计算机图形硬件系统的发展出发，引出绘图所面临的一系列问题，并通过这些问题的引导介绍各种技术的发展路线。同时，本书通过建立管线流水线处理的概念，以及管线各个环节与各章节理论算法的关联关系，搭建一个完整的知识体系。

本书分为两篇。（1）基础篇：围绕固定管线的相关算法进行讲解，对相关理论内容进行简略介绍，并增加应用方面的分析，同时给出很多 WebGL 编程实例。（2）应用篇：扩展介绍基于全局光照模型及 Shader 的编程知识，对可编程管线的内容进行系统讲解，并结合 Three.js 库的多个应用实例，深入讲解高级材质实现的相关方法和编程技术。

❖ 本书特色

1. 系统构建知识体系，紧跟领域技术发展

本书以管线为骨架，通过深层次地融合相关领域的知识，精简固定管线中较为陈旧的内容，提纲性地建立了计算机图形学的知识体系；同时，加大对现有可编程管线模型及真实感绘制相关技术与算法的讲解力度，让读者在了解基础知识体系的基础上，能够紧跟领域技术发展，进而培养"用发展的眼光看专业技术"的思维。

2. 融入丰富编程实例，培养读者实战技能

本书从计算机图形软件开发到 WebGL 编程的相关部分，通过细致地讲解编程技术，帮助读者培养 WebGL 编程的基本能力；在此基础上，分别针对各章的知识点及相关理论的算法，给出大量对应的 WebGL 编程实例，以对相关理论的算法进行应用分析，进而帮助读者培养过硬的 WebGL 编程实战技能。

3. 搭建作品展示平台，服务师生实践应用

为了便于读者对学习效果进行检验，同时协助高校教师更好地开展实践教学工作，本

书编者团队借助"互联网+"技术，创造性地搭建了"计算机图形学实验"平台。该平台不仅支持读者上传并调试作品代码，而且支持读者进行作品的三维交互展示等，能为院校教师检测教学效果提供便利的途径。院校师生可以通过人邮教育社区（www.ryjiaoyu.com）获取该平台的网址。

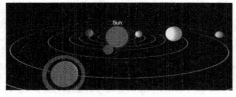 

作品示例一 作品示例二

4. 配套多类型教辅资源，系统化服务教师教学

党的二十大报告中提到："坚持以人民为中心发展教育，加快建设高质量教育体系，发展素质教育，促进教育公平。"为了更好地帮助高等院校教师开展计算机图形学课程的教学工作，编者为本书配备了 PPT、教学大纲、教案、源代码、课后习题答案、实验大纲等教辅资源，用书教师可以通过人邮教育社区进行下载。此外，编者还组建了针对计算机图形学课程的教师服务与交流群，以方便授课教师进行教学心得体会分享、教学实际问题讨论、实验开展方式交流等。

❖ 教学建议

本书分为两篇，共 10 章。第 1 篇（基础篇）对应第 1～7 章，第 2 篇（应用篇）对应第 8～10 章。各章在讲解完理论知识后，大都会对应地分析相关的应用实例。院校教师在实际教学过程中可以灵活地调整课时安排，突出以管线基础理论为核心的理论知识讲解，以及面向 WebGL 编程的应用进阶实战，进而系统地提升学生的理论素养与实战技能。

❖ 编者团队

本书由电子科技大学的匡平、何明耘、李凡合力编著。其中，匡平负责编写第 1～3 章，何明耘负责编写第 4、8～10 章，李凡负责编写第 5～7 章；何明耘负责统稿。

❖ 致谢

感谢为本书的编写与完善提出宝贵修改建议的各位评审老师；感谢为本书案例部分的编写提供相关代码的各位研究生。得益于大家的共同努力，本书才能以如今的形态呈现在读者面前。

鉴于编者水平有限，书中难免存在不妥之处，敬请广大读者朋友与同行专家批评指正。修改建议请发至编者的电子邮箱：hmyun@uestc.edu.cn。

编 者
2023 年夏于成都

CONTENTS **目录**

目录 CONTENTS

CONTENTS 目录

第2篇　应用篇

目录 CONTENTS

第1篇

基础篇

1

第 1 章　概述

本章导读

计算机图形学研究的是在计算机上如何实现模型绘制的技术。光栅式图形系统是通过相应的数学算法将二维或三维模型转化为屏幕光栅图像的系统。

本章将从计算机图形学相关课程、计算机图形学的发展、计算机图形系统、计算机图形软件几个方面进行概括性的介绍。

1.1　计算机图形学相关课程

计算机图形学、数字图像处理、模式识别 3 门课程既相互联系，又各有不同的研究侧重点。上述 3 门课程之间的关系如图 1.1 所示。

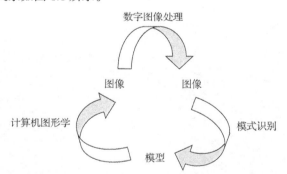

图 1.1　计算机图形学、数字图像处理、模式识别 3 门课程之间的关系

计算机图形学是研究通过计算机将模型数据转换为图像，并在专门的显示设备上显示的学科。其主要研究各种模型的建模、表达及绘制的方法，通过所描述的场景结构、物体几何模型、物体表面反射特性、光源配置及相机模型等信息，融合生成真实感场景，并最终显示图像结果。

数字图像处理是利用计算机技术实现对图像的各种变换，如图像压缩、图像修复、图像增强、图像识别、图像分割等应用操作。数字图像处理技术包括图像的空域和频域变换、形态学操作、卷积运算等，在像素级别上实现图像数据的运算。数字图像处理实现的是从图像到图像的变换。

模式识别研究从图像等原始数据中提取模型特征，还原并生成相应的模型。针对数字图像的模式识别，就是实现从图像数据空间到特征模型空间的变换。其主要内容包括数据特征提取、特征分析、特征选择、分类器设计等。

计算机图形学与数字图像处理，在数据来源、处理方法、理论基础及应用领域上具有一定的区别与联系，如表 1.1 所示。

表 1.1　计算机图形学与数字图像处理的区别与联系

课程	数据来源	处理方法	理论基础	应用领域
计算机图形学	数字模型	几何变换、拟合、图形操作、图形模型生成、图形处理、隐藏线、面的消除、浓淡处理、色彩纹理处理、图像生成等	多利用矩阵代数、计算几何、分形几何等理论	多应用于 CAD/CAM/CAE/CAI，以及计算机艺术、计算机模拟、计算机动画、多媒体系统应用等领域
数字图像处理	光栅图像	图像采集、存储、编码、滤波、增强、压缩、复原、重建、图形理解识别等	多利用二维数字信号滤波，各种信号正交变换等理论	多应用于多媒体系统、医学、遥感遥测、工业控制、监测监视、天文气象、军事侦察等领域

1.2　计算机图形学的发展

计算机图形学起源于 1950 年，麻省理工学院的 Whirlwind 计算机采用了基于 CRT（cathode ray tube，阴极射线管）的显示器，并由此产生了简单的计算机绘制方法和系统。光栅扫描显示器的出现推动了光栅图形学算法的迅速发展，计算机图形学进入了第一个兴盛的历史时期。区域填充、多边形裁剪、三维景物消隐及 Phong 光照模型等技术的出现，都为计算机图形学的发展奠定了基础。同时 CAD/CAM 等图形应用系统开始面市。

20 世纪 80 年代，高质量真实感图形绘制的研究达到了一个新水平。1980 年，怀特（Whitted）提出光透视模型（Whitted 模型）并借此第一次实现了光线跟踪算法。超大规模集成电路的发展，以及计算机 CPU 硬件性能的提高，又进一步提升了计算机图形学理论研究和应用技术开发的水平。

近些年，随着图像捕捉设备的快速发展，人们有机会对真实世界进行大量的图像采集。针对大量的图像，一方面需要研究者研发有效的图像编辑、分析和解构技术，另一方面也使得研究者开始探索是否可以抛开其背后的物理机制，直接基于三维世界的这些观察结果建立新的表达。上述工作催生了基于全光函数的表达和基于图像的绘制技术。

进入新时代，我国将会推动战略性新兴产业融合集群发展，构建新一代信息技术、人工智能、生物技术、新能源、新材料、高端装备、绿色环保等一批新的增长引擎。随着硬件设备的发展和普及，以及计算机视觉和机器学习技术的进步，计算机图形学的应用场景将得到更大的扩展。面向真实世界，机器人和三维打印将成为新的应用场景；面向虚拟世界，虚拟现实、混合可视媒体将成为新兴的应用场景，带给人们更好的娱乐体验，释放人类的想象力；在真实世界和虚拟世界之间，增强现实可将虚拟信息融入真实世界，并增强人类在真实世界的体验。

1.3　计算机图形系统

计算机图形系统由图形硬件系统及图形软件系统组成。图形硬件系统主要包括输出设备、图形处理单元及输入设备等，其中图形处理单元是核心。

1.3.1 光栅扫描显示

光栅式图形系统是现阶段计算机图形学的基础，计算机绘制的最终结果都展现在光栅式显示设备上，目前几乎所有的绘制方法都建立在基于光栅扫描显示的基础上。光栅扫描显示采用标准栅格动态扫描方式展示内容。任何要显示的内容，如图片或者文字，都由光栅阵列中的一些像素构成，并以数值形式存储在计算机中。计算机图形处理的最终目标就是生成这个标准栅格的结果图像。

1. 光栅图像的显示

在光栅图像中，每个网格点都被称为"像素"。在给定时间，每个像素只能显示一种颜色，如图 1.2 所示。一幅光栅图像通常是一个由 $W \times H$ 个像素构成的矩形，每个像素在该网格中的坐标位置称为该像素的坐标。像素坐标定义为 (W,H)。按照惯例，像素坐标是零索引的，原点位于图像的左上角。因此像素 $(W\text{-}1,H\text{-}1)$ 位于宽为 W 像素、高为 H 像素的栅格的右下角。

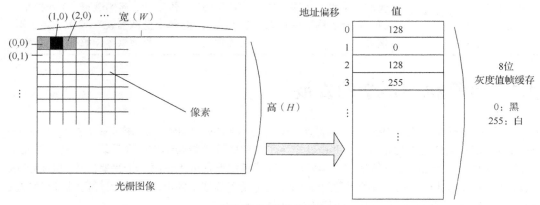

图 1.2　光栅图像的显示

这些像素都保存在一个称为帧缓存的存储区域中。帧缓存中的像素数目称为图像的分辨率，它决定了从图像中可以分辨出多少细节。一般计算机显示器的分辨率约为 1920 像素×1080 像素，约 100 万像素；4K 显示器能达到 4096 像素×2160 像素的分辨率，约 800 万像素。分辨率越高，意味着图像可以表现的空间细节水平越高，存储空间要求就更高。

光栅扫描是指光栅显示的动态刷新方式，系统定期扫描遍历所有像素，根据变换内容对像素进行动态更新。例如，针对 CRT 显示设备，控制电子束顺序扫描，每个像素值根据内容进行动态调整。下面以 CRT 显示设备为例分析扫描过程，其他设备的情况类似。在光栅扫描中，电子束横向扫描屏幕，扫描的每一行称为一条扫描线（scan line）。扫描线从上到下，即扫描完整个画面，称为一帧（frame）。在隔行扫描系统中，系统会先扫描奇数行，再扫描偶数行，这样一帧就分为两场，即奇场和偶场。每一帧扫描的所有像素就是一个矩形像素栅格，这些像素存储在计算机中。这个针对扫描存储的缓存称为帧缓存（frame buffer）。每秒扫描的帧数称为扫描频率，如每秒 60 帧或 80 帧，即 60Hz 或 80Hz。

如图 1.3 所示，当每一行扫描结束的时候，电子束需要在水平偏转磁场和垂直偏转磁场的偏转作用下，回到下一行的起点（这个过程称作回扫）。回扫过程不进行像素处理。水平回扫即行扫描，垂直回扫即场扫描。

逐行扫描及隔行扫描：在逐行扫描显示器中，像素按照刷新率一行一行地依次显示；在隔行扫描显示器中，奇数行和偶数行交替刷新。隔行扫描技术主要用于较慢的刷新速率，以避免闪烁。

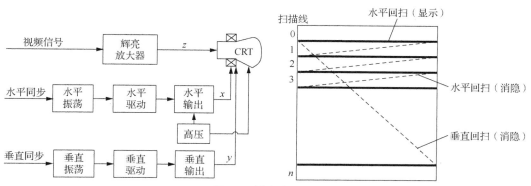

图 1.3 光栅扫描示意图

2. CRT 显示设备

CRT 显示器是最早的光栅扫描显示设备。图 1.4 是 CRT 显示器的简化示意图。CRT 显示器是一个真空玻璃管，由电子枪、控制系统（聚焦系统、加速系统、磁偏转系统）、荧光屏等组成。

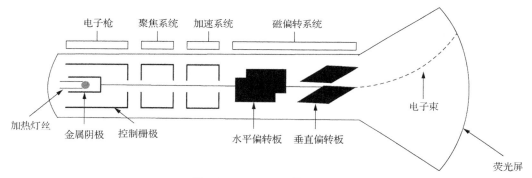

图 1.4 CRT 显示器的简化示意图

其工作原理是：由金属阴极放出的电子通过控制栅极后变成电子束，该电子束在聚焦系统的作用下进一步聚焦，形成很细的束，然后在超高压电场（通常为 15 000～20 000V）的加速下轰击到荧光屏的不同部位，被其表面的荧光物质吸收，从而发光产生可见的图形。

从外形上看，CRT 显示器分为管颈部分、锥体部分、屏幕部分；从结构上看，CRT 显示器分为电子枪、控制系统（包含聚焦系统、加速系统、磁偏转系统）、荧光屏。

● 电子枪：产生一个沿管轴方向前进的高速的细电子束，撞击荧光屏。其中控制栅极对发射电子的多少实施控制。控制电压越小，通过栅极的电子就越少。因此，控制系统控制电子束击中荧光屏的点的强度。

● 聚焦系统：使电子束轰击荧光屏聚集成小点。

● 加速系统：使电子形成高能电子束。

● 磁偏转系统：利用磁场使电子束产生偏转，以便电子束轰击在荧光屏上的任意位置。

● 荧光屏：内壁荧光屏涂有荧光粉，当被电子轰击时，荧光屏就会发光。

荧光屏是用荧光粉涂敷在玻璃底壁上制成的，常用沉积法涂敷荧光粉。玻璃底壁要求无气泡，表面光学抛光。

荧光粉的性能要求：发光颜色满足标准（白色）、发光效率高、余辉时间合适及寿命长等。

分辨率的另一种定义：CRT 显示器在水平或竖直方向的单位长度上的最大像素个数，单位通常为 dpi（dots per inch）。

3．其他显示设备

彩色阴极射线管基于三基色原理。主要结构有 3 色荧光屏（见图 1.5）、3 支电子枪、荫罩板。

图 1.5　3 色荧光屏

彩色阴极射线管是荫罩式的，荧光小点的面积缩小到等于实际发光面积，小点之间的空隙全部由石墨涂敷，这样既可增加亮度，又可减少荫罩板的发热损耗。

显示终端包括液晶显示器、投影显示器等，其显示控制的基本方式为上述的光栅图像显示方式。

1.3.2　图形处理单元架构

较早的计算机在处理图形时涉及的硬件主要包括显示设备（如 CRT 显示器）、视频控制器及显示缓冲存储器（简称显示缓存），如图 1.6 所示。显示缓存可以放在系统主存的特定位置（一般是内存地址的开始段），视频控制器定期访问该显示缓存，从中读取数据，生成驱动光栅扫描显示的扫描信号，以刷新屏幕。在该系统中，总线和存储区域都与计算机主系统共享，系统的处理能力较低。

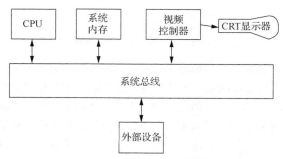

图 1.6　简单的光栅图形显示系统

显示缓存中存储单元的数目与显示器上像素的数目一致，且每个存储单元对应一个像素，各单元设定的长度决定了像素所能表达的颜色种类的数量。如黑白显示系统的显示缓存的每个存储单元只需一位。

当像素颜色用 RGB 三基色表示时，若每个帧缓存中每个存储单元有 24 位（每种基色占 8 位），即显示系统最多可表示 2^{24} 种颜色（24 位真彩色）。例如，颜色为 24 位真彩色、分辨率为 1024×1024 的显示器，至少需要 1024×1024×24/8 = 3（MB）的存储空间。帧缓存的大小 V 与分辨率 $M×N$、颜色个数 K 的关系如下。

$$V \geqslant M \times N \times K / 8$$

视频控制器定期从帧缓存中读取数据，生成驱动光栅扫描显示的扫描信号，实现系统的动态刷新显示。

应用程序使用图形软件包的命令设定显示对象相对于笛卡儿坐标系原点的坐标位置。原点可以设定在任意位置，但多数情况下将坐标原点定义在屏幕的左下角，如图 1.7 所示。屏幕表面表示二维系统的第一象限，x 的正值向右递增，y 的正值从下到上递增。像素位置用整数 x 从屏幕左边的 0 到右边的 x_{max} 和整数 y 从底部的 0 到顶部的 y_{max} 赋值。但在屏幕刷新等硬件处理及某些软件系统中，像素位置以屏幕左上角为参考点。

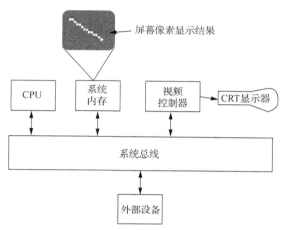

图 1.7　帧缓存与屏幕像素的对应

图 1.8 给出了常用的光栅系统架构。帧缓存使用系统内存的固定区域，且由视频控制器直接访问。显示图形时所需的计算工作直接由 CPU 完成，即由 CPU 计算出表示图形每个像素的坐标并将其属性值写入相应的帧缓存单元。由于扫描转换的计算量相当大，这样做会加重 CPU 的负担。

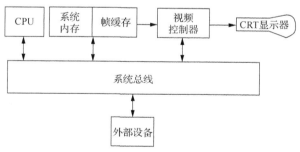

图 1.8　常用的光栅系统架构

视频控制器依据设定的显示工作方式，自主地、反复不断地读取帧缓存中的图像点阵数据，转换成 R、G、B 这 3 色信号并配以同步信号送至显示设备，用于刷新屏幕。图 1.9 给出了视频控制器的基本刷新操作流程。有两个寄存器用来存放屏幕像素的坐标。开始时，为顶部扫描行将 x 寄存器置为 0、将 y 寄存器置为 y_{max}。存储在帧缓存中该像素对应位置的值被取出，并用来设置 CRT 显示器电子束的强度值。然后，x 寄存器增加 1，对下一个像素进行操作。通过该流程对扫描线的每个像素依次进行操作，处理完顶部扫描线的最后一个像素后，x 寄存器复位为 0，y 寄存器减 1，指向顶部扫描行的下一行。同样，依次处理沿该扫描线的各像素。该过程对每条后续的扫描线重复执行。当循环处理完底部扫描线的所有像素后，视频控制器将寄存器复位为最高一行扫描线上的第一个像素位置，刷新过程重复开始。

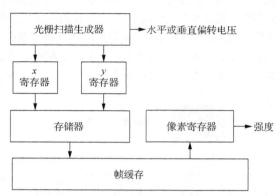

图 1.9　视频控制器的基本刷新操作流程

视频控制器可以设置不同的刷新周期，在一个周期内视频控制器会从显示帧缓存中取出一帧的图像像素强度值，然后以扫描方式显示输出。在高性能动画绘制系统中，常常提供两个帧缓存，一个缓存用来刷新（称为前台），另一个缓存用以像素填充（称为后台）。前、后台之间可以随时切换，这种方法能够提供生成实时动画的快速机构。正在绘制的移动对象，其结果视图可以逐一装入后台缓存，而不用中断前台的刷新周期。

GPU 是专门的显示处理器，它将 CPU 从复杂的图形处理中解脱出来，CPU 不再处理图形数据，而是交给 GPU 独立完成。另外，GPU 还配有专门的存储器。具有 GPU 的光栅式图形系统如图 1.10 所示。

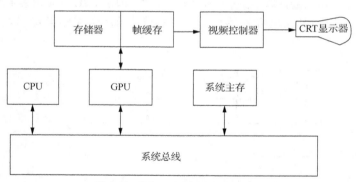

图 1.10　具有 GPU 的光栅式图形系统

GPU 有自己独立的存储器，其操作更加快速。凡是图形处理的操作命令 CPU 都会通过总线传递给 GPU 来完成。GPU 的设计不同于 CPU，GPU 采用专门的管线处理架构，能大大提高图形处理的效率。GPU 中的管线会以流水线的方式自动把图形按照设定好的参数绘制成像平面中的像素，存储在帧缓存中，最后由视频控制器读取、显示、输出。

不同于 CPU 的指令队列方式，GPU 中的功能按照管线组织，每个阶段的任务固定，指令与处理的数据类型相对固定，使用这样的管线结构比使用非管线结构可以得到更大的吞吐量。管线结构的整体速度是由管线中最慢的那个阶段决定的。

绘制流水线可分为 3 个阶段：应用程序阶段、几何阶段、实现扫描转换的光栅阶段。每个阶段又可以进一步划分为几个子阶段，为了对子阶段进行加速，又可以对子阶段进行并行处理。绘制流水线的结构如图 1.11 所示。

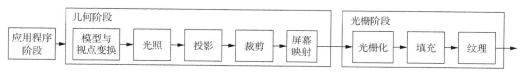

图 1.11　绘制流水线的结构

1.4　计算机图形软件

计算机图形软件通常分为两类：通用编程图形软件和专用应用图形软件。

通用编程图形软件提供可用于高级程序语言（如 C、C++、Java 等）的图形函数库，它包含基本的图形绘制命令（如线、曲线、多边形等）和管线设置命令。专用应用图形软件针对特定的应用领域，对底层的图形处理进行功能和系统的封装，用户可专注于领域知识，形成固有的操作指令和流程，而无须在功能层进行底层管线编码。这类应用一般接口简单、专业化，如各种 CAD 系统。

1.4.1　Direct3D 和 OpenGL 概述

Direct3D 和 OpenGL 是目前两大三维图形管线处理的 API（application program interface，应用程序接口）。Direct3D 是基于微软（Microsoft）公司 COM（common object mode，通用对象模式）的三维图形 API。它是由微软一手创立的三维 API 规范，所有的语法定义都包含在微软提供的程序开发组件的帮助文件和源代码中。自 1996 年发布以来，Direct3D 以其良好的硬件兼容性和友好的编程方式很快得到了用户广泛的认可，现在几乎所有的具有三维图形加速功能的主流显卡都对 Direct3D 提供良好的支持。它的缺陷是形式较为复杂，稳定性差。另外，目前 Direct3D 只在 Windows 平台上得到支持。Direct3D 作为微软 DirectX 的组件之一，不断升级更新，在微软的全力扶植下，Direct3D 发展极快，如 DirectX7 正式支持硬件 T&L（光影变换），DirectX8 提供对像素着色器（pixel shader）和顶点着色器（vertex shader）的支持，DirectX9 提供 2.0 版本的可编程顶点和像素着色模式。显卡硬件厂商也纷纷在最新产品中将最新的 D3D 硬件支持作为卖点。

D3D 应用主要集中于游戏和多媒体方面，在专业高端绘图应用方面，OpenGL 仍是主角。OpenGL 是由多家机构联合发布的，与硬件无关的图形处理软件标准接口。针对移动设备平台，推出专门的 OpenGL ES（OpenGL for embedded systems）版本，用于大多数智能手机和平板电脑。OpenGL ES 具有简化的函数调用，并保留了许多与 OpenGL 相同的功能。

OpenGL 的第一个版本（version 1.0）发布于 1992 年，到 2017 年已发布了 4.6 版本。早期版本致力于立即绘制模式（immediate mode graphics），也就是说，在应用程序中指定图元并立即将之传递到绘制流水线中绘制并显示结果。因此，立即绘制模式没有图元存储区，如果需要重新显示这些图元，则必须将它们重新发送到绘制流水线中。到 version 1.5 逐渐增加了一些新的特性，以支持特定的图形硬件的扩展开发。2004 年发布了 version 2.0，version 2.0 的发布是 OpenGL 的重大进步，因为它引入了 OpenGL 着色器语言，允许编程人员编写自己的着色器程序并充分利用 GPU 的巨大能力。特别地，借助于更强的处理能力和更多的存储区，延迟绘制模式（retained mode graphies）变得越来越可行。

较早的 OpenGL 版本都向下兼容，以保证在早期版本上开发的代码可以在后续版本中继续运行。但为了适应新的图形管线处理架构的变化，新的版本不再支持一些较旧的功能特性。从 version 3.1 开始，所有的实现将不再提供向下兼容，尤其不支持立即绘制模式，后来的一系列版本引入了更多特性。目前 OpenGL 可以移植到一些其他的开发语言下，但主流的开发仍采用 C 或

C++编程。

针对嵌入式平台，OpenGL ES 1.1 基于 OpenGL version 1.5，OpenGL ES 2.0 基于 OpenGL version 2.0。OpenGL ES 2.0 只支持基于着色器的应用程序，不支持立即绘制模式。OpenGL 和 OpenGL ES 都被设计成在本地运行，只有本地代码才能调用本地系统的 GPU 加速。因此，即使可以远程运行一个应用程序并在本地窗口观察它的输出，应用程序也不能利用本地系统的 GPU。WebGL 是运行在 Web 浏览器上的 OpenGL ES 2.0 的 JavaScript 接口，用户可以通过 URL 访问远程系统上的 WebGL 应用程序，类似于其他客户端 JavaScript 应用程序一样，应用程序先下载到本地，然后在本地运行，这样可以利用本地的 GPU 加速。WebGL 完全基于着色器，尽管 WebGL 不具备 OpenGL 最新版本的所有特性，但是仍保留了 OpenGL 所有的基本属性和功能。所以，我们提到 OpenGL 或 WebGL 时，几乎不考虑它们之间的区别。

1.4.2 WebGL 概述

最新的浏览器中基本都内嵌了对 WebGL 的支持，只要在浏览器中打开三维加速的相关功能，网页中的相关 WebGL 代码就可以在本地运行，在网页上绘制出交互的三维图形。WebGL 1.0 基于 OpenGL ES 2.0，该版本专为智能手机和平板电脑等嵌入式系统设计。

不同于 VRML 采用基于标记语言来表达图形绘制和相关属性，WebGL 通过增加 OpenGL ES 2.0 的一个 JavaScript 绑定，可以为 HTML5 Canvas 提供硬件三维加速渲染功能，这样 Web 开发人员就可以借助系统显卡在浏览器里更流畅地展示三维场景和模型了，还能创建复杂的导航内容和数据视觉化内容。显然，WebGL 免去了开发网页专用渲染插件的麻烦，可以用来创建具有复杂三维结构的网站页面，甚至可以用来设计三维网页游戏等。

WebGL 内嵌在浏览器中，无须安装插件和库就可以直接使用它。同时，WebGL 是基于浏览器的，如同开发其他类型的网页程序一样，使用 HTML 定义网页静态内容，并使用 JavaScript 操作动态内容即可。所以，通过一个文本编辑器和浏览器即可开始开发 WebGL 三维程序。相对于 OpenGL，WebGL 更方便、更快捷，无需专用的集成开发环境（比如微软 Visual Studio），没有编译、连接等烦琐的过程。此外，基于 WebGL 周边也衍生了众多的第三方库，如 Three.js，以及用于开发游戏的 Egert.js 等，都可以大大地降低在浏览器上开发三维交互程序的难度。WebGL 实现的三维曲面效果如图 1.12 所示。

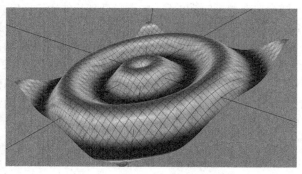

图 1.12　WebGL 实现的三维曲面效果

1. WebGL 编程的流程

（1）创建 HTML 文件。HTML 文件中包含一个 canvas 元素的静态定义，在该定义中确定 WebGL 绘图区间，所有的三维图形信息最终都映射绘制到此 canvas 二维平面。

（2）创建 JavaScript 文件，通过文档对象获取该 canvas 元素的句柄，在该句柄上创建绘制对象。然后就可以调用 WebGL 函数进行三维绘图操作。

（3）定义 Shader（着色器），Shader 程序是专用于 WebGL 内部渲染引擎的程序片段，有其独立的编程语法体系，采用类 C 语言语法，以字符串的形式进行定义，然后通过 WebGL 函数进行编译、连接和启用。

2. 创建 WebGL 对象

不同浏览器支持 WebGL 对象的方式有所不同，所以创建时需要做类似如下的兼容处理。

```
var canvas = document.getElementById( "glcanvas" );
gl = canvas.getContext( "Webgl" ) || canvas.getContext( "experimental-Webgl" );
```

3. 编写 Shader

编写 Shader 的语言又称为着色器语言。WebGL 中的着色器语言采用 GLSL ES，基于着色器绘制是可编程管线的标准绘制流程。着色器处理主要包含如下两个部分。

- 顶点着色器：顶点着色器是用来描述顶点特性（如位置、颜色等）的程序。顶点是指二维平面或三维空间的一个点，比如二维平面或三维空间中线与线的交叉点或者线的端点。
- 片元着色器（fragment shader）：负责逐片元处理过程（如光照等）的程序。片元（fragment）是图形绘制管线的一个术语，可以将其理解成光栅化后所处理的绘制单元。

WebGL 系统对每个顶点数据进行运算处理时，主要执行与每个顶点相关的操作。比如在画直线时，系统会对这两个顶点各自调用一次顶点着色器程序。利用顶点着色器，用户可以有针对性地处理所有顶点数据。

WebGL 系统对每个像素进行运算处理时，片元着色器的逻辑被执行，执行次数与所需处理的像素数目一致。比如画两点连成的线段，这条线段显示在 canvas 上有多少个像素，片元着色器逻辑就会执行多少次。通过片元着色器，用户可以干预每个像素的颜色计算。

JavaScript 程序与着色器程序协同工作的流程如下。

（1）以字符串源代码的方式在 JavaScript 程序中定义着色器。

（2）JavaScript 程序将字符串源代码形式的 Shader 编译、连接、绑定等，最后生成可执行的着色器对象，存于 WebGL 系统内部待用。

（3）JavaScript 程序给 Shader 准备好需要的数据，数据传递有两种方式，一种是传递单一值的方式，另一种是通过缓冲区机制批量传递多个值的方式。

（4）JavaScript 程序启动绘图操作，在 WebGL 系统内部，Shader 程序会被自动调用，Shader 程序会按照 JavaScript 程序指定的方式读取数据并进行处理运算。

1.4.3　WebXR 概述

虚拟现实（virtual reality，VR）使用计算机技术来生成逼真的三维虚拟世界。利用一些专业的传感设备，如传感头盔、数据手套等，让用户融入虚拟空间，实时感知和操作虚拟世界中的各种对象，从而获得置身于相应的真实环境中的虚拟感、沉浸感，如同身临其境。虚拟现实技术是融合计算机图形学、智能接口技术、传感器技术和网络技术等的综合性技术。虚拟现实系统应具备与用户交互、实时反映所交互的结果等功能。

增强现实（augmented reality，AR）即在真实信息基础上叠加虚拟信息，提升用户对世界的感知能力。它以计算机为工具，将人为构建的辅助虚拟信息叠加到真实世界，使虚拟的物体信息和真实的环境信息叠加到同一个画面或空间，同时呈现给用户，被用户感知，以使用户获得比真实世界更丰富的信息。增强现实由虚拟现实发展而来。增强现实技术不仅可展现真实世界的信息，而且能将虚拟信息同时显示出来，两种信息相互补充、叠加。增强现实技术包含多媒体、三维建模、实时视频显示及控制、多传感器融合、实时跟踪及注册、场景融合等新技术与新手段。

混合现实（mix reality，MR）是把真实世界数字化后，再叠加虚拟信息于其上的一种虚实交互的新模式。混合现实将虚拟物体置于真实世界中，并让用户可以与这些虚拟物体进行互动。在整体的技术方面，混合现实与增强现实没有太大差异，只是在潜在的应用层存在一些差异。

虚拟现实的目标是建立完全虚拟的世界，让用户沉浸在其中。现阶段虚拟现实可以采用 Oculus Rift 头盔、HTC VIVE 头盔、PlayStation VR、Gear VR 和 Google Cardboard 等设备来实现，用户通过镜头可观看到虚拟世界，能够与虚拟物体进行交互，沉浸在一个完全虚拟的空间中。增强现实是通过计算机视觉技术，将虚拟信息叠加到真实世界的影像中，同时让用户能够看到融合了虚拟信息的现实世界。增强现实更有可能在日常生活中得到广泛应用。谷歌眼镜就是基于增强现实技术的，另外还有飞行员的头盔等，当人们在观察相应的虚拟数据时，也不影响对外部世界进行感知。增强现实的设备会以某种方式将信息、虚拟三维物品和视频叠加到用户的视野当中，其设备往往较小、较轻。在人们看来，这些数据悬浮在眼前，这也就是增强现实的强大之处。而混合现实是把真实世界数字化，然后使虚拟物体与真实世界之间增加一层空间信息的关联关系，更能体现虚拟物体在真实世界中的空间存在感。微软 HoloLens、影创科技的即墨头盔等就是混合现实的设备。

在现实生活中，AR/VR 应用于动漫、游戏领域可带来较强的交互体验性，例如，图 1.13 展示了哈佛大学洪玉洁博士项目组设计的 VR 游戏 *Space Shifter* 的截图，让用户与虚拟空间产生新颖直观的互动。洪玉洁博士项目组对哈佛校园中 Gund Hall 里的一系列空间进行数字化处理，使之能够表现现实中的场景，让用户能够在虚拟现实世界中漫游。图 1.14 展示了哈佛绿色建筑与城市研究中心（CGBC）使用的可视化工具 HouseZero Holo，该项目设计了一个旨在实现零能耗的建筑，同时利用 HoloLens 和相应的软件创建了一个更身临其境和直观的数据可视化模式。HouseZero Holo 能帮助参观者理解建筑在改善自然通风、自然采光和低能耗方面的创新，还可协助 CGBC 的研究人员监控这些创新的表现。

图 1.13　VR 游戏 *Space Shifter* 的截图

Mozilla 公司在 2018 年初推出了名为 WebXR 的新标准，用于将 XR（AR、VR 和 MR）内容直接集成至网络浏览器。

现在，谷歌公司已经"拥抱"了这一概念，并且为其 Chrome 浏览器带来了 WebXR。WebXR 在很大程度上受到了行业的欢迎，但存在一系列的挑战和问题。WebXR 正是为了解决这些问题而诞生的新标准，同时为 AR 和 MR 内容登录网页端敞开了大门。

图 1.14　可视化工具 HouseZero Holo 的截图

　　布兰登·琼斯（Brandon Jones）表示，WebXR 存在 WebVR 所不具备的许多优势，包括更多针对浏览器的优化，以及更清晰、更一致和可预测的操作，从而为程序员的开发带来便利。其新 API 同时兼容一系列的设备，能扩大相关内容的覆盖面。

　　在优化方面，在 Pixel XL 智能手机上采用 WebVR，可以实现 1145 像素×1807 像素的分辨率，200 万像素的效果展示。但在 WebXR 标准下，相同的内容可以达到 1603 像素×2529 像素的分辨率，约 400 万像素。这不仅令像素数目翻了一番，而且能够维持相同的高帧率。这项新技术意味着只需切换到新的 API，开发者就可以令基于网页的沉浸式程序在画面上看起来更优秀，运行更顺畅。

1.5　本章小结

　　本章总体讲述计算机图形处理的基本概念，读者学完本章需要掌握光栅扫描显示的概念，要清楚现在的图形处理技术都建立在目标输出是光栅扫描显示结果的基础上。如果将来有新的其他输出显示模式，则会产生新的图形处理技术。

习　　题

　　1. 什么是光栅扫描显示系统，现在的 LCD 和投影显示器也算光栅扫描显示系统吗？

　　2. 光栅扫描显示系统是当今计算机图形系统的绘制目标，如果将来显示方式更改了，如更新为激光全息方式，则现在的计算机图形系统有哪些部分还可以保留？

　　3. 描述计算机图形系统的发展过程，从无独立 GPU 到现在的独立 GPU 模式，其图形处理单元的变化是什么？

　　4. 什么是帧，什么是场，分辨率是指什么，扫描频率是什么？

　　5. 隔行扫描和逐行扫描的区别是什么？

　　6. 一个分辨率是 1024 像素×768 像素，RGB 真彩色像素深度（24 位），扫描频率是 60 帧/秒，其显示通道的带宽是多少？

　　7. VR、AR、MR 分别指什么？

2

第 2 章　图形处理管线

本章导读

不同于 CPU 的指令队列方式，GPU 在处理图形绘制时采用管线方式，功能固化在流程上，模型数据通过流水线方式，最终产生绘制结果。

本章将围绕 GPU 与 CPU 的区别、固定管线流程、可编程管线和 buffer 编程等内容展开讲解。

2.1　GPU 与 CPU 的区别

CPU 采用基于指令队列执行的模式。CPU 从指令队列中读取一条条命令，然后按顺序执行，通过各条命令的执行最终实现系统功能。该模式具有很强的通用性，可以处理各种不同的数据类型，既能实现图形的绘制算法，也能完成文字处理的编辑功能。而 GPU 采用管线处理模式，其固化了图形处理的功能流程，包括不同阶段的基本功能。GPU 的指令更多的是在调整管线的属性，而非管线功能的实现。因此 GPU 具有高并行结构，在面对图形类型的数据时，GPU 具有更高的运算效率。

现有的计算机系统把图形处理功能从 CPU 中剥离，单独交给 GPU 完成。如图 2.1 所示，处理图形的应用程序被加载运行的时候，CPU 遇到处理图形的指令，会把该指令和相关数据通过总线发送到 GPU，因此图形的绘制可以通过 GPU 硬件加速。GPU 具有单独的内存，按照管线模式管理存储对象。为了实现三维程序的更快处理，应该减少 CPU 和 GPU 之间的通信开销，尽量将多个周期运行的命令及所需要的数据预先存储到 GPU 内存中。

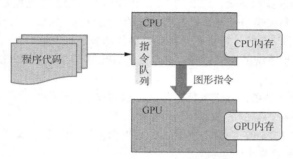

图 2.1　GPU 和 CPU 处理数据时的关系

2.1.1 计算机绘制概述

计算机图形技术用于将由点、线、面构成的模型绘制成光栅图像，并在帧缓存中输出结果。计算机绘制图像的方法与传统成像方法是相似的，类似于相机与人类视觉系统，都遵循小孔成像的原理。

1. 场景观察

计算机中的模型由点、线、面等基本元素构成，利用空间几何表达，还原真实的三维场景。要对场景进行绘制，还需要设置相应的光照条件及观察者。如图 2.2 所示，计算机根据观察者的位置和方向，实时模拟光线投射成像的过程，遍历场景中所有的几何对象，并根据光照计算展示不同结果像素的颜色。

图 2.2　场景、光照与观察者

2. 绘制方法

如何从模型到观察结果绘制，需要考虑多方面的因素。模型的反射特性及场景中光源的特性都会影响生成的图像。在绘制时，我们可以通过跟踪光源的光线建立成像模型，因此产生了光线跟踪算法。考虑光从光源发出，向各个方向发射。其中一部分光线直接照射到物体，不同的物体表面还要折射这些光线（例如一面镜子，全镜面反射周围环境的图像；又如表面透明的物体，光源发出的光线就可以穿过它，折射之后与其他物体相互作用），最终光线进入相机成像。

光线跟踪和光子映射就是基于这一思想形成的图像绘制技术，虽然跟踪光线可以提供一个物理世界的近似，但它通常不太适合实时计算。近些年也出现了一些基于能量守恒定律的模型，其在效果和实时性方面具有较好的性能。

2.1.2 成像原理

成像过程是对场景中的模型进行投影，从而产生最后图像的过程。投影的 3 个要素：投影中心、投影射线和投影平面。投影中心是小孔中心，或者是透镜成像的透镜中心；投影射线模拟物体上的光线，通过投影中心射向投影平面；投影平面是要成像的位置，类似于相机中的胶片，以及人眼的视网膜。小孔成像和人眼的透镜成像都属于透视投影，其特点是投影射线汇聚于投影中心，所产生的像有远小近大的效果。在工程绘图中，我们还会定义平行投影，其特点是投影射线都平行，所产生的像具有大小不变的特征。

图 2.3 展示了小孔成像的原理，由该图可以计算出空间物体点(x, y, z)在胶片平面 $z = -d$ 上所成像的位置。图中的两个三角形相似，由此可得像点的坐标为

$$y_p = \frac{y}{z/d}, \quad x_p = \frac{x}{z/d}$$

像平面上的点$(x_p, y_p, -d)$称为空间点(x, y, z)的投影。注意，空间点(x, y, z)与像平面上点$(x_p, y_p, -d)$的连线上的所有点最终都投影到该像平面上的点$(x_p, y_p, -d)$，所以不能从成像平面上的一点按相反的方向找出生成该投影点的初始点。相机的视域（field of view）或者视角（angle of view）定义为透镜成像的最大角度。

根据图 2.4 可以计算出视域，如果是在三维空间，则还需要考虑水平视角和垂直视角。h 是相机的高度，则视角 θ 为

$$\theta = 2\tan^{-1}\frac{h}{2d}$$

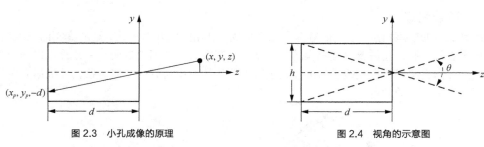

图 2.3　小孔成像的原理　　　　　　　　　图 2.4　视角的示意图

理想的针孔相机具有无穷大的景深（depth of field）：视域范围内的所有点不论与相机的远近如何，都会被清晰成像。针孔相机有两个缺点：第一，因为孔非常小，通过小孔的光线非常少；第二，相机的视角不能调节。

通过用透镜替换小孔就可以弥补上述两个缺点。首先，透镜收集的光线比小孔所能通过的光线要多。透镜的孔径越大，所能收集的光线就越多。其次，通过选择具有合适焦距的透镜（焦距和针孔相机中的 d 等价）可以获得任何想要的视角（直到 180°）。然而，实际的透镜并不具有无限大的景深，因此并不是透镜前的所有物体都可以清晰成像。

2.2　固定管线流程

2.2.1　处理流程

GPU 通过管线方式实现图形的绘制。我们可以把图形处理管线想象成车间里的一条流水线，输送给这个图形处理车间的原材料是图形的一些相关数据，这些原材料经过流水线上一个阶段的处理，所得到的输出又作为下一个阶段的输入，按照既定的流程，最终输出屏幕上的各种结果图像。

如图 2.5 所示，固定管线的处理流程主要分为顶点处理、光栅化、片元处理和合并输出 4 个步骤。

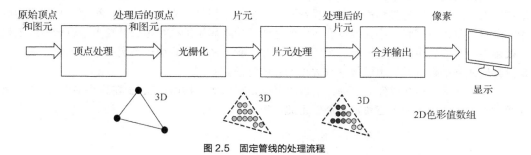

图 2.5　固定管线的处理流程

（1）顶点处理，处理和转换每个顶点的相关数据。在这个步骤中，每个顶点都是独立处理的。针对每个顶点分别进行坐标变换及颜色处理，可以修改顶点的各个属性。

（2）光栅化，将每个图元（绘制的基本单元）转换为一组像素片元。片元对应像空间中的像素（整数坐标系），具有位置、颜色、法线和纹理等属性。光栅化其实是一个将几何图元变为二维图像的过程。该过程包含两部分的工作。第一部分工作：根据投影变换，获得每个图元在屏幕坐标系中的区域；第二部分工作：每个区域分配一个颜色值和一个深度值。光栅化的结果就是产生的对应的片元。

（3）片元处理，处理每个片元。主要工作有每个像素的颜色和纹理坐标的计算、纹理的计算、雾化效果的计算。

（4）合并输出，将所有图元的片元合并成最终的结果图像后进行显示。

2.2.2　模型表达与绘制

广义的计算机图形技术包括建模、动画、绘制3个部分的内容。图2.6所示为建模和渲染的关系。

图2.6　建模和渲染的关系

1. 模型表达

CAD/CAM所构造的模型，可分为规则形体模型和非规则形体模型两大类。规则形体模型可以用欧氏几何进行描述，如多面体、二次曲面、雕塑曲面体等，统称为几何模型。它由几何信息和拓扑结构两部分组成，通常可以分为线框模型（wire-frame model）、表面模型（surface model）和实体模型（solid model）3种表达形式。非规则形体模型则不能用欧氏几何进行描述，如山水、草木、云烟等，因此需通过有别于构造几何模型的方法进行表达。

（1）线框模型

线框模型是CAD技术发展过程中最早应用的一种三维模型。这种模型由一系列空间线段、圆弧和点组合而成，用来描述物品的外形。它具有数据结构简单、模型数据量小及易处理等特点，曾广泛应用于厂房布局、管路布设、机构模拟、干涉检验、产品几何形貌的粗略设计、有限元网络的自动生成等。但在线框模型中，线与线之间缺少表面的信息，分不清物体的内部和外部。其局限性可概括如下。

① 多义性，易混淆。由于线框模型不能体现实体形状的感觉，难以区分可见边与不可见边，从而不能进行消隐处理。

② 轮廓线取决于观察者所在的角度，因此无法识别曲面轮廓（如圆柱体）的轴向。

③ 不能反映模型的几何特性和物理性质。由于缺乏面和体的数据，因此很难表达出物体的表面积、体积、重量、重心和转动惯量等特性。

④ 不能自动给出立体的阴影色调效果。色调变化和阴影效果是增加图形真实感的有力手段，已为三维造型技术广泛应用，但它不能用于没有表面信息的模型。

（2）表面模型

表面模型在线框模型的基础上，增加了物体中面的信息，用面的集合表示物体，每个面由多条有向边构成，用环来定义面的边界，即用顶点表、边表和面表描述模型。表面模型又分为平面模型和曲面模型。前者以多边形网格为基础，后者以参数曲面块（patch）为基础。

表面模型存在的不足是它只能表示物体的表面边界，而不能表现出真实实体的属性，很难确认一个表面模型表示的三维图形是一个实体还是一个空壳，其局限性可概括如下。

① 没有实体的概念，有时会引起混淆。

② 算出的体积不一定可靠，取决于表面定义的准确性。

③ 不易实现消隐，内部结构不易显示。

按生成方式的不同，表面模型有以下几种。

① 基本面：通过对一条曲线轨迹的扫描操作得到。

② 旋转面：由一个剖面绕某一轴旋转即可生成旋转面。

③ 分析法表面：用数学公式建立分析法表面，再根据数学方法计算出轮廓，即可自动生成表面。

④ 雕塑曲面：也叫自由曲面，可用显示经纬样条曲线的方法在三维空间中显示雕塑曲面。

（3）实体模型

实体模型能完整表示物体的所有形体信息，可以无歧义地确定一个点是在物体外部还是内部或表面上。实体模型使用有向边的右手法则确定所在面的外法线方向，即用右手沿边的顺序方向握住，大拇指所指方向为该面的外法线方向，指向体外。

实体模型存在着不同的数据结构，这些结构存在一个共同点，即数据结构不仅能记录物体全部的几何信息，还能记录所有点、线、面、体的拓扑信息（即空间位置关系）。实体模型的构造通常使用体素（即原始的基本实体），经集合论中的交、并、差运算构成复杂形体。

如果要处理完整的三维形体，使用实体模型能更准确无误地反映物体的三维形貌。使用实体模型的优点如下。

① 可完整地定义立体图形，能区分内部和外部。

② 能进行消隐和干涉校验。

③ 能提供清晰的剖面图。

④ 能准确计算质量特性和有限元网格。

⑤ 可以精细控制颜色选择和色调浓淡。

⑥ 便于机械运动的模拟。

2．模型绘制

图元是计算机三维绘制的基础模型单元。图元可以是点、线、多边形等。以 OpenGL 为例，OpenGL 可以支持如表 2.1 所示的 10 种基本图元的绘制。

表 2.1　OpenGL 支持的 10 种基本图元的绘制

Value	Meanlang
GL_POINTS	独立点
GL_LINES	成对顶点构成的独立线段
GL_LINE_STRIP	折线段
GL_LINE_LOOP	首尾相近的折线段
GL_TRIANGLES	每 3 个顶点构成的独立三角形
GL_TRIANGLE_STRIP	共边模式三角形
GL_TRIANGLE_FAN	共中心点三角形
GL_QUADS	每 4 个顶点构成的独立四边形
GL_QUAD_STRIP	共边模式四边形
GL_POLYGON	凸多边形

（1）点

点可以通过单一的顶点表示。点实际不存在面积，但在 OpenGL 中它通过屏幕上的一个矩形区域模拟，在渲染点源的时候，OpenGL 会通过光栅化规则判断点的位置。以点为中心绘制一个四边形区域，四边形区域的边长等于点的大小，它是一个固定的状态，可以调用函数 glPointSize() 设置。

（2）线与循环线

OpenGL 中的线表示一条线段。一条线段由两个顶点表示，多段线组合则表示为多条线段按一定规律连接，如首尾闭合的多段线为循环线。线的宽度可以调用函数 glLineWidth() 设置。

（3）三角形、条带与扇形

如图 2.7 所示，GL_TRIANGLES 是按照顺序以每 3 个顶点独立形成一个三角形的方式进行绘制的；而 GL_TRIANGLE_STRIP 则以共享边的方式，连续绘制多个三角形以形成条带；GL_TRIANGLE_FAN 则是按照共享一个顶点和边的方式进行绘制的。

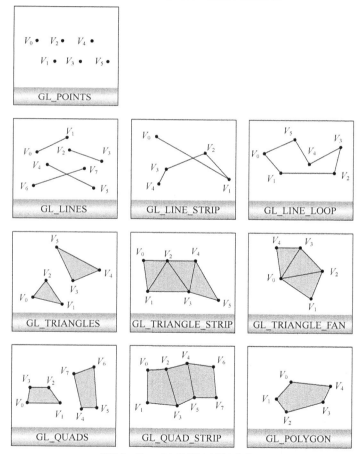

图 2.7　OpenGL 绘制基本图元的效果

2.2.3　管线架构

GPU 以管线方式对场景进行绘制，其成像过程的 4 个主要步骤及相应模块如图 2.8 所示。

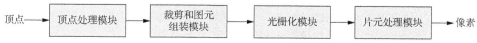

图 2.8　图形绘制管线的成像过程

1．顶点处理

在图形绘制管线的第一个模块中，对各个顶点的处理是彼此独立的。这个模块的两个主要功能是执行坐标变换和计算顶点的颜色值。

在成像过程中，对顶点的处理包括多个阶段的坐标系变换。例如，对象从建模坐标系转换到相机坐标系（或观察坐标系）；经过投影之后，又转换为像平面坐标系，最终映射到不同的输出设备坐标系。对象的内部表示，不管是观察坐标系还是图形软件使用的其他坐标系，最终都变换成屏幕坐标系。坐标系的每一次变换都可以用一个矩阵表示。坐标系的多次变换，都通过齐次坐标的方式，表示为矩阵的相乘或者级联（concatenation），于是多个矩阵通过相乘就合并为一个复合矩阵。

对顶点颜色的指派可以简单到由程序指定一种颜色，也可以复杂到利用基于物理的真实感光照模型计算，这样的光照模型考虑了对象的表面属性和场景中的特定光源。

2．裁剪和图元组装

在图形绘制管线中，第二个模块的任务是裁剪和图元组装。当绘制场景大于观察的视野范围时，必须裁剪掉不能观察的部分。裁剪范围通过裁剪体（clipping volume）定义。透视投影的裁剪体是一个棱台，在这个裁剪体里面的对象才能通过裁剪，最终投影到结果图像中；而在裁剪体外面的对象则不能通过裁剪。跨越裁剪体边界的对象会被分割，只有裁剪体内部的区域才能通过裁剪，最终在图像中可见。

裁剪是以图元为单元进行的，而不是以逐顶点方式进行的。因此在裁剪之前，必须把顶点组装成线段或多边形等图元，最后通过裁剪的图元才能进入下一个阶段进行处理。

3．光栅化

由裁剪模块得到的图元仍然是用顶点表示的，通过投影之后，顶点映射为屏幕坐标系中的像素，而图元则需要根据拓扑关系最终关联相关像素形成片元，这个过程称为光栅化。例如，一个三角形图元由 3 个顶点定义，光栅化就是在屏幕坐标系中，找到这 3 个顶点对应像素形成的三角形区域的所有像素。光栅化模块必须确定在帧缓存中有哪些像素位于这个三角形的内部。这个过程最后输出片元（fragment），片元可看作携带颜色、位置和深度等信息的图元的映射像素结果。

4．片元处理

图形绘制管线的最后一个模块，是利用光栅化模块生成的片元更新帧缓存中的像素。这个阶段需要考虑处理遮挡问题，一些片元可能是被遮挡而不可见的，因为它们所定义的表面在其他表面的后面。另外，片元的颜色可以通过纹理映射或者凹凸映射改变。从帧缓存读取片元所对应的像素的颜色，再与片元的颜色融合，还可以生成半透明效果。

2.3　可编程管线

2.3.1　可编程管线的基本概念

固定管线方式的图形处理流程是固化的，上层应用程序只能调整相关参数，但是管线中可用的基本操作是固定的。其优点是结构简单，处理速度快。缺点是不利于扩展，对于不同的光照效果实现不能进行有效的硬件加速支持。近年来，管线结构有了很大变化，新的顶点处理器和片元处理器支持可编程的动态调整。这样许多以前无法实时完成的技术（因为它们不是固定功能管线的一部分）现在可以通过硬件加速完成。顶点着色器可以编程，在每个顶点流经管线时按照定制的方式改变其位置或颜色。因此，我们可以实现各种光材料模型或创建新的投影类型。片元着色器允许我们以新的方式使用纹理，并在每个片元的基础上实现管线的其他部分，如基于像素的照明等。

　　对于显卡管线绘制的调用，需要用到相应的图形接口，这样的编程接口包括基本的 OpenGL 和 Direct3D 等，本书中主要采用 WebGL 进行讲解。在 WebGL 绘制中，按照可编程绘制管线的流程，不同阶段的处理均采用 Shader 的处理方式。在绘制管线中，主要有顶点处理和片元处理。图 2.9 展示了基本的三角形面片绘制中两个 Shader 的作用。

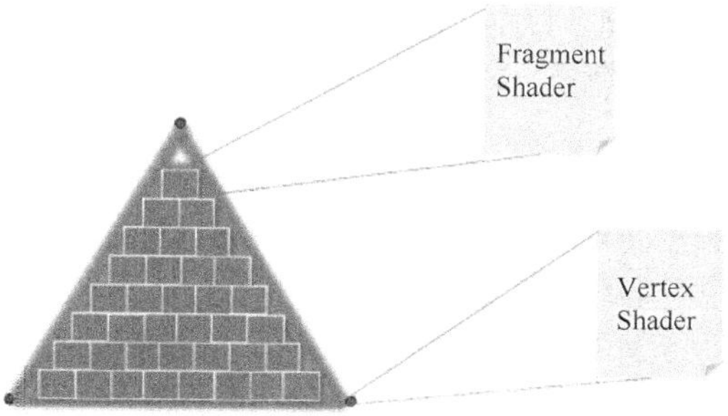

图 2.9　三角形面片绘制中的两个 Shader

　　另外，WebGL 基于网页进行绘制，编程语言是 JavaScript 语言。在开发 WebGL 应用程序时，Shader 程序用于可编程管线的代码实现。JavaScript 语言用于编写系统的整个框架，包括以下操作。

- 初始化：初始化 WebGL 上下文环境。
- 创建数组：创建用于保存几何图形的数据。
- 缓存对象：将数组作为参数传递来创建缓存对象（顶点和索引）。
- 着色器：创建、编译和连接着色器。
- 属性：创建属性，启用属性并将其与缓存对象关联起来。
- uniform 变量：将 uniform 变量关联起来。
- 转换矩阵：创建转换矩阵。

　　如图 2.10 所示，Shader 程序首先创建相应的几何图形数据，并将它们以缓存的形式传递给着色器。Shader 程序的属性变量指向这些缓存对象。

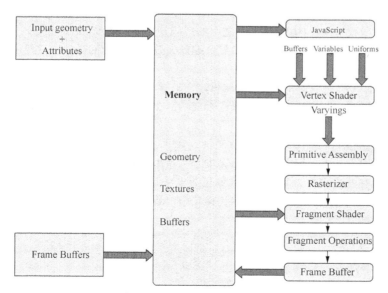

图 2.10　Shader 程序的执行流程

　　顶点着色器：在调用 drawElements()和 drawArrays()方法开始渲染过程时，顶点着色器程序会对每个顶点都执行上述操作。它计算一个基本多边形的每个顶点的位置，并将其存储在变化的 gl_Position 中。它还计算其他属性，如颜色、纹理坐标等。计算完每个顶点的位置等细节后，将之传递给图元装配阶段。

图元装配：三角形被组装起来并传递给光栅化器。

光栅化：光栅化需要确定图元最终图像中的像素，主要有以下两个步骤。①剔除，初步确定多边形的方向，所有位于视域之外的具有不适当方向的三角形都将被丢弃，这个过程称为剔除；②裁剪，如果一个三角形部分位于视域之外，那么视域之外的部分将被删除，这个过程称为裁剪。

片元着色器：片元着色器得到不同变量中顶点着色器的数据、光栅化阶段的图元，并计算顶点间每个像素的颜色值。在确定图元中每个像素的颜色后进行片元操作，主要包括①深度；②色彩缓存混合；③抖动。

帧缓存：帧缓存是渲染管线的最终目的地。所有的片元被处理后，就会形成一个二维图像并显示在屏幕上。该缓存包含表面的宽度和高度（以像素为单位）、每个像素的颜色，以及深度和模板缓存等细节。

2.3.2　着色器程序

使用 WebGL 绘图需要着色器程序，该程序由顶点着色器程序和片元着色器程序组成。着色器程序使用 GLSL ES 语言编写，GLSL ES 是基于 C 语言的编程语言。顶点着色器和片元着色器是相互独立的，它们都有自己的 main()函数，两个着色器分别编译，然后连接生成完整的着色器程序。WebGL 的 JavaScript API 包含用于编译着色器并将其连接的函数。要使用这些函数，着色器的源代码必须使用 JavaScript 语句。下面举例说明着色器程序是如何工作的。

首先，创建顶点着色器需要 3 个步骤。

```
var vertexShader = gl.createShader( gl.VERTEX_SHADER );
gl.ShaderSource( vertexShader, vertexShaderSource );
gl.compileShader( vertexShader );
```

这里使用的函数是 WebGL 图形上下文中的一部分，gl 和 vertexShaderSource 是调用着色器源代码的语句。源代码中的错误将会悄然导致编译失败，因此我们必须通过调用函数检查编译中可能发生的错误。

```
gl.getShaderParameter( vertexShader, gl.COMPILE_STATUS )
```

该语句将返回一个布尔值，指示编译是否成功，在发生错误的情况下可以使用以下命令检索错误信息。

```
gl.getShaderInfoLog(vsh)
```

该命令会返回一个包含编译结果的字符串（WebGL 标准没有指定字符串的确切格式，但该字符串应该是具有可读性的）。同样，片元着色器也可以通过这种方式创建。当我们创建了这两个着色器后，便可以创建和连接程序。在连接之前，着色器需要被"附加"到程序对象上。因此，代码需要遵循以下格式。

```
var prog = gl.createProgram();
gl.attachShader( prog, vertexShader );
gl.attachShader( prog, fragmentShader );
gl.linkProgram( prog );
```

即使着色器已经编译成功，它们连接到一个完整的程序时，也可能发生错误。例如，顶点着色器和片元着色器可能共享某些类型的变量，如果两个程序使用相同的名称来声明这些变量，但是变量类型不同，就可能在连接时发生错误。检查连接中可能发生的错误类似于检查着色器在编译中的错误。创建着色器程序的代码总是相似的，因此可以将它打包成一个能够重用的函数，这十分有利于我们的工作。以下是本小节的例子中使用的函数。

```
/**
 * Creates a program for use in the WebGL context gl, and returns the
 * identifier for that program. If an error occurs while compiling or
 * linking the program, an exception of type String is thrown. The error
 * string contains the compilation or linking error.
 */
function createProgram(gl, vertexShaderSource, fragmentShaderSource) {
    var vsh = gl.createShader( gl.VERTEX_SHADER );
    gl.ShaderSource( vsh, vertexShaderSource );
    gl.compileShader( vsh );
    if ( ! gl.getShaderParameter(vsh, gl.COMPILE_STATUS) ) {
        throw "Error in vertex Shader: " + gl.getShaderInfoLog(vsh);
    }
    var fsh = gl.createShader( gl.FRAGMENT_SHADER );
    gl.ShaderSource( fsh, fragmentShaderSource );
    gl.compileShader( fsh );
    if ( ! gl.getShaderParameter(fsh, gl.COMPILE_STATUS) ) {
        throw "Error in fragment Shader: " + gl.getShaderInfoLog(fsh);
    }
    var prog = gl.createProgram();
    gl.attachShader( prog, vsh );
    gl.attachShader( prog, fsh );
    gl.linkProgram( prog );
    if ( ! gl.getProgramParameter( prog, gl.LINK_STATUS) ) {
        throw "Link error in program: " + gl.getProgramInfoLog(prog);
    }
    return prog;
}
```

还有一个关键的步骤，必须告诉 WebGL 上下文使用该程序。如果 prog 是上述函数返回的程序标识符，则需要调用如下函数。

```
gl.useProgram(prog);
```

在创建着色器程序时会发现，可以通过调用 gl.useProgram()函数从一个着色器程序切换到另外一个，即使是在渲染图形的过程中（例如 Three.js 中，为每种不同的材料使用不同的程序）。

在初始化的过程中创建所需要的着色器程序，调用 gl.useProgram()函数是一个快速的操作，但是由于编译和连接的速度较慢，故在绘制图像的过程中最好避免创建新的着色器程序。当不再需要这些着色器和着色器程序时，则将它们删除以释放其占用的资源，可以使用函数 gl.deleteShader(shader)和 gl.deleteProgram(program)。

2.3.3 管线中的数据流

在使用 WebGL 渲染图像时，定义模型的数据来自 JavaScript 程序。数据会流经管线的顶点着色器、片元着色器及一些固定函数处理阶段。因此我们需要了解 JavaScript 程序如何将数据放置于管线中，以及数据流在不同阶段的处理内容。

WebGL 中定义了 7 种基本图元类型，由常量 gl.POINTS、gl.LINES、gl.LINE_STRIP、gl.LINE_LOOP、gl.TRIANGLES、gl.TRIANGLE_STRIP 和 gl.TRIANGLE_FAN（gl 是一个 WebGL 图形上下文）标识。图元由类型和顶点列表定义，当使用 WebGL 绘制图元时，需要为每个图

元提供相应的属性变量和 uniform 变量。属性变量和 uniform 变量的不同之处在于，uniform 变量对于整个图元只有一个固定值，而属性变量的值可以随着顶点的不同而不同。

图元中的每个顶点都有一组坐标属性及颜色属性。如果整个图元都是相同颜色，则设置一个 uniform 变量。而对于顶点的纹理坐标，则一定要采用属性变量，每个顶点所对应的纹理坐标不同。如果要对图元进行几何变换，该变换则会被表示为一个 uniform 变量。

WebGL 并没有任何预定义的变量，在可编程管道中，使用属性变量还是 uniform 变量完全取决于程序员。属性变量只负责传递数据到顶点着色器中；而 uniform 变量可以将数据传递到顶点着色器或者片元着色器，或两者兼有。在绘制图元时，JavaScript 程序将为着色器程序中的每个属性变量和 uniform 变量指定值。对于属性变量，它将指定一个数组值，即每个顶点一个。对于 uniform 变量，则只指定一个值。在绘制图元之前，所有值都将被发送到 GPU，要处理的顶点的属性值作为输入传递给顶点着色器。属性变量和 uniform 变量在着色器中都表示为全局变量，其值在调用着色器之前设置。

顶点着色器的输出必须包括顶点坐标（由 gl_Position 表示），当图元中所有顶点的位置都计算完成后，固定管线将会裁剪掉坐标在有效剪辑坐标范围以外的图元的各部分，然后对图元进行光栅化。最后数据进入片元着色器，片元着色器代码会被图元中每个像素调用一次。

除了坐标之外，顶点着色器也可以定义其他输出变量，在 GLSL ES 中，通过 varying（可变）型变量实现。顶点着色器和片元着色器中都声明了 varying 变量，顶点着色器负责给该 varying 变量赋值。然后插值器会从顶点着色器中获取值，并为每个像素计算一个值。当对一个像素调用片元着色器时，varying 变量的值就是该像素插值的值。

varying 变量的存在是为了将数据从顶点着色器传输到片元着色器，它定义在着色器源代码中，并没有被 JavaScript API 使用或引用。片元着色器的输出主要是为像素指定颜色值。它通过给一个名为 gl_FragColor 的变量赋值来实现这一点。

总之，程序的 JavaScript 端向 GPU 传递属性变量和 uniform 变量的值，然后发出绘制图元的命令。GPU 对每个顶点执行一次顶点着色器。顶点着色器可以使用属性变量和 uniform 变量的值。它赋给 gl 坐标和存在于着色器中的 varying 变量。在裁剪、光栅化和插值之后，GPU 对图元中的每个像素执行一次片元着色器。片元着色器可以使用 gl_FragCoord、uniform 变量和 varying 变量的值。图 2.11 总结了管线数据的流程。

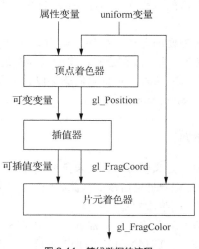

图 2.11　管线数据的流程

2.4 buffer 编程

GPU 有独立的存储空间需求，对这些存储空间进行有效管理是采用 buffer 对象的方式。根据不同的功能，分别定义这些存储区域为帧缓存（frame buffer）、深度缓存（depth buffer，也称 z-buffer）、模板缓存（stencil buffer）等。

2.4.1 帧缓存

帧缓存以结构化的方式存储每个像素的颜色值来表示最终绘制的结果图像。早期的计算机系统会预先保留一段连续的内存，这段内存就称为帧缓存。通过读写这段内存中的数据，改写显示器上特定位置像素的颜色值。

在早期，需要固定内存中某个区域的存储来表示最终绘制的结果图像。随着计算机图形技术的发展，内存中可能同时操作着绘制的数百个结果图像，而术语 framebuffer 已经非正式地用于描述表示图像的任何存储块。帧缓存如图 2.12 所示。

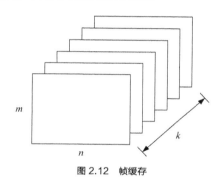

图 2.12　帧缓存

我们使用术语 framebuffer 表示图形系统用于呈现的缓存集，包括前端和后端的颜色缓存、深度缓存及硬件可能提供的其他缓存。buffer 存储空间对应屏幕中像素的栅格，屏幕中的每个像素存储在一个单元格中，每个单元格所采用的存储位数表示该单元格的像素深度。例如针对像素的颜色存储，如果采用 32 位，则表示每个像素都用 32 位 RGBA 颜色表示。而针对存储深度的 buffer，每个单元格存储该对像素的一个 32 位的浮点数。图 2.13 展示了一个 framebuffer 及其组成部分。如果我们考虑整个 framebuffer，则 n 和 m 的值与显示的屏幕空间的分辨率匹配。framebuffer 的深度（k 的值）可以超过几百位。即使对于目前看到的简单情况，我们也有 64 位用于前、后颜色缓存，24 位或 32 位用于深度缓存。可以给定缓存器的数值精度，或者精度由其深度决定。因此，如果 framebuffer 的前，后颜色缓存各有 32 位，则每个 RGBA 颜色组件的存储精度为 8 位。

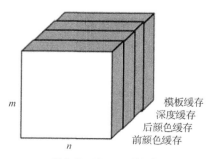

模板缓存
深度缓存
后颜色缓存
前颜色缓存

图 2.13　WebGL 帧缓存

framebuffer 的每个缓存都是 $n×m$ 像素矩阵，其像素深度为 k 位。每个缓存的 k 值可能不同。对于颜色缓存，它的 k 取决于系统可以显示多少种颜色，通常是 24 位用于 RGB 显示，32 位用于 RGBA 显示。对于深度缓存，它的 k 由系统能够支持的深度精度决定，通常是 32 位，以匹配浮点数或整数的大小。许多系统使用 24 位深度缓存，它与 8 位模板缓存相结合。"位平面"表示 framebuffer 中的任何一个 $n×m$ 平面，像素深度为 k。根据这个定义，像素可以是字节、整数，甚至浮点数，这取决于使用的缓存和数据在缓存中的存储方式。

2.4.2　深度缓存

隐藏面消除（或可见面确定）是为了发现绘制片元中的像素是否被遮挡。在绘制前，首先将表面对应像素的深度值与当前深度缓存中的值进行比较，如果大于或等于深度缓存中的值，则深度测试不通过，不能绘制；若小于深度缓存中的值，则更新该像素对应的深度值和颜色值，这一过程称为深度测试。z-buffer 算法用伪代码描述如下。

```
z-buffer 算法()
{
    帧缓存全部置为背景色
    深度缓存全部置为最小的 z 值
    for(每一个多边形)
    {
        扫描转换该多边形
        for(该多边形在该像素的深度值 z(x,y))
        {
            计算该多边形在该像素的深度值 z(x,y)
            if( z(x,y) > z-buffer 在(x,y)的值 )
            {
                把 z(x,y)存入 z-buffer 中(x,y)处
                把多边形在(x,y)处的颜色值存入帧缓存的(x,y)处
            }
        }
    }
}
```

经典的 z-buffer 算法比较简单、直观，在像素级上以近物取代远物，与物体在屏幕上出现的顺序无关，有利于硬件实现。但其占用较大空间，会开辟一个与帧缓存一样大的深度缓存，没有利用图形的相关性和连续性。

一般认为，z-buffer 算法需要开辟一个与图像大小相等的缓存数组。可以改进原算法，以下是改进的 z-buffer 算法的伪代码描述。

```
只用一个深度缓存变量 zb 改进的 z-buffer 算法()
{
    帧缓存全部置为背景色
    for( 屏幕上的每个像素(i,j) )
    {
        深度缓存变量 zb 置为最小值 MinValue
        for(多面体上的每个多边形 Pk)
        {
            if(像素(i,j)在 Pk 的投影多边形之内)
            {
```

```
         计算 Pk 在(i,j)处的深度值 depth
         if(depth > zb)
         {
              zb=depth;
              indexp=k;  （记录多边形的序号）
         }
      }
   }
   if(zb!=MinValue)
      计算多边形 P(indexp)在交点（i,j）处的光照颜色并显示
  }
}
```

2.4.3　模板缓存

当片元着色器处理完一个片元之后，开始执行模板测试。未通过检测的片元将会被丢弃，只有被保留的片元才会进入下一阶段的测试。模板测试也是根据一个缓存（即模板缓存）进行的，我们可以在渲染的时候更新它来获得一些很有意思的效果。

在一个模板缓存中，每个单元的值通常是 8 位。所以每个像素或片元一共有 256 种不同的模板值。可以将这些模板值设置为任何想要的值。当某一个片元有某一个模板值的时候，可以选择丢弃或者保留这个片元。深度检查的例子如图 2.14 所示。

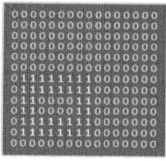

color buffer　　　　　　　　　stencil buffer　　　　　　　　　after stencil test

图 2.14　深度检查的例子

模板缓存首先会被清零，之后在模板缓存中用 1 填充一个空心矩形。场景中的片元只在模板值为 1 的时候被渲染（其他的都被丢弃）。模板缓存允许我们在渲染片元时将模板缓存设定为一个特定的值。通过在渲染时修改模板缓存的内容，我们可写入模板缓存。在同一个（或者接下来的）渲染迭代中，我们可以读取这些值，来决定丢弃还是保留某个片元。使用模板缓存的时候可以尽情发挥，但大体的步骤如下。

- 启用模板缓存的写入。
- 渲染物体，更新模板缓存的内容。
- 禁用模板缓存的写入。
- 渲染（其他）物体，根据模板缓存的内容丢弃特定的片元。

所以，通过使用模板缓存，我们可以根据场景中已绘制的其他物体的片元，来决定是否丢弃特定的片元。

2.4.4　PBO 与 FBO

抽象缓存对象主要分为顶点缓存对象（vertex buffer object，VBO）、像素缓存对象（pixel buffer object，PBO）和帧缓存对象（frame buffer object，FBO）。VBO 允许顶点数组数据存储在设备内存中；PBO 允许像素数据存储在设备内存中，以便进一步在 GPU 内部传输；FBO 允许渲染图像内容（颜色、深度、模板），存储在不可显示的帧缓存（如纹理对象、渲染缓存对象）中。

1. PBO

PBO 可视为 VBO 的扩展，但它存储的不是顶点数据，而是像素数据，通过 PBO 可以更有效地管理像素数据。以下是实现 PBO 的伪代码。

```
while(1){
  Draw a textured rectangle (to framebuffer);
  Draw by blending the red square at the current mouse
  position (to framebuffer);
  Read pixels from the framebuffer (to CPU array);
  Use the read pixels to update the texture;
}
```

通过 PBO 可以在设备内存中完成像素数据的传输。对比传统的像素数据传输（如图 2.15 所示），通过 PBO 进行传输，在设备主机内存与纹理对象和帧缓存之间使用 PBO 即可（如图 2.16 所示）。为了最大化流式传输的性能，可以使用多个 PBO。

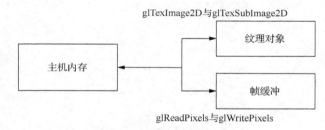

图 2.15　传统的像素数据传输

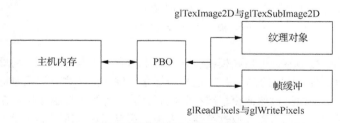

图 2.16　通过 PBO 传输像素数据

2. FBO

帧缓存是颜色、深度、模板、积累量等逻辑缓存的集合，默认为系统自动提供。而 FBO 是保存指向内存的指针的结构对象。存储在指针所指向的存储器中的内容可以是帧缓存可附加图像（framebuffer-attachable image），此类存储器也称为应用程序创建的帧缓存器）。GL Extension 允许将渲染的内容定向到帧缓存可附加图像中，而不是帧缓存中。其中帧缓存可附加图像可以是纹理、渲染缓存（屏幕外缓存）等。

使用帧缓存对 FBO 进行纹理渲染的过程中，允许将帧缓存的渲染结果直接读取为纹理。FBO 在纹理渲染时能展现出更好的效果，避免从缓存复制到纹理(使用如 glCopyTexSubImage2D 等方法)，而且能够处理更多的 "应用效果"，如动态纹理（程序、反射）、多路技术（抗锯齿、运动模糊、景深）、图像处理效果、GPGPU 等。

渲染缓存（render buffer）只用作优化渲染目标，没有采样器，没有 glTexImage2D 方法，通常用于存储 OpenGL 逻辑缓存，如模板缓存或深度缓存。使用渲染缓存的唯一方法就是把它附加到一个 FBO 上。以下两段伪代码分别展示了不使用 PBO/FBO（如图 2.17 所示）和使用 FBO（如图 2.18 所示）对纹理渲染的操作。

如果不采用 PBO/FBO，伪代码如下。

```
while(1){
    Draw a textured rectangle (to framebuffer);
    Draw by blending the red square at the current mouse
    position (to framebuffer);
    Read pixels from the framebuffer (to CPU array);
    Use the read pixels to update the texture;
}
```

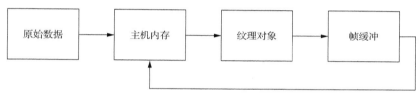

图 2.17　不使用 PBO/FBO 对纹理渲染的流程

如果采用 FBO，伪代码如下。

```
while(1){
    Draw a    textured rectangle (to FBO & framebuffer);
    Draw by   blending the red square at the current mouse position (to FBO);
}
```

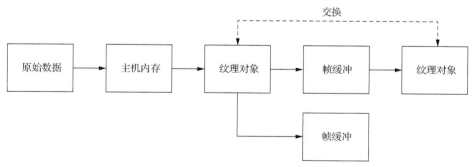

图 2.18　使用 FBO 对纹理渲染的流程

以下是使用 OpenGL 描述的 FPO 使用的基本方法与样例程序。

● 初始化 FBO。

```
// Generate FBO ID
GLuint fboID;
glGenFramebufferEXT(1, &fboID);
// Bind FBO
glBindFramebufferEXT(GL_FRAMEBUFFER_EXT, fboID);
```

```
// ...do something with this FBO
// unbind FBO
glBindFramebufferEXT(GL_FRAMEBUFFER_EXT, 0);
```

- 将纹理图像附加到 FBO。

```
// Generate texture
GLuint texId; glGenTextures(1, &texID);
// Attach texture for color drawing
glFramebufferTexture2DEXT(GL_FRAMEBUFFER_EXT,
                          GL_COLOR_ATTACHMENTn_EXT,
                          GL_TEXTURE_2D, texID, 0);
// or for depth drawing
glFramebufferTexture2DEXT(GL_FRAMEBUFFER_EXT,
                          GL_DEPTH_ATTACHMENT_EXT,
                          GL_TEXTURE_2D, texID, 0);
```

- 将渲染缓存附加到 FBO。

```
// Generate renderbuffer
GLuint rbID;
glGenRenderBufferEXT(1, &rbID);
// Attach renderbuffer to framebuffer
glFramebufferRenderbufferEXT(GL_FRAMEBUFFER_EXT,
                             GL_DEPTH_ATTACHMENT_EXT,
                             GL_RENDERBUFFER_EXT,
                             rbID);
```

- 渲染到 FBO。

```
void display() {
   glBindFramebufferEXT(GL_FRAMEBUFFER_EXT, fboID);
   glClear(...);
   glViewport(...);
   applyTransform();
   glutSolidTeapot(...);
   glFlush();
   glutSwapBuffers();
   glBindFramebufferEXT(GL_FRAMEBUFFER_EXT, 0);
}
```

2.4.5 纹理 buffer

纹理可用于向对象中添加更多细节。在 Three.js 中，图像纹理由类型为 Three.Texture 的对象表示。由于我们通常讨论的是网页，因此通常会从网址加载 Three.js 纹理的图像。常使用类型为 Three.TextureLoader 的对象中的 load()函数创建图像纹理。该函数将 URL 作为参数并返回 Texture 对象。

```
var loader = new Three.TextureLoader();
var texture = loader.load( imageURL );
```

Three.js 中的纹理被认为是材质的一部分。要将纹理应用于网格，只需要将 Texture 对象指定给网格材质的 map 属性。

```
material.map = texture;
```

map 属性也可以在材质构造函数中设置。所有 3 种类型的网格材质（Basic、Lambert 和 Phong）都可以使用纹理。通常，材质基色为白色，因为材质颜色将会乘以纹理中的颜色，非白色材质颜色会为纹理颜色添加"色调"。将图像映射到网格所需的纹理坐标是网格几何体的一部分，标准网格几何体（例如 Three.SphereGeometry）已经定义了纹理坐标。

一般根据图像 URL 创建纹理对象并将其指定给一个材质的 map 属性。然而也会有很多复杂的因素。首先，图像加载是"异步的"。也就是说，调用 load() 函数只会启动加载图像的过程，而该过程可以在函数返回后的某个时间完成。图像加载完成之前，在对象上使用纹理不会导致错误，但对象将呈现为黑色。一旦图像被加载，场景必须再次被渲染以显示图像纹理。如果动画正在运行，这将自动发生，图像将在加载完成后出现在第一帧；如果没有动画，一旦图像被加载，则需要另一种方法渲染场景。实际上，TextureLoader 中的 load() 函数有几个可选参数。

```
loader.load( imageURL,onLoad,undefined,onError );
```

这里给出的第 3 个参数因为不再使用，故未定义。onLoad 和 onError 参数是回调函数。onLoad 函数（如果已定义）将在图像成功加载后被调用。如果图像加载失败，将调用 onError 函数。例如，如果有一个渲染场景的 render() 函数，那么 render() 函数本身可以作为 onLoad 函数使用。

```
var texture = new Three.TextureLoader().load( "brick.png", render );
```

onLoad 函数的另一种可能的用法是延迟将纹理分配给一个材质，直到图像加载完成。如果改变了材质的价值，注意，一定要设置 map，以确保更改在重新绘制对象时生效。

```
material.needsUpdate = true;
```

纹理具有许多可以设置的属性，包括用于纹理的缩小和放大、过滤器及控制 mipmap 生成，默认情况下会自动完成。对于 Texture 对象，tex、tex.wrapS 和 tex.wrapT 属性控制如何处理 0 到 1 范围之外的 s 和 t 纹理坐标，默认为"clamp to edge"。通过将属性值设置为 RepeatWrapping 来使纹理在两个方向上重复。

```
tex.wrapS = Three.RepeatWrapping;
tex.wrapT = Three.RepeatWrapping;
```

属性值 RepeatWrapping 最适合"无缝"纹理，即图像的上边缘与下边缘匹配，左边缘与右边缘匹配。Three.js 还提供了一种称为"镜像重复"的有趣变体，其中重复图像的每个副本都被翻转。这可以消除图像副本之间的接缝。对于镜像重复，需要使用属性值 Three.MirroredRepeatWrapping。

```
tex.wrapS = Three.MirroredRepeatWrapping;
tex.wrapT = Three.MirroredRepeatWrapping;
```

纹理属性 repeat 和 offset 控制纹理变换，应用于纹理的缩放和平移（没有纹理旋转）。这些属性的值是 Three.Vector2 类型，因此每个属性都有一个 x 和 y 组件。对于 Texture, tex、tex.offset 的两个组件在水平和垂直方向上给出纹理平移。要将纹理水平偏移 0.5 可以使用如下语句。

```
tex.offset.x = 0.5; (或者 tex.offset.set(0.5,0); )
```

请注意，正水平偏移会将纹理移动到对象的左侧，因为偏移应用于纹理坐标，而不是纹理图像本身。tex.repeat 属性的组件在水平和垂直方向上给出纹理缩放，例如：

```
tex.repeat.set(2,3);
```

将纹理坐标水平放大到原来的 2 倍，垂直放大到原来的 3 倍。同样，对图像的影响是相反的，因此图像水平缩小到原来的 1/2，垂直缩小到原来的 1/3。结果是在水平方向上获得了 2 个图像副本，垂直方向上获得了 3 个图像副本。

假设我们想要在图 2.19 所示的金字塔图像上使用图像纹理，为了将纹理图像应用于对象，WebGL 需要该对象的纹理坐标。当我们从头开始构建网格时，我们必须提供纹理坐标作为网格几何对象的一部分。

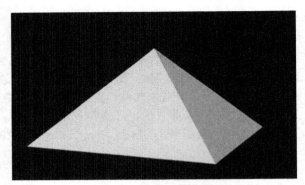

图 2.19　金字塔图像

示例中的几何对象（例如 pyramidGeom）具有名为 faceVertexUvs 的属性来保存纹理坐标（"UV"是指对象上映射到纹理中 s 和 t 坐标的坐标）。faceVertexUvs 的值是一个数组，其中数组的每个元素本身就是一个数组；在大多数情况下，仅使用元素 faceVertexUvs[0]，但在某些高级应用程序中也使用其他 uv 坐标集。faceVertexUvs [0]的值本身就是一个数组，几何中每个面都有一个元素。为每个面存储的数据同样是一个数组：faceVertexUvs [0] [N]，包含面数 N 的 3 个顶点坐标。最后，该数组中的每对纹理坐标都表示为 Three.Vector2 类型的对象。

金字塔有 4 个三角形面，需要一个由 3 个 Vector2 对象组成的数组。如图 2.20 所示，我们必须以合理的方式选择坐标将图像映射到面部，选择的坐标将整个纹理图像映射到金字塔的方形底边，并从图像中切出一个三角形以应用于每条边。金字塔图像的纹理坐标如下所示。

```
pyramidGeometry.faceVertexUvs = [[
  [ new Three.Vector2(0,0), new Three.Vector2(0,1), new Three.Vector2(1,1) ],
  [ new Three.Vector2(0,0), new Three.Vector2(1,1), new Three.Vector2(1,0) ],
  [ new Three.Vector2(0,0), new Three.Vector2(1,0), new Three.Vector2(0.5,1) ],
  [ new Three.Vector2(1,0), new Three.Vector2(0,0), new Three.Vector2(0.5,1) ],
  [ new Three.Vector2(0,0), new Three.Vector2(1,0), new Three.Vector2(0.5,1) ],
  [ new Three.Vector2(1,0), new Three.Vector2(0,0), new Three.Vector2(0.5,1) ],
]];
```

图 2.20　金字塔纹理效果

2.5　本章小结

本章重点讲述图形处理管线的概念，说明 GPU 与 CPU 处理方式的不同，GPU 是按照类似于流水线的处理方式。图形处理管线是本书的框架性知识，后面章节分别围绕该管线从不同的处理阶段进行讲述。

习　题

1. 简述 CPU 与 GPU 的区别。

2. 简述传统的成像方法与计算机绘制成像的原理。

3. 计算机图形技术管线架构中具体有哪些流程？分别需要完成什么工作？

4. 图像生成管线方法并不对应物理系统的成像过程，这样一种非物理方法主要有哪些优、缺点？

5. 简述固定管线与可编程管线的概念，并指出两者的区别与联系。

6. 为 2.4.2 小节中两种深度测试算法绘制程序流程图，并简单阐述两种算法的基本思想。

7. 模板测试与深度测试需要进行哪些具体操作，两者在管线架构的处理中的先后顺序如何？

8. 参照 2.4.5 小节中的金字塔纹理绘制样例，使用 WebGL 对简单的圆柱体进行图像纹理绘制练习。

9.（思考题）请浏览一些 GPU 制造商（NVIDIA、AMD 等）的网站，查看产品的主要技术指标，并对比老的图形卡的技术指标，体会几何处理、像素处理的性能提高得有多快。

3

第 3 章　WebGL 编程

本章导读

通过对前面两章内容的学习，我们明白了计算机图形绘制的基本概念、体系结构及目标，本章我们结合实际应用体验在计算机上绘制精美的三维图形。

本章介绍 WebGL 编程的概念，着重讲述 Three.js 库的应用，较为系统地给出 HTML 网页框架、嵌入图形绘制的代码、程序的主框架（三大件+主循环）。读者通过实际动手操作，能更加明白计算机图形绘制的目标和意义。

3.1　搭建开发平台

本节以搭建一个基本的 Three.js 程序框架为目的进行讲解。

3.1.1　Three.js 简介

WebGL 是在浏览器中实现三维效果的一套规范，采用 JavaScript，可实现 OpenGL ES 2.0 以上标准，提供较为底层的图形接口，通过 GPU 加速实现在 Web 上进行三维实时图形绘制。目前主流的浏览器均支持 WebGL 三维绘制，而无须使用插件。WebGL 1.0 基于 OpenGL ES 2.0，WebGL 2.0 基于 OpenGL ES 3.0，并确保许多选择性的 WebGL 1.0 扩展，以及引入新的 API。

Three.js 是基于 WebGL 封装的三维引擎，除提供了基本的交互式图形绘制功能外，还封装了面向交互、场景管理、绘制管理、文件读写等方面的内容。目前已经有很多基于 Three.js 开发的游戏及大型展示项目。Three.js 源自 GitHub 的一个开源项目。编写本书时 Three.js 最新的版本是 v120，不同的版本之间可能会出现兼容性问题。本书的所有例子均采用 v99 的 Three.js 库。以下是对 Three.js 解压后的部分重要目录下文件的说明。

- Build 目录，包含两个文件，即 Three.js 和 Three.min.js。这是 Three.js 最终被引用的两个文件，一个已经压缩，另一个没有压缩。
- Docs 目录，其中包含 Three.js 的帮助文档，里面是各个函数的 API。
- Editor 目录，其中包含一个类似 3ds Max 的简单编辑程序，它能创建一些三维物体。
- Examples 目录，其中有一些很有趣的例子。
- Src 目录，源代码目录，里面有所有的源代码。
- Test 目录，其中有一些测试代码。
- Utils 目录，其中存放了一些脚本，是 Python 文件的工具目录。例如将 3ds Max 格式的模型转换为 Three.js 特有的 JSON 模型。

3.1.2 Three.js 的环境配置

Three.js 本质上是 WebGL，如果浏览器不支持 WebGL，就不能完整地运行 Three.js。支持 WebGL 的浏览器有很多，例如 Chrome 8+、FireFox 4+、Safari 5.1+、IE 11 等。而 IE 对 WebGL 标准的支持不太好，也可以通过下载并安装 IEWebGL 这个插件来实现对 WebGL 提供更好的支持。我们推荐使用 Chrome 浏览器。

目前为止，网上有各种各样的 JavaScript 开发工具，例如 Dreamweaver、Sublime Text、Notepad++、Eclipse、WebStorm 等。每一种编辑器都有各自的优缺点，Three.js 也并不只适用于某个特定编辑器，相比之下，Notepad++和 Sublime Text 属于轻量级的编辑器，受到广大开发者的喜爱，这里我们推荐使用 Notepad++。

在集成开发环境里面就能够运行和调试代码。为了方便起见，可以使用 Chrome 浏览器自带的功能调试代码，只需要按下快捷键 F12 便能查看和调试源代码。需要注意的是，可以对 Chrome 浏览器中的某些设置进行修改，这样能加速代码的运行。

> 修改设置：
> 输入地址 chrome://settings，然后在"高级设置"中选中"Use hardware acceleration when available"；
> 输入地址 chrome://flags，注意保证 WebGL 处于 enable 状态；
> 输入地址 chrome://gpu，确保 Hardware accelerated 的相关选项正确。
> 注：设置修改之后，一定要重启浏览器。

3.1.3 搭建 Web 服务器

由于浏览器的沙箱盒运行安全原则，因此在网页中如果存在读取纹理或者模型的代码，在对设备和文件进行访问时就会出错。在本地调试这些代码的方法就是搭建一个本地 Web 服务器，通过在浏览器中输入该服务端的 URL 即可进行正常访问。

1. 搭建 Web 服务器

Node.js 是一个轻量级的 Web 服务器端程序。Node.js 将目前最快的浏览器内核 V8 作为执行引擎，可保证 Node.js 的性能和稳定性。Chrome 浏览器同样基于 V8，用其即便同时打开 20～30 个网页都很流畅。PHP、JSP、.NET 都需要运行在服务器程序上，但 Node.js 跳过了 Apache、Nginx、IIS 等 HTTP 服务器，它自己不用建设在任何服务器程序之上，可以帮助我们迅速建立 Web 站点，比 PHP 的开发效率更高，而且学习难度更低，非常适合小型网站、个性化网站。

Node.js 不为每个客户连接创建一个新的线程，而仅仅使用一个线程。因为单线程，在处理大规模并发的任务时还是会显得力不从心，比如在 CPU 密集型事务中就会遇到瓶颈。另外，Node.js 是没有 Web 容器的，代码没有根目录的说法，在一定程度上会为程序员增加编写代码的工作量，但可提高灵活性，能为高级路由带来极大的方便。在 Node.js 中回调函数会有很深的层次，会为代码的阅读多多少少地造成一定的障碍。Node.js 善于处理异步事件（callback），其在处理同步事件时需要承担额外的负担。

当应用程序需要处理大量并发的 I/O 请求，而在向客户端发出响应之前，应用程序内部并不需要进行非常复杂的处理的时候，Node.js 非常适合。Node.js 也非常适合与网络套接字配合，开发长连接的实时交互应用程序，比如用户表单收集程序、考试系统、聊天室应用、图文直播应用、提供 JSON 的 API 等。

2．搭建流程

首先需要下载和安装 Node.js，Node.js 的安装需要先配置 Python 环境。安装 Node.js 后可在命令提示符窗口通过命令检查是否安装成功，安装成功界面如图 3.1 所示。

图 3.1　Node.js 安装成功界面

然后需要创建自己的工作目录，可以选择新建一个文件夹，在该文件夹里放入我们需要展示的 HTML 页面，以及一些相关的文件和文件夹。比如在 js 文件夹里面放入所需要的 Three.js 或者其他重要的.js 文件，在 css 文件夹里放入样式表等。

在命令提示符窗口转到相应目录下，并在相应目录下启动服务器，部署 Web 服务采用 8000 端口，命令如下。

```
http -server -p 8000
```

最后在浏览器中输入 localhost:8000 即可检测，如图 3.2 所示。可以将我们运行的 HTML 网页文件放到该目录，比如 "live2d_demo"，单击该网页文件即可实现访问。

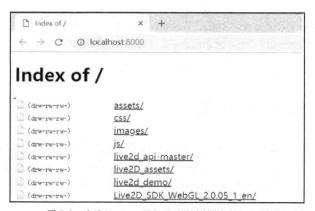

图 3.2　启动 Node.js 服务器后通过浏览器访问文件

3.1.4　创建第一个 Three.js 实例

在 Three.js 中，有 3 个重要的组件：场景（scene）、相机（camera）和渲染器（renderer）。这 3 个组件能帮助我们把物体渲染到网页中去，这里不做详解，完整示例代码如下。

```html
<html>
<head>
    <meta http-equiv="Content-Type" content="text/html; charset=UTF-8">
    <title></title>
    <style>
     body { margin: 0; }
     canvas { width: 100%; height: 100% }
    </style>
    <script src="js/Three.min.js"></script>
</head>
<body>
```

```
<h1>Experiment1</h1>
<script>
var scene = new Three.Scene();
var camera = new Three.PerspectiveCamera( 75, window.innerWidth /
window.innerHeight, 0.1, 1000 );
var renderer = new Three.WebGLRenderer();
renderer.setSize( window.innerWidth, window.innerHeight );
document.body.appendChild( renderer.domElement );
const sphereMaterial = new Three.MeshLambertMaterial( { color:
0xCC0000 });
const sphere = new Three.Mesh( new Three.SphereGeometry( 30, 30, 30),
sphereMaterial);
sphere.position.z = -60;
scene.add(sphere);
const pointLight = new Three.PointLight(0xFFFFFF);
pointLight.position.x = 10;
pointLight.position.y = 50;
pointLight.position.z = 130;
scene.add(pointLight);
function update () {
    renderer.render(scene, camera);
    requestAnimationFrame(update);
}
requestAnimationFrame(update);
</script>
</body>
</html>
```

在这个简单的例子中，我们未使用太多代码就完成了球体的构建，并连接上了 Web 服务器，通过访问本地资源将其展示到网页中，如图 3.3 所示。

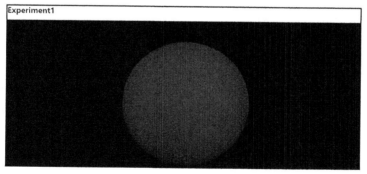

图 3.3　使用 Three.js 完成球体的构建并展示到网页中

3.2　JavaScript 基础

　　JavaScript 是一种直译式脚本语言，是一种动态类型、弱类型、基于原型的语言，内置支持类型。它的解释器被称为 JavaScript 引擎，为浏览器的一部分，广泛用于客户端的脚本语言。最早 JavaScript 在 HTML 网页上使用，用来给 HTML 网页增加动态功能。JavaScript 是一种解释语言，源代码不需要经过编译，直接在浏览器上运行时被解释。JavaScript 是一种基于对象的脚本语言，它不仅可以创建对象，也能使用现有的对象。JavaScript 语言中采用的是弱类型的变量类型，对使用的数据类型未做出严格的要求，是基于 Java 基本语句和控制的脚本语言，其设计简单而紧凑。JavaScript 程序可以直接对用户或客户输入做出响应，无须经过 Web 服务程序。它对用户的响应是以事件驱动的方式进行的。所谓事件驱动，指的是在主页执行了某种操作所产生的动作，此动作称为"事件"。JavaScript 脚本语言不依赖操作系统，仅需要浏览器的支持。因此一个 JavaScript 脚本在编写完成后可以在任意机器上使用，前提是机器上的浏览器支持 JavaScript 脚本语言。目前 JavaScript 已被大多数的浏览器支持。

3.2.1　核心语句和语法

1. 变量与数据类型

JavaScript 的每句命令用分号结束，变量在应用之前需要先声明。变量采用关键字 var 声明，声明语句如下。

```
var j, k = 0;
```

如果未在 var 声明语句中给变量指定初始值，那么虽然声明了这个变量，但在给它存入一个值之前，它的初始值就是 undefined。

JavaScript 支持基本的数据类型有 5 个，分别是数值类型、字符串类型、布尔类型、undefined 类型和 null 类型。

（1）数值类型：与强类型语言（如 C、Java）不同，JavaScript 的数值类型不仅包括所有的整型变量，也包括所有的浮点型变量。JavaScript 语言中的数值都是以 IEEE 754 双精度浮点数格式保存的。JavaScript 中的数值形式非常丰富，完全支持用科学记数法表示。科学记数法形如 5.12e2 代表 5.12 乘 10 的 2 次方，5.12E2 也代表 5.12 乘 10 的 2 次方。

```
var a , b;               // 显式声明变量a、b
a = 5E2;                 // 给a、b使用科学记数法赋值，a值应该为500
b = 1.23e-3;             //  b值应该为0.00123
```

（2）字符串类型：字符串是存储字符（比如"Bill Gates"）的变量，字符串可以是引号中的任意文本，可以使用单引号或双引号。

```
var name="Aodi";
var name='Aodi';
```

（3）布尔类型：布尔类型只有两个值，即保留字 true 和 false。

布尔值通常用于 JavaScript 语句的控制结构中。例如 if/else 语句，如果布尔值为 true，则执行第一段逻辑；如果布尔值为 false，则执行另一段逻辑。通常将一个创建布尔值的比较直接与使用这个比较的语句结合在一起，如下所示。

```
if (a = = 4)
  b = = b + 1;
else
  a = = a + 1;
```

这段代码检测变量 a 是否等于 4。如果 a 等于 4，则 b 加 1；否则，a 加 1。任意值都可以转化为布尔值。undifined、null、0、-0、NaN、""（表示空字符串）这些值会被转化成 false。

所有其他值，包括所有对象（数组）都会转换成 true。false 和上面 6 个可以转换成 false 的值有时称作"假值"（falsy value），其他值称作"真值"（truth value）。JavaScript 期望使用一个布尔值的时候，假值会被当成 false，真值会被当成 true。

（4）undefined 类型和 null 类型：undefined 类型的值只有一个——undefined，该值用于表示某个变量不存在，或者没有为其分配值，也用于表示对象的属性不存在。null 用于表示变量的值为空。undefined 与 null 的差别比较微妙，总体而言，undefined 表示没有为变量设置值或属性不存在，而 null 表示变量是有值的，只是其值为 null。

如果不进行精确比较，很多时候 undefined 和 null 本身就相等，即 null==undefined 将返回 true。如果要精确区分 null 和 undefined，应该考虑使用精确等于符（===）进行判断。

2. 函数定义

JavaScript 中的函数使用 function 关键字定义。函数可以通过声明定义，也可以是一个表达式。由于变量是无类型的，因此没有声明返回类型，并且参数也没有声明类型。典型的函数定义的代码如下。

```
function square(x) {
    return x * x;
}
```

函数在声明后不会立即执行，会在我们需要的时候调用到。由于函数声明不是可执行语句，因此不以分号结束。另外，也可以通过函数变量的方式进行函数定义，如下。

```
var x = function (a, b) {return a * b};
var z = x(4, 3);
```

3. 函数调用

构成函数主体的 JavaScript 代码在定义时不会执行，只有在调用该函数时，它们才会被执行。有 4 种方式来调用 JavaScript 函数：作为函数调用、作为方法调用、作为构造函数调用、通过 call() 和 apply() 方法间接调用，这里讲解前 3 种比较常用的函数调用方法。

（1）作为函数调用：函数不属于任何对象。但是在 JavaScript 中函数始终是默认的全局对象。在 HTML 中默认的全局对象是 HTML 页面本身，所以函数属于 HTML 页面。在浏览器中的页面对象是浏览器窗口（window 对象）。以下函数会自动变为 window 对象的函数。

```
function myFunction(a, b) {
    return a * b;
}
myFunction(10, 2);
// myFunction() 和 window.myFunction() 是一样的
```

（2）作为方法调用：在 JavaScript 中可以将函数定义为对象的方法。以下实例创建了一个对象（myObject），对象有两个属性（firstName 和 lastName）及一个方法（fullName()）。

```
var myObject = {
    firstName:"John",
    lastName: "Doe",
    fullName: function () {
        return this.firstName + " " + this.lastName;
    }
}
myObject.fullName();
```

（3）作为构造函数调用：如果函数调用前使用了 new 关键字，则是调用了构造函数。这看起来就像创建了新的函数，但实际上 JavaScript 函数是重新创建的对象。

构造函数的调用会创建新对象，新对象会继承构造函数的属性和方法。

```
// 构造函数
function myFunction(arg1, arg2) {
    this.firstName = arg1;
    this.lastName = arg2;
}
// This creates a new object
```

```
var x = new myFunction("John", "Doe");
x.firstName;        // 返回 "John"
```

3.2.2 对象和数组

1. 对象

JavaScript 对象拥有属性和方法，可以通过对象直接量、关键字 new 和 Object.create()函数创建对象。

对象直接量是由若干"名值对"组成的映射表，名和值之间用冒号分隔，名值对之间用逗号分隔，整个映射表用花括号标识。属性名可以是 JavaScript 标识符，也可以是字符串直接量（包括空字符串）。属性的值可以是任意类型的 JavaScript 表达式，表达式的值（可以是原始值，也可以是对象值）就是这个属性的值。下面有一些例子。

```
var empty = { };                          //没有任何属性的对象
var point = { x:0, y: 0 };                //两个属性
var point2 ={x: point.x, y: point.y+1 };  //更复杂的值
var book = {
    "main title" : "JavaScript",          //属性名字里有空格，必须用字符串表示
    "sub-title": "The Definitive Guide",  //属性名字里有连字符，必须用字符串表示
    "for": "all audiences",               //"for"是保留字，因此必须用引号
    author:{                              //这个属性的值是一个对象
    firstname: "David"                   //注意，这里的属性名都没有引号
    surname: "Flanagan"
    }
};
```

还可以通过 new 运算符创建并初始化一个新对象。关键字 new 后跟随函数调用。这里的函数称作构造函数（constructor），构造函数用于初始化新创建的对象。JavaScript 语言核心中的原始类型都包含内置的构造函数。例如：

```
var o = new Object();        //创建一个空对象，和{}一样
var a = new Array();         //创建一个空数组，和[ ]一样
var d = new Date();          //创建一个表示当前时间的 Date 对象
var r = new RegExp("js");    //创建一个可以进行模式匹配的 RegExp 对象
```

2. 数组

数组对象的作用是使用单独的变量名存储一系列值。使用数组直接量是创建数组最简单的方法，在方括号中将数组元素用逗号隔开即可。

例如：

```
var empty = [ ]                         //没有元素的数组
var primes = [ 2, 3, 5, 7, 11 ];        //有 5 个元素的数组
var misc = [ 1.1, true, "a", ];         //3 个不同类型的元素和表示结尾的逗号
```

数组直接量中的值不一定是常量，还可以是任意的表达式，如下。

```
var base = 1024;
var table = [base, base+1, base+2, base+3];
```

数组直接量可以包含对象直接量或其他数组直接量，如下。

```
var b = [[1, {x:1, y:2}], [2, {x:3, y:4}]]
```

调用构造函数 Array()是创建数组的另一种方法。

调用构造函数 Array()时没有参数，如下。

```
var a = new Array();
```

该方法创建一个没有任何元素的空数组，等同于数组直接量[]。

调用构造函数 Array()时有一个数值参数，该参数指定数组的长度，如下。

```
var a = new Array(10);
```

该方法创建指定长度的数组。当预先知道所需元素个数时，这种形式的 Array()构造函数可以用来预分配一个数组空间。注意，数组中没有存储值，甚至数组的索引属性 "0" 和 "1" 等还未定义。

可以显式指定两个或多个数组元素，或者数组的非数值元素，如下。

```
var a = new Array(5, 4, 3, 2, 1, "testing, testing" );
```

以这种形式，构造函数的参数将会成为新数组的元素。使用数组直接量创建数组比使用 Array()构造函数创建数组要简单多了。

数组元素的读和写：使用[]操作符访问数组中的元素。数组的引用位于方括号的左边，方括号中是返回非负整数值的任意表达式。使用该语法既可以读又可以写数组的元素。因此，如下代码都是合法的 JavaScript 语句。

```
var a = ["world"];         //从一个元素的数组开始
var value = a[0];          //读第 0 个元素
a[1] = 3.14;               //写第 1 个元素
i = 2;
a[i] = 3;                  //写第 2 个元素
a[i+1] = " hello";         //写第 3 个元素
a[a[i]] = a[0];            //读第 0 个和第 2 个元素，写第 3 个元素
```

注：数组是对象的特殊形式，使用方括号访问数组的元素就像用方括号访问对象的属性一样。

3.2.3 在网页中嵌入 JavaScript 代码

<script>标签：HTML 页面中的脚本必须位于 <script> 与 </script> 标签之间。脚本可被放置在 HTML 页面的 <body>标签内，或者定义在 <head>标签中。如下例子中利用 JavaScript 实现动态写入一个标题和一个段落。

```
<html>
    <body>
        <script>
            document.write("<h1>This is a heading</h1>");
            document.write("<p>This is a paragraph</p>");
        </script>
    </body>
</html>
```

外部引入方式：如果需要涉及大量的 JavaScript 代码，需要将这些 JavaScript 代码单独写成一个文件，放到 HTML 页面文件的同级目录中，然后在头部引入该文件。

```
<script src="filename.js"></script>
```

网页中的事件处理程序：在本例中，我们把一个 JavaScript 函数放置到 HTML 页面的 <body>部分，实现将文本 "A Paragraph" 变为 "My First JavaScript Function" 的功能，该函数会在单击按钮时被调用。

```
<html>
 <body>
  <h1>My Web Page</h1>
  <p id="demo">A Paragraph</p>
  <button type="button" onclick="myFunction()">Try it</button>
  <script>
   function myFunction(){
    document.getElementById("demo").innerHTML="My First JavaScript Function";
   }
  </script>
 </body>
</html>
```

图 3.4 所示是网页原图，图 3.5 所示是经过与网页交互之后的效果图（单击"Try it"按钮，即可实现将"A Paragraph"变为"My First JavaScript Function"的功能）。

图 3.4 单击"Try it"按钮之前的网页原图   图 3.5 单击"Try it"按钮之后的效果图

3.2.4 与网页进行交互

文档元素管理：因为 DOM（document object model，文档对象模型）对象，网页上的 JavaScript 代码可以操纵页面中的内容和样式。加载网页时，页面上的所有内容都被编码为由 DOM 对象定义的数据结构，JavaScript 代码可以将之作为对象集合进行访问。有几种方法可以获得对这些对象的引用，但我们只讨论其中的一个：document.getElementById()。网页上的任何元素都可以具有 ID 属性，比如：

```
<img src="somepicture.jpg" id="pic">
```

或者

```
<h1 id="mainhead">My Page</h1>
```

ID 在页面上是唯一的，因此元素由其 ID 唯一指定标识。任何元素都由 DOM 对象表示。如果元素具有 ID，则可以通过将 ID 传递给函数 document.getElementById()来获取对相应 DOM 对象的引用，例如：

```
var image = document.getElementById("pic");
var heading = document.getElementById("mainhead");
```

一旦获取了 DOM 对象，就可以使用它来操作它所代表的元素。例如，元素的内容由对象的 innerHTML 属性给出，该值是包含文本或 HTML 代码的字符串。在以下代码中 heading.innerHTML 的值是字符串"My Page"。我们可以为此属性指定值，这样做会更改元素的内容。

```
heading.innerHTML = "Best Page Ever!"
```

元素的 DOM 对象有一个名为 style 的属性，该属性也是一个对象，用于指定元素的 CSS 样式。style 对象具有 CSS 所表示的属性，如颜色、背景颜色和字体大小。通过为这些属性指定值，可以更改页面上元素的外观。

```
heading.color = "red";
```

```
heading.fontSize = "150%";
```

这些命令将使\<h1\>元素中的文本变为红色，并且比平常大 50%。style 属性的值必须是一个字符串。

比较有趣的可能是输入元素的属性，因为通过它们可以与用户进行交互。假设在网页的 HTML 源代码中有如下内容：

```
<input type="text" id="textin">
<select id="sel">
   <option value="1">Option 1</option>
   <option value="2">Option 2</option>
   <option value="3">Option 3</option>
</select>
<input type="checkbox" id="cbox">
```

在 JavaScript 源代码中有如下内容：

```
var textin = document.getElementById("textin");
var sel = document.getElmenntById("sel");
var checkbox = document.getElementById("cbox");
```

属性 checkbox.checked 的值是一个布尔值，可以测试是否选中了复选框。checkbox.disabled 的值是一个布尔值，用于指示是否禁用该复选框（用户无法更改已禁用复选框的值）。sel.disabled 和 textin.disabled 属性对\<select\>菜单和文本框执行相同的操作。textin.value 和 sel.value 属性表示这些元素的当前值。文本输入的值是当前文本框中的文本。\<select\>元素的值是当前所选择的选项的值。

事件触发机制中值得关注的一个问题是，假设脚本使用 document.getElementById()获取某些 HTML 元素的 DOM 对象，如果在页面加载完成之前执行该脚本，则它尝试访问的元素可能不存在。请记住，脚本在页面加载时就会执行。当然，一种解决方案是为仅在页面加载后发生的事件中调用 document.getElementById()。但有时希望将 DOM 对象分配给全局变量，该如何做？一种是将脚本放在页面的末尾，另一种更常见的技术是将赋值放入函数中，并在页面加载完成后执行该函数。当浏览器完成加载页面并构建其 DOM，它会触发 onload 事件，再调用 JavaScript 代码响应该事件。执行此操作的常用方法是向\<body\>标记添加 onload 事件处理程序，如下。

```
<body onload="init()">
```

这将在页面加载时调用 init()函数，该函数包括程序所需的任何初始化代码。

可以在其他元素中定义类似的事件处理程序。对于\<input\>和\<select\>元素，可以提供 onchange 事件处理程序，该处理程序将在用户更改与该元素关联的值时执行。这可以让用户选中或取消选中复选框，或从菜单中选择新选项时进行响应。

有两种使用 DOM 安装事件处理程序的方法。复选框是一个表示复选框元素的 DOM 对象，通过调用 document.getElementById()获得，该对象有一个名为 onchange 的属性，它表示复选框的 onchange 事件的事件处理程序。可以通过为该属性分配函数来设置事件处理，如果 checkBoxChanged()是在用户选中或取消选中该复选框时要调用的函数，则可以使用如下 JavaScript 命令：

```
checkbox.onchange = checkBoxChanged;
```

还可以使用匿名函数：

```
checkbox.onchange = function() { alert("Checkbox changed"); };
```

请注意，checkbox.onchange 的值是一个函数，而不是 JavaScript 代码的字符串。

在 JavaScript 中设置事件处理的另一种方法是使用 addEventListener()函数（至少在现在的浏览器中，包括所有支持 HTML canvas 元素的浏览器）。此技术更灵活，因为它可以为同一事件设置多个事件处理程序。addEventListener()函数的使用如下。

```
checkbox.addEventListener( "change", checkBoxChanged, false );
```

addEventListener()函数的第一个参数是一个字符串，它给出了事件的名称。该名称与 HTML 代码中的事件属性的名称相同，onchange 变为 "change"。第二个参数是事件发生时将调用的函数，它可以作为函数的名称或匿名函数给出。第三个参数总是设置为 false。可以使用相同参数调用 element.removeEventListener()函数来从元素中删除事件监听器。事件处理是比较复杂的，这里只给出了一个简短的介绍。

3.3 场景搭建

场景搭建就是三维内容的创建，利用程序实现三维场景实体的绘制。

3.3.1 画布设置

1. 设置 Canvas 并绘制二维图形

HTML5 引入了<canvas>标签，允许 JavaScript 动态地绘制图形。<canvas>可定义一个绘图区域，在这个区域中，使用 JavaScript 可以绘制任何想画的东西，比如点、线、矩形、圆。

通过<canvas>绘制二维图形，需经过以下几个步骤。

- 创建<canvas>标签，指定绘图区域。

```
<canvas id="myCanvas" width=" width " height=" height "></canvas>
```

- 利用 JavaScript 代码获取<canvas>标签。

```
var canvas = document.getElementById("myCanvas");
```

- 向该标签请求二维图形的 "绘图上下文"。

```
var ctx = canvas.getContext("2d");
```

- 使用绘图上下文调用相应的绘图函数，绘制二维图形。

```
ctx.fillRect(x, y, width, height);
```

由于<canvas>元素不直接提供绘图方法，而是提供一种叫绘图上下文的机制，canvas.getContext()方法的参数指定了上下文的类型（二维或三维）。如果想要绘制二维图形，就必须指定为 "2d"（区分大小写）。需要注意的是，一块画布只关联一个上下文，第一个在画布上调用的 getContext()方法将创建并返回上下文对象。

2. 在 Canvas 中使用 WebGL

WebGL 可以为 HTML5 Canvas 提供硬件加速渲染功能，这样 Web 开发人员就可以借助系统显卡在浏览器里更流畅地展示三维场景和模型了，还能创建复杂的导航内容和数据视觉化内容。WebGL 可完美地解决现有的 Web 交互式三维动画的两个问题。

（1）它通过 HTML 脚本本身实现 Web 交互式三维动画的制作，无须任何浏览器插件的支持。

（2）它利用底层的图形硬件加速功能进行图形渲染，是通过统一的、标准的、跨平台的 OpenGL 接口实现的。

在绘制二维图形时，我们是通过调用 Canvas 的 getContext()方法，传入 "2d" 参数来获取二维图形的上下文。但是在获取 WebGL 绘图上下文时，canvas.getContext()函数接收的参数在不同浏览器中会不同，这是因为大部分浏览器接收字符串 "expeimental-WebGL" 或 "WebGL"（对于一些浏览器，字符串 "WebGL" 需要替换为 "expeimental-WebGL"），所以我们使用 getWebGLContext(canvas)隐藏不同浏览器之间的差异。获取 WebGL 绘图上下文时使用

getWebGLContext(canvas,opt_debug)函数，其中 opt_debug 属性默认为 false，如果设为 true，JavaScript 代码运行时发生的错误将被显示在控制台上。在获取到绘图上下文以后，就可以绘制图形了，并且可以绘制三维图形。

3. 渲染图像

Three.js 是面向对象的场景图 API。要渲染物体到网页中，首先从 Three.js 对象中构建场景图，然后设置相机属性，决定场景中哪个角度的景物会被渲染出来，最后渲染场景图。如果要实现动画，可以修改帧之间的场景图的属性。

Three.js 库由大量类组成。3 个最基本的组件是 Three.Scene、Three.Camera 和 Three.WebGLRenderer。一个 Three.js 程序至少需要每种类型中的一个对象，这些对象通常存储在全局变量中。

```
var scene, renderer, camera;
```

Three.js 库中有一种渲染器叫作 CanvasRenderer，是用于将三维图形转换为二维画布的 API，而其他渲染器可以使用 SVG 甚至 CSS 渲染三维图形。但是，这些替代渲染器不支持 WebGL 渲染器的许多功能。

这里我们使用 WebGL 渲染器，使用 WebGL 渲染的渲染器是类 Three.WebGLRenderer 的实例。它的构造函数有一个参数，是一个包含影响渲染器设置的 JavaScript 对象。在使用时，最有可能指定的设置一个是 canvas，它告诉渲染器在哪里绘制；另一个是 antialias，它要求渲染器在可能的情况下使用抗锯齿。

```
renderer = new Three.WebGLRenderer( {
    canvas: theCanvas,
    antialias: true
} );
```

注：WebGLRenderer 和 CanvasRenderer 都使用 HTML5 中的<canvas>直接内嵌在网页中。Canvas 渲染器中的"Canvas"表明其使用 Canvas2D 而不是 WebGL。

这里 theCanvas 表示对<canvas>元素的引用，其中渲染器将显示它生成的图像。需要注意的是，许多 Three.js 函数中的参数使用了 JavaScript 对象，这种技术使得它能支持大量可选的选项，而不需要必须以某种特定顺序指定的长参数列表。相反，只需指定要为其提供非默认值的选项，并且可以按名称以任何顺序指定这些选项。

渲染器的主要功能是渲染图像。为此，还需要一个场景和一个相机。要从给定相机的视角渲染给定场景的图像，需调用如下语句。

```
renderer.render( scene, camera );
```

应该注意到，大多数示例并没有为渲染器提供画布。相反，它们允许渲染器创建画布，然后可以从渲染器中获取画布并将其添加到页面中。此外，画布通常会填充整个浏览器窗口。

3.3.2 对象设置

场景对象是构成三维世界的所有对象的容器，它充当场景图的根节点。要构建一个场景也很简单，只要新建一个对象就可以了，代码如下。

```
var scene = new Three.Scene();
```

scene.add(item)函数可用于向场景添加相机、灯光和图形对象。scene.remove(item)函数有时也很有用，用于从场景中删除项目。场景中的实体对象是由 Three.Object3D 类型的对象组成的（包括属于该类的各种子类对象），相机、灯光和可见对象都由 Object3D 的子类表示。相机是一种特殊的物体，它代表一个视点，从这个视点可以生成三维世界的图像。

任何 Object3D 对象都包含一个子对象列表，它们也是 Object3D 类型。子列表定义场景图的结构。如果节点和对象的类型为 Object3D，则 node.add(object)方法将对象添加到节点的子节点列表中。node.remove(object)方法可用于从列表中删除对象。

Three.js 场景图必须是一棵树，每个节点有唯一的父节点，但根节点除外，它没有父节点。每个节点对象具有属性 obj.parent，该属性指向场景图中的 obj 的父级（如果存在父级），我们不用直接设置此属性，将节点添加到另一个节点的子列表时会自动设置它。如果 obj 作为节点的子节点，在添加时已经有父节点，那么将 obj 添加到节点的子节点列表之前，首先从当前父节点的子节点列表中删除 obj。

Object3D 的子节点 obj 存储在名为 obj.children 的属性中，这是一个普通的 JavaScript 数组。我们应该使用 obj.add()和 obj.remove()方法添加和删除 obj 的子级。

Three.Scene 常用的属性如表 3.1 所示，常用的方法如表 3.2 所示。

表 3.1 Three.Scene 常用的属性

属性	描述	默认值
type	类型	Scene
background	用来设置场景渲染时的背景	null
fog	在场景中加入雾化效果	null
overrideMaterial	强制场景中所有物体使用相同的材质	null
autoUpdate	渲染器是否检查每一帧的矩阵更新	true

表 3.2 Three.Scene 常用的方法

方法	描述	作用
add()	add (object : Object3D, ...) : null	继承而来，向场景中添加对象
remove()	remove (object : Object3D, ...) : null	继承而来，从场景中移除对象
children	children : Object3D	用于返回场景中所有对象的列表，包括相机和光源
getObjectByName	getObjectByName (name: recursive) : Object3D	指定唯一的标识 name，以查找特定名字的对象
traverse	traverse (callback : Function) : null	传入回调函数以访问所有的对象

为了便于复制场景图的结构部分，Object3D 定义了 clone()方法。此方法用于复制节点，包括递归复制节点的子节点。这样可以很容易地在场景图中包含相同结构的多个副本。

```
var node = Three.Object3D();
//Add children to node.
scene.add(node);
var nodeCopy1 = node.clone();
//Modify nodeCopy1, maybe apply a transformation.
scene.add(nodeCopy1);
var nodeCopy2 = node.clone();
//Modify nodeCopy2, maybe apply a transformation.
scene.add(nodeCopy2);
```

一个三维物体对象 obj 具有关联的变换，由属性 obj.scale、obj.rotation 和 obj.position 给出。这些属性表示在渲染对象时应用于对象及其子对象的几何变换，其顺序是先对对象进行缩放，然后旋转，最后根据这些属性的值进行转换。

obj.scale 和 obj.position 的值是 Three.Vector3 类型的对象。Vector3 类型表示三维空间坐标。

```
var v = new Three.Vector3( 17, -3.14159, 42 );
```

对几何变换的设置，可以采用直接访问的方式，或者采用相关属性函数的方式，如下。

```
obj.scale.set(2, 2, 2);
```

或者

```
obj.scale.y = 0.5;
```

针对相机也有类似的变换，例如采用如下语句。

```
camera.position.z = 20;
```

表示相机将从原点的默认位置移动到正 z 轴上的点(0, 0, 20)。当使用相机渲染场景时，相机上的建模变换为观察变换。

旋转对象的类型为 Three.Euler 类型，旋转角度称为欧拉角。obj.rotation 具有的属性包括 obj.rotation.x、obj.rotation.y 和 obj.rotation.z，它们表示围绕 x 轴、y 轴和 z 轴旋转的角度，角度以弧度为单位。首先围绕 x 轴旋转物体，然后围绕 y 轴旋转物体，最后围绕 z 轴旋转物体，当然可以通过设置更改旋转顺序。

3.3.3　相机设置

在 Three.js 中相机的表示是 Three.Camera，它是相机的抽象基类，其子类有两种相机，分别是平行投影相机 Three.OrthographicCamera 和透视投影相机 Three.PerspectiveCamera。投影相机类图如图 3.6 所示。

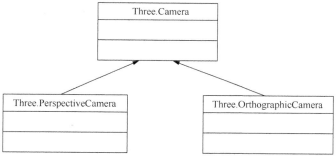

图 3.6　投影相机类图

1．平行投影相机

平行投影分为正平行投影和斜平行投影两种。以正平行投影为例，其投影中心在无限远处，并且投影射线与投影平面垂直。正平行投影根据投影面与坐标轴的夹角分为正投影（三视图）和正轴侧投影。

正投影的构造函数是 OrthographicCamera(left,right,top,bottom,near,far)，下面结合图 3.7 所示的场景介绍该构造函数的参数。

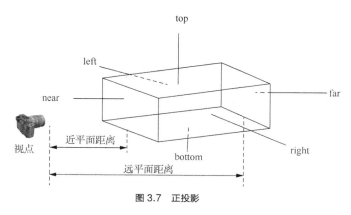

图 3.7　正投影

主要参数的定义如下。

（1）left：左平面距离相机中心点的垂直距离。从图 3.7 中可以看出，左平面是靠近里面的那个平面。

（2）right：右平面距离相机中心点的垂直距离。从图 3.7 中可以看出，右平面是靠近外面的那个平面。

（3）top：顶平面距离相机中心点的垂直距离。图 3.7 中的顶平面是长方体朝天的平面。

（4）bottom：底平面距离相机中心点的垂直距离。图 3.7 中的底平面是长方体朝地的平面。

（5）near：近平面距离相机中心点的垂直距离。图 3.7 中的近平面是左边竖着的那个平面。

（6）far：远平面距离相机中心点的垂直距离，图 3.7 中的远平面是右边竖着的那个平面。

这些参数共同决定长方体的视景体（又称裁剪体），标注空间中能够被当前视点观察到的物体对象范围，裁剪掉那些不能被当前视点观察到的对象和部分。定义好相机对象之后，还需要将之加入场景中才能起作用，代码如下。

```
var camera = new Three.OrthographicCamera(width/-2,width/2,height/2,
height/-2,1,1000);
scene.add(camera);
```

2．透视投影相机

透视投影的投射线汇聚于投影中心。透视投影是更符合人们视觉的投影，如图 3.8 所示。透视投影相机的构造函数如下所示。

```
PerspectiveCamera( fov, aspect, near, far )
```

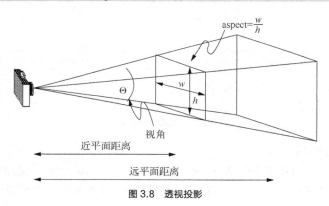

图 3.8　透视投影

（1）视角 fov：视角的大小。视角越大，中间的物体越小。这是因为视角越大，看到的场景越大，中间的物体相对于整个场景来说就越小。

（2）近平面 near：近端距离。

（3）远平面 far：远端距离。

（4）纵横比 aspect：实际窗口的纵横比，即宽度除以高度。这个值越大，说明场景宽度越大。

通过上述参数可定义一个菱台视景体，使得视景体外多余的部分裁剪掉，最终图像只是视景体内的有关部分。

下面是透视投影相机的一个简单的例子。

```
var camera = new Three.PerspectiveCamera(45,width/height,1,1000);
scene.add(camera);
```

3.3.4　交互设置

交互技术关注计算机与人之间的双向通信方式。对于一个图形系统，用户可以利用鼠标、键盘、数字化仪、扫描仪等输入设备对图形数据进行输入、定位、拖动、拾取、修改和复制等交互操作。在本书中，我们主要介绍利用鼠标和键盘这两种输入设备对图形数据进行交互操作。典型的交互技术概要如图 3.9 所示。

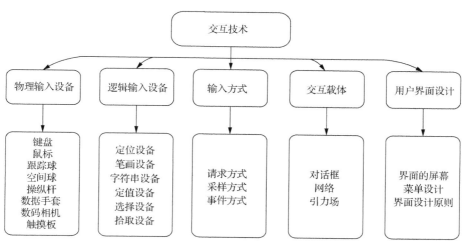

图 3.9　典型的交互技术概要

大多数的程序需要某种用户交互。对于 Web 应用程序，程序可以使用 HTML 的交互控件（例如按钮和文本框）获取用户输入，也可以直接使用鼠标与虚拟三维世界交互。

1. 鼠标交互

Three.js 中提供了很多集成的类，如 TrackballControls 及 OrbitControls 等类，这些类封装了不同的方式实现对模型场景的观察。OrbitControls 类在旋转时会受到约束，正 y 轴始终是视图中的向上方向；而 TrackballControls 类允许完全自由旋转。这两个类的使用方式类似。下面以 OrbitControls 类为例，先创建一个相机并将其移离原点，然后添加一个灯光对象，让灯光随着相机一起移动，为相机可见的物体提供照明。以下为部分代码。

```
camera = new Three.PerspectiveCamera(45,canvas.width/canvas.height,0.1,100);
camera.position.set(0,15,35);
camera.lookAt(new Three.Vector3(0,0,0) ); //camera looks toward origin
var light = new Three.PointLight(oxffffff,0.6);
camera.add(light);  //viewpoint light moves with camera
scene.add(camera);
controls = new Three.OrbitControls(camera,canvas);
```

控件还可以使用鼠标右键进行"平移"（在屏幕平面中拖动场景），使用鼠标中键或滚轮进行"缩放"（缩放场景）。可以通过以下设置禁用这些功能。

```
controls.enablePan = false;
controls.enableZoom = false;
```

鼠标交互的另一个重要意义就是实现让用户通过单击选择场景中的对象。一般过程是：根据屏幕上用户单击的点，创建一条三维空间的射线，从当前视点沿着观察方向，判断场景中与该射线相交的第一个对象。Three.Raycaster 提供了相应的方法用于实现该功能，具体的实现过程如下。

```
raycaster = new Three.Raycaster();          //创建一个 raycaster 对象
raycaster.set( startingPoint,direction );//定义一条光线，可以被调用
```

参数 startingPoint 和 direction 都是 Three.Vector3 类型。它们的值采用世界坐标系，与整个场景使用的坐标系相同。或者用相机和屏幕上的一个点表示光线，可以更方便地处理用户输入。

```
raycaster.setFromCamera( screenCoords,camera );
```

screenCoords 以剪辑坐标（剪辑坐标在 Three.js 中称为"规范化设备坐标"）表示的 Three.Vector2 给出。这意味着水平坐标的范围从视口左边缘的-1 到右边的 1，垂直坐标的范围从底部的-1 到顶部的 1。下面给出一个完整的鼠标选中方法的代码。

```
var r = canvas.getBoundingClientRect();
var x = evt.clientX - r.left; // convert mouse location to canvas pixel coords
var y = evt.clientY - r.top;
var a = 2*x/canvas.width - 1; // convert canvas pixel coords to clip coords
var b = 1 - 2*y/canvas.height;
raycaster.setFromCamera( new Three.Vector2(a,b), camera );
```

对于选中结果的判断，Three.js 中提供了相关的查询方法，如下所示。

```
raycaster.intersectObjects( objectArray, recursive );
```

该方法的第一个参数是 Object3D 的数组。raycaster 将搜索其当前光线与阵列中对象的交叉点。如果第二个参数为 true，它还将搜索场景图中这些对象的后续；如果它为 false 或被省略，则只搜索数组中的对象。intersectObjects 的返回值是一个 JavaScript 对象数组；数组中的每个项是所有相交的 Object3D 对象的集合。通过增加距光线起点的距离对数组进行排序，找到第一个相交的对象即选中对象。

数组中的元素是一个对象，其属性包含有关交集的信息。假设 item 是数组元素之一，那么最有用的属性是 item.object（与光线相交的 Object3D）和 item.point（它是交叉点，在世界坐标中作为 Vector3 给出）。这些信息可用于实现一些有趣的用户交互。

2. 键盘交互

通过对按键事件的判断进行相关的交互，首先根据 keydown 事件设定一个简单的监听器。在下面的代码中，可看到我们正在响应页面上（而不是 WebGL 窗口中）发生的窗口事件。因此，我们使用全局对象 window 和 event，它们由浏览器定义并可以在所有的 JavaScript 程序中使用。

```
window.addEventListener("keydown",function() {
    switch (event.keyCode) {
    case 49: // '1' key
        direction = !direction;
        break;
    case 50: // '2' key
        delay /= 2.0;
        break;
    case 51: // '3' key
        delay *= 2.0;
        break;
    }
});
```

这个监听器要求我们知道键码和字符之间的 Unicode 映射。另外，我们可以使用表单的监听器进行映射。

```
window.onkeydown=function(event) {
    var key = String.fromCharCode(event.keyCode);
    switch (key) {
    case '1':
        direction = !direction;
        break;
    case '2':
        delay /= 2.0;
```

```
        break;
    case '3':
        delay *= 2.0;
        break;
    }
};
```

3.4　坐标系与观察变换

计算机图形学需要完成对模型场景的绘制任务。在绘制过程中，将用于描述对象几何信息的内容与那些用于表示对象位置大小的内容区分开。前者通常被看作一个建（modeling）的过程，后者被看作一个观察（viewing）的过程。图形最终的绘制就是观察结果在显示平面上的投影图像。

三维空间坐标系的常见定义有两种：左手坐标系与右手坐标系。在空间直角坐标系中，左手拇指指向 x 轴的正方向，食指指向 y 轴的正方向，如果中指能指向 z 轴的正方向，则称这个坐标系为左手坐标系；反之则是右手坐标系。左手坐标系和右手坐标系的区别如图 3.10 所示。在 Three.js 中采用的是右手坐标系，正对屏幕，水平从左到右是 x 轴，从下向上是 y 轴，z 轴是由里向外。

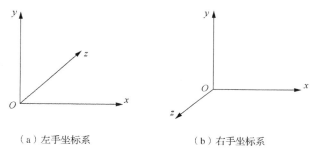

（a）左手坐标系　　　　　　　　（b）右手坐标系

图 3.10　三维空间坐标系

在场景中添加 AxisHelper 坐标轴对象，通过该对象可以看到世界坐标系的具体位置和方向。

```
var axisHelper = new Three.AxisHelper(500);
this.scene.add(axisHelper);
```

3.4.1　场景坐标系与图像结果坐标系

几何对象的绘制过程要经历几个阶段的坐标变换。

建模坐标系又称为局部坐标系。每个物体（对象）有它自己的局部中心和坐标系，建模坐标系独立于世界坐标系来定义物体的几何特性。世界坐标系又称场景坐标系。世界坐标系是系统的绝对坐标系，在没有建立用户坐标系之前，画面上所有点的坐标都是以该坐标系的原点确定各自的位置的，即场景中的物体在实际世界中的坐标。依据观察窗口的方向和形状在世界坐标系中定义的坐标系称为观察坐标系。观察坐标系主要用于从观察者的角度对整个世界坐标系内的对象进行观察定位和描述。设备坐标系是适合特定输出设备输出对象的坐标系，比如屏幕坐标系。在多数情况下，对于每一个具体的显示设备都有一个单独的坐标系统（注意：设备坐标是整数）。规范化坐标系独立于设备，能容易地转变为设备坐标系，是一个中间坐标系。为使图形软件能在不同的设备之间移植，采用规范化坐标系，坐标轴的取值范围是 0～1。

对象坐标系往往用于建模与生成模型，而世界坐标系是构建场景的坐标系。在真实世界中，我们所看到的内容取决于相机的位置及相机的方向。也就是说，在知道相机的位置及方向之前，无法拍摄场景得到图像照片的结果。在 OpenGL 中，我们想象相机附着在一个坐标系，这称为眼坐标。在这个坐标系中，相机位于原点(0,0,0)，朝负 z 轴方向看，y 轴正方向指向上方，x 轴正方向指向右边。这是一个以相机为中心的坐标系，是我们实际想要用于在屏幕上绘图的观察坐标。从世界坐标到眼坐标的变换称为观察变换。

相机无法看到整个三维世界，只能看到进入视口的部分（屏幕的矩形区域或将绘制图像的其他显示设备），也就是说场景被视口的边缘"剪切"了。此外，在 OpenGL 中，相机只能在眼坐标系中看到有限范围的 z 值。具有更大或更小 z 值的点被剪掉并且不被渲染到图像中。实际渲染到图像中的空间体积称为视景体。视景体中的内容才能被绘制成图像，不在视景体中的内容被剪切，无法看到。最后实际绘图发生在诸如计算机屏幕的物理显示设备上。因此，存在设备坐标系、二维坐标系。通常，在设备坐标系中，以像素为单位的绘图区域是像素矩形，即视口矩形。从裁剪坐标中获取 x 和 y，并将它们缩放到视口的转换称为视口转换。WebGL 的变换流程如图 3.11 所示。

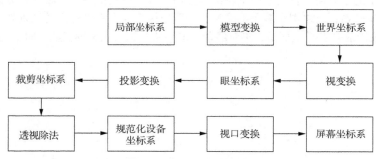

图 3.11　WebGL 的变换流程

视口变换就是将视景体内投影的物体显示在二维的视口平面上。视口的定义类似于一个窗口的定义，参数(x,y)确定视口的左下角点坐标，参数 width 和 height 分别是视口的宽度和高度。坐标以像素为单位，全部为整型数。

投影变换中的投影包括平行投影和透视投影，根据投影类型分别定义不同类型的视景体，然后利用投影变换把观察到的结果映射到投影平面，即绘制到屏幕上。透视投影的主要参数如下。

```
( GLdouble fovy, GLdouble aspect, GLdouble near, GLdouble far)
```

参数 fovy 是 yz 平面上视野的角度，范围为[0, 180]。aspect 是这个平截头体的纵横比，也就是宽度除以高度。near 和 far 值分别是观察点与近侧裁剪平面及远侧裁剪平面的距离（沿 z 轴负方向），这两个值都是正的。正投影的主要参数如下。

```
( GLdouble left, GLdouble right, GLdouble bottom, GLdouble top, GLdouble near,
GLdouble far)
```

定义一个长方体视景体，左下角点的三维空间坐标是(left,bottom,−near)，右上角点是(right,top,−near)；远裁剪平面也是一个矩形，左下角点的空间坐标是(left,bottom,−far)，右上角点是(right,top,−far)。注意，near 和 far 都是正值。只有在视景体里的物体才能被显示出来。

3.4.2　观察变换

根据绘制内容的维度，在计算机图形学中观察变换分为二维观察变换和三维观察变换。

1．二维观察变换

当场景是二维的，设置的观察体就变成了二维的窗口形式。二维观察变换如图 3.12 所示。

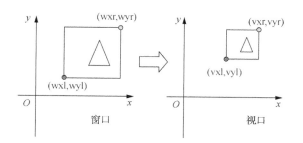

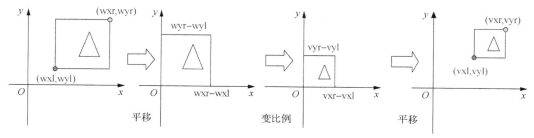

图 3.12　二维观察变换

设窗口范围为 (wxl, wyl) 和 (wxr, wyr)，视口范围为 (vxl, vyl) 和 (vxr, vyr)。将窗口中的图形转为视口中的图形的过程如下。

首先，平移窗口，使其左下角与坐标原点重合；

然后，按比例变换，使其大小与视口相等。

最后，平移，使其移到视口位置。

窗口中的全部图形经过与此相同的变换后便变换成视口中的图形了。因此，视口变换矩阵如下所示。

$$
\boldsymbol{H} = \begin{bmatrix} 1 & 0 & 0 \\ 0 & 1 & 0 \\ -wxl & -wyl & 1 \end{bmatrix} \cdot \begin{bmatrix} \dfrac{vxr - vxl}{wxr - wxl} & 0 & 0 \\ 0 & \dfrac{vyr - vyl}{wyr - wyl} & 0 \\ 0 & 0 & 1 \end{bmatrix} \cdot \begin{bmatrix} 1 & 0 & 0 \\ 0 & 1 & 0 \\ vxl & vyl & 1 \end{bmatrix} =
$$

$$
\begin{bmatrix} \dfrac{vxr - vxl}{wxr - wxl} & 0 & 0 \\ 0 & \dfrac{vyr - vyl}{wyr - wyl} & 0 \\ vxl - \dfrac{wxl(vxr - vxl)}{(wxr - wxl)} & vyl - \dfrac{wyl(vyr - vyl)}{(wyr - wyl)} & 1 \end{bmatrix}
$$

2．三维观察变换

三维观察变换所起的作用是完成从用户坐标系选取的一部分的图像描述变换到屏幕指定的视口中的图像描述。从用户的图像描述产生屏幕上的图像描述的处理过程如图 3.13 所示。

取景变换即完成从用户坐标系中的描述到观察坐标系中的描述的坐标变换，三维裁剪的作用是仅保留在视景体内的物体部分并对它生成图形显示，投影变换将视景体内的三维物体描述变换成投影平面上的二维描述，最终投影平面上矩形窗口内的图形变换到屏幕（或规范化）坐标系中的视口内。

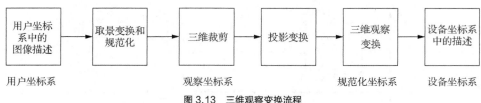

图 3.13　三维观察变换流程

取景变换主要包括如下步骤。

（1）观察坐标系的确定，如图 3.14 所示。

首先，挑选一个用户坐标点称为观察参考点 VRP，即该点为观察坐标系的原点。

其次，通过给定观察平面法向量来选择观察坐标系的 z_v 轴和观察平面方向。

然后，指定一观察向上向量，通过该向量建立观察坐标系的 y_v 轴。

最后，确定观察点（为透视投影时）或确定投影方向（为平行投影时）。观察点又称为投影中心。

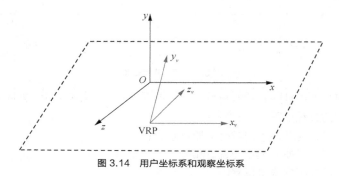

图 3.14　用户坐标系和观察坐标系

（2）世界坐标到观察坐标的变换。

在物体描述投影到观察平面之前，必须将其坐标转换成观察坐标。该变换顺序是：首先，平移观察参考点 $VRP(x_0, y_0, z_0)$ 到用户坐标系的原点；然后，进行旋转，分别让 X_v, Y_v, Z_v 轴对应用户坐标系的 x、y 和 z 轴。

一旦景物中物体的用户坐标描述转换到观察坐标，我们就可以将三维物体投影到二维观察平面上。为使裁剪处理简单和规范化（即单位化），需要利用坐标变换将视景体规范化。三维裁剪的作用是仅保留在视景体内的物体部分并对它生成图形显示。

投影变换是将视景体内的三维物体坐标投影变换成投影平面上的二维坐标，最终将投影平面上矩形窗口内的图形变换到屏幕（或规范化）坐标系中的视口内。

3.5　Three.js 基本程序框架

随着浏览器的绘制能够通过本机 GPU 加速，在 Web 端实现三维的场景或者游戏也越来越流畅。本节以 Three.js 实现简单的太阳系模型为例，讲解计算机图形学中基本程序框架的搭建。

要实现太阳系模型，首先需要具备 Three.js 的基础知识（camera、scene 等）。Three.js 默认不允许加载本机上的纹理文件（图片），因此需要在本地建立一个 Web 服务。

1. 建立空文档结构

首先要为所需要的项目、程序编写一个简单的网页，准备一个 canvas 容器。

```
<html>
<head>
```

```
    <meta charset="UTF-8">
    <meta http-equiv="X-UA-Compatible" content="IE=edge,chrome=1">
    <title>Solar System</title>
    <style>
        body{
            margin:0;
            padding: 0;
            overflow: hidden;
        }
    </style>
</head>
<body>
    <canvas id="main"></canvas>

    <script src="../resource/js/Three/Three.js"></script>
    <script src="/main.js"></script>
</body>
</html>
```

2. Three.js 的场景初始化

场景的初始化包括 3 个方面的内容：renderer、camera 和 scene。

画布的准备如下。

```
const canvas = document.getElementById('main');
canvas.width = window.innerWidth;
canvas.height = window.innerHeight;
```

绘制句柄的准备如下。

```
renderer = new Three.WebGLRenderer({ canvas });
renderer.shadowMap.enabled = true; //辅助线
renderer.shadowMapSoft = true; //柔和阴影
renderer.setClearColor(0xffffff, 0);
```

创建场景和相机如下。

```
scene = new Three.Scene();
camera = new Three.PerspectiveCamera(45, window.innerWidth / window.
innerHeight, 1 ,1000);
camera.position.set(-200,50,0);
camera.lookAt(new Three.Vector3(0,0,0));
scene.add(camera);
renderer.render(scene,camera);
```

3. 绘制太阳和地球的球体

```
/*sun*/
const Sun = new Three.Mesh( new Three.SphereGeometry( 12 ,16 ,16 ),
  new Three.MeshLambertMaterial({
    color: 0xffff00,
    emissive: 0xdd4422
  })
);
Sun.name='Sun';
scene.add(Sun);


/*earth*/
const Earth = new Three.Mesh( new Three.SphereGeometry( 5, 16,16 ),
```

```
     new  Three.MeshLambertMaterial( { color: 'rgb(46,69,119)', emissive:
'rgb(46,69,119)' } )
   );
   Earth.position.z = -40;
   scene.add(Earth);
```

4. 添加其他星球的球体

```
let Sun,
    Mercury,        //水星
    Venus,          //金星
    Earth,          //地球
    Mars,           //火星
    Jupiter,        //木星
    Saturn,         //土星
    Uranus,         //天王
    Neptune,        //海王
    stars = [];
module.exports = {
    init(){
        //构造太阳
        ...

        /*planets*/
        Mercury = this.initPlanet('Mercury','rgb(124,131,203)',20,2);
        stars.push(Mercury);

        Venus = this.initPlanet('Venus','rgb(190,138,44)',30,4);
        stars.push(Venus);

        Earth = this.initPlanet('Earth','rgb(46,69,119)',40,5);
        stars.push(Earth);

        Mars = this.initPlanet('Mars','rgb(210,81,16)',50,4);
        stars.push(Mars);

        Jupiter = this.initPlanet('Jupiter','rgb(254,208,101)',70,9);
        stars.push(Jupiter);

        Saturn = this.initPlanet('Saturn','rgb(210,140,39)',100,7);
        stars.push(Saturn);

        Uranus = this.initPlanet('Uranus', 'rgb(49,168,218)',120,4);
        stars.push(Uranus);

        Neptune = this.initPlanet('Neptune','rgb(84,125,204)',150,3);
        stars.push(Neptune);
    },
    /**
     * 初始化行星
     * @param name  行星名字
     * @param color  颜色
```

```
 * @param distance   距离原点（太阳中心）的距离
 * @param volume   体积
 * @returns {{name: *, distance: *, volume: *, Mesh: Three.Mesh}}
 */
initPlanet(name,color,distance,volume) {
  let mesh = new Three.Mesh( new Three.SphereGeometry( volume, 16,16 ),
    new Three.MeshLambertMaterial( { emissive: color } )
  );
  mesh.position.z = -distance;
  mesh.receiveShadow = true;
  mesh.castShadow = true;
  mesh.name = name;
  let star = {
    name,
    distance,
    volume,
    Mesh : mesh
  }
  scene.add(mesh);
  return star;
},
}
//CONTROLS
controls = new Three.TrackballControls( camera,renderer.domElement );

//CONTROLS
control = new Three.FirstPersonControls( camera , renderer.domElement );
control.movementSpeed = 100;      //镜头移速
control.lookSpeed = 0.125;       //视角改变速度
control.lookVertical = true;     //是否允许视角上下改变
```

5. 准备动画部分

无论是想让行星动起来还是想让镜头动起来，都涉及动画部分。Three 推荐通过 requestAnimationFrame()方法制作动画，虽然没有指定动画的间隔，但是这个方法默认以每秒 60 次（60 帧）的频率执行。这个方法的调用方式与 setTimeout()方法的调用方式类似。

```
function move() {
  //do sth…
  requestAnimationFrame(move)
}
move()
```

requestAnimationFrame()方法与 setInterval()方法的区别主要在于 CPU 占用率、浏览器兼容性和卡顿处理等。一般来说，requestAnimationFrame()方法对 CPU 更友好，而由于其是比较新的方法，因此需要注意低版本浏览器是否能兼容。在卡顿处理上，当浏览器达不到设定的调用周期时，requestAnimationFrame()方法采用跳过某些帧的方式表现动画，虽然会有卡顿的效果，但是整体速度不会拖慢，而 setInterval()方法会因此使整个程序放慢运行，但是每一帧都会绘制出来。这里涉及拖慢和卡顿的取舍问题。

6. 第一视觉移动

加入第一视觉移动的功能，可以选择 Three.js 提供的部件 firstPersonControls。这个部件需要用 script 另外引入。

```
let control;
const clock = new Three.Clock(); //用于计算两次 AnimationFrame 的间隔时间

init() {
    //...
    /*镜头控制*/
    control = new Three.FirstPersonControls(camera , canvas);
    control.movementSpeed = 100;     //镜头移速
    control.lookSpeed = 0.125;       //视角改变速度
    control.lookVertical = true;     //是否允许视角上下改变

    renderer.render(scene,camera);
    requestAnimationFrame(()=>this.move());
},
move() {
    control.update(clock.getDelta());    /*此处传入的 Delta 是两次 AnimationFrame
    的间隔时间，用于计算速度*/
    renderer.render(scene,camera);
    requestAnimationFrame(()=>this.move());
}
```

firstPersonControls()方法通过距离（鼠标移动过的屏幕距离）和时间（通过 Clock 计算）计算得出镜头视觉改变的速度，相当于我们站着不动，转动眼睛、头部的视觉改变方式。镜头本身位置的改变相当于人走路，通过按键监听实现。

7．帧率监视

在初步引入动画的布置之后，最好引入一个帧率监视的工具，以便我们掌握整个动画的效率。

```
<script src="../resource/js/Three/stats.min.js"></script>
```

引入帧率监视工具后，在 JavaScript 代码中初始化，并在 move()中更新即可。

```
init() {
    /*stats 帧率统计*/
    /*放置 dom*/
    stat = new Stats();
    stat.domElement.style.position = 'absolute';
    stat.domElement.style.right = '0px';
    stat.domElement.style.top = '0px';
    document.body.appendChild(stat.domElement);
    ...
},
move() {
    //...
    stat.update();
}
```

我们需要让行星环绕着太阳（原点）做圆周运动，则需要通过三角函数计算行星的平面位置。设置(0,0)为太阳中心位置，P 点(x,y)则为行星位置。当然，y 值会在实际中作为 z 的值。给行星设置一个公转的角速度，每次 AnimationFrame 的执行中，我们都为行星累加角度，通过

Math.sin()和 Math.cos()即可顺利计算出行星当前的位置。

```
/*每一颗行星的公转*/
moveEachStar(star){

  star.angle+=star.speed;
  if (star.angle > Math.PI * 2) {
      star.angle -= Math.PI * 2;
  }
  star.Mesh.position.set(star.distance * Math.sin(star.angle), 0,
star.distance * Math.cos(star.angle));
}
```

其中，我们要给每一颗行星加上当前角度和角速度的属性。当角度已经累加到 2PI 时，此时行星已经走过一圈了，所以可以把无用的 2PI 去掉。由于动画的速度大概为每秒 60 帧，所以每秒大概会累加 60×speed。这个方法在 move()中为每一颗行星都执行一次，行星就可以真正地动起来了。

```
init() {
  //…
  /*角速度为 0.02，初始角度为 0*/
  Mercury = this.initPlanet('Mercury',0.02,0,'rgb(124,131,203)',20,2);
  …
}
initPlanet(name,speed,angle,color,distance,volume,ringMsg) {
  //…
  let star = {
    name,
    speed,
    angle,
    distance,
    volume,
    Mesh : mesh
  }
}
```

8. 行星运动辅助线

为了方便观察，使用 RingGeometry 制作运动轨迹。

```
initPlanet() {
  /*轨道*/
  let track = new Three.Mesh( new Three.RingGeometry (distance-0.2,
distance+0.2, 64,1), new Three.MeshBasicMaterial( { color: 0x888888, side:
Three.DoubleSide } ) );
  track.rotation.x = - Math.PI / 2;
  scene.add(track);
}
```

由于 Ring 默认垂直于 x 轴，需要让它进行一次旋转。

9. 设置光源

在这个太阳系的环境中，我们需要用到环境光和点光源，把 PointLight 放在太阳的中心以模拟太阳发出的亮光。行星的背面由于不会被太阳光照到，因此需要环境光 AmbientLight 辅助照明。

```
//环境光
let ambient = new Three.AmbientLight(0x999999);
scene.add(ambient);

/*太阳光*/
let sunLight = new Three.PointLight(0xddddaa,1.5,500);
scene.add(sunLight);
```

其中 PointLight 的后两个参数代表光照强度和光照影响的距离。若有第 3 个参数，就代表光照衰减。

最终的太阳系模型如图 3.15 所示，更多的代码可以在本书配套资源中查找。

图 3.15　太阳系模型

3.6　本章小结

本章开始讲解 WebGL 编程，从如何搭建程序框架开始，按照逐步进阶的模式，融合实例讲解相关概念和程序的配置调试技术。读者学完本章应可掌握基本的 WebGL 编程技术，能够分析程序的主流程，为后面章节的实例分析奠定基础。

习　　题

1. 搭建 WebGL 编程的环境，包括 Webserver 测试平台、源代码库及相应的文档。

2. 使用 JavaScript 编程，实现把鼠标移到某区域，该区域的文字"把鼠标移到上面"变为"谢谢"，如图 3.16 所示。

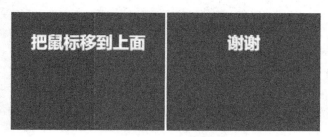

图 3.16　习题 2 的效果

3. 使用 WebGL 中的 canvas 进行三维画图，要求实现如图 3.17 所示的效果。

图 3.17　习题 3 的效果

4. 使用 WebGL 中的 canvas，分别进行二维画图和三维画图，要求实现如图 3.18 所示的效果。

5. 绘制一个彩色立方体，且实现键盘与鼠标的交互。Shift+鼠标左键或中键旋转立方体，Shift+鼠标右键平移立方体，Shift+鼠标滚轮缩放立方体。立方体如图 3.19 所示。

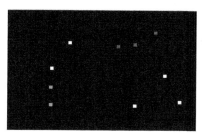

图 3.18　习题 4 的效果

图 3.19　立方体

6. 简述三维观察流程及所涉及的变换。

7. 生成一个真实感的图形并可以通过变换视点观察场景，如图 3.20 所示。

图 3.20　真实感的图形

4

第 4 章　光栅式图形系统

本章导读

第 1 章中我们已经讲了目前计算机绘制以光栅扫描显示系统为输出，所以计算机图形绘制的最终目的就要考虑如何将绘制的结果光栅化，并将之显示在目标显示器上。三维空间中的图形处理主要以顶点为单位，投影到屏幕坐标系之后，需要按照图元对之进行光栅化，通过填充像素实现图元最终在屏幕上的栅格显示。

本章将围绕线段光栅化及多边形填充等算法讲解不同图元光栅化的处理操作。

4.1　线段光栅化

线段由空间中的两个顶点定义，经过投影变换之后，把顶点坐标映射到屏幕的光栅格坐标系。这时的线段只有两个顶点的像素表示，还需要光栅化实现线段中间所有相关像素的计算，才能最终绘制出该线段。

在光栅扫描显示系统中，屏幕坐标系是二维的整数坐标系，如图 4.1 所示。线段中间像素的坐标计算需要进行整数化近似，最后产生模拟该线段的结果。DDA 算法以数字微分分析器命名，由两个顶点投影坐标 (x_1, y_1) 和 (x_2, y_2) 作为端点的线段，其斜率为

$$m = \frac{y_2 - y_1}{x_2 - x_1} = \frac{\Delta y}{\Delta x}$$

如果 $0 \leqslant m \leqslant 1$，该线段在 x 方向的变化大于在 y 方向的变化，因此选择 x 方向递增的采样方式可以更加密集地获取该线段的相关像素，而对应的 y 方向的变化如下。

$$\Delta y = m \Delta x$$

当从 x_1 变化到 x_2 时，假定 x 的增量为 1，则 y 的变化量为

$$\Delta y = m$$

虽然每个 x 值都是整数，但是因为斜率 m 是一个浮点数，所以由上式计算出的每个 y 值并不是整数。为了找到合适的像素，必须对 y 值进行四舍五入处理，如图 4.2 所示。

DDA 算法的伪代码如下。

```
for(ix = x1; ix <= x2; ++ix) {
    y += m;
    writePixel(x, round(y), line_color);
}
```

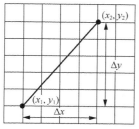

图 4.1 屏幕坐标系中的线段

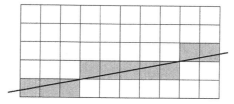

图 4.2 DDA 算法生成的像素

该算法中的 round()函数是对实数进行四舍五入取整的函数。DDA 算法实际上是直接利用斜率作为步长，近似计算中间像素的方法，如图 4.3 所示。

对于斜率 m 大于 1 的线段，其 y 方向的变化比 x 方向的变化大，因此为了尽量多地采样线段上的像素，在 y 方向进行采样。该算法表现为一个限制斜率为 1 的算法的逆运算：对于每一个 y 值，计算出一个最佳的 x 值。对于同样的线段，可得到如图 4.4 所示的近似线段。DDA 算法的思想，即在一个坐标轴上以单位间隔对线段采样，另一个坐标轴以常数 m 或 $1/m$ 变化，从而获得线段上的各个像素。

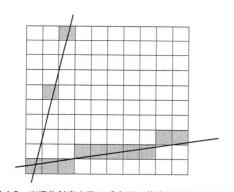

图 4.3 光栅化斜率小于 1 或大于 1 的线段所生成的像素

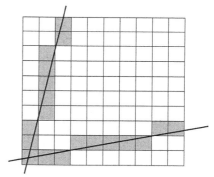

图 4.4 改进后的 DDA 算法所生成的像素

DDA 算法的编码实现非常简单，但是在生成像素的过程中，每生成一个像素都需要进行一次浮点数加法运算，因此在整个算法的过程中有很多浮点数运算和取整操作，这使 DDA 算法并不利于硬件的实现。下面将介绍能够有效避免使用浮点数运算的 Bresenham 算法。

4.1.1 Bresenham 算法

由于 DDA 算法每生成一个像素都需要进行一次浮点数加法运算和一次取整运算，而一个普通的场景如果绘制的线段在 10 万条以上，每条线段平均计算 10 个像素，每秒绘制 30 帧，则有每秒 3000 万次的这种运算。所以，如果能够在这个运算中简化一小步，都是一个极大的进步。Bresenham 提出的线段光栅化算法可以有效地避免使用浮点数运算，每生成一个像素只需要进行一次整数加法操作和一次逻辑判断操作，相对于浮点数操作和取整，这具有非常大的进步。目前 Bresenham 算法已经成为硬件和软件光栅化模块的标准算法。

图 4.5 所示为一条斜率在 $0 \leqslant m \leqslant 1$ 的线段，以 x 轴进行采样，x 的值累加，关键就看 y 的取值。当前像素为 (x_k, y_k)，下一个像素可能取 (x_k+1, y_k+1) 或 (x_k+1, y_k)，关键看该线段更靠近哪一个像素。如图 4.6 所示，我们取一个判断指标 d_1-d_2，当该差值为正时，取 y_k+1；当差值为负时，取 y_k。

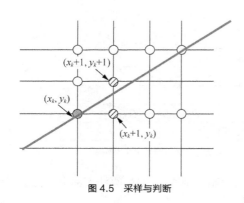

图 4.5 采样与判断　　　　　　　图 4.6 判断指标

计算该差值，公式推导如下。

$$d_1 = y - y_k = m(x_k + 1) + b - y_k$$
$$d_2 = y_k + 1 - y = y_k + 1 - m(x_k + 1) - b$$
$$\Delta d = 2m(x_k + 1) - 2y_k + 2b - 1$$

为了方便计算该差值，可引入一个决策参数 p_k，其定义如下。

$$p_k = \Delta x(d_1 - d_2)$$
$$= 2\Delta y \cdot x_k - 2\Delta x \cdot y_k + c$$

由于 $\Delta x > 0$，因此该决策参数的正负正好对应这个差的正负。同时，利用递增的方式进行计算，推导如下。

$$p_{k+1} = 2\Delta y \cdot x_{k+1} - 2\Delta x \cdot y_{k+1} + c$$
$$p_{k+1} - p_k = 2\Delta y(x_{k+1} - x_k) - 2\Delta x(y_{k+1} - y_k) = 2\Delta y - 2\Delta x(y_{k+1} - y_k)$$

因此，建立决策参数的计算公式如下。

$$p_{k+1} = \begin{cases} p_k + 2\Delta y, & p_k < 0 \\ p_k + 2\Delta y - 2\Delta x, & p_k \geqslant 0 \end{cases}$$

另外，针对 p_0，则有

$$p_0 = \Delta x(d_1 - d_2) = \Delta x[2(mx_0 + b - y_0) + 2m - 1] = 2\Delta y - \Delta x$$

对于同一线段，Δx 和 Δy 都是定值，所以每次决策参数的计算只需要进行一次整数加法操作，然后利用逻辑正负判断，就可以决定选择哪一个像素，速度可得到大大提升。

下面举一个具体的例子完成 Bresenham 算法的实现，利用 Bresenham 算法实现端点(20,10)到(30,18)的光栅化。

初始常量的计算如下。

$$\Delta x = 10, \quad \Delta y = 8, \quad 2\Delta y = 16, \quad 2\Delta y - 2\Delta x = -4, \quad p_0 = 2\Delta y - \Delta x = 6$$

根据决策参数递推关系的计算结果如表 4.1 所示。

表 4.1　根据决策参数递推关系的计算结果

k	p_k	(x_k+1, y_k+1)
0	6	（21,11）
1	2	（22,12）
2	−2	（23,12）
3	14	（24,13）
4	10	（25,14）
5	6	（26,15）

续表

k	p_k	(x_k+1, y_k+1)
6	2	（27,16）
7	-2	（28,16）
8	14	（20,17）
9	10	（30,18）

Bresenham 算法中各像素的计算过程全部以整数加法完成运算，从而可大幅度提升计算速度。

4.1.2 曲线光栅化方法

本小节将线段的光栅化方法拓展到曲线中，其原理基本一致。在曲线光栅化中，还可以充分利用曲线本身的对称性简化计算。

椭圆闭合曲线具有两个半径，在数学上椭圆可以由下式给出。

$$\left(x + r_1 \times \cos(\text{angle}), y + r_2 \times \sin(\text{angle})\right)$$

利用该参数方程，我们可以用数学方法计算椭圆上的各个点，其伪代码如下（pi 代表圆周率 π）。

```
Draw Oval with center(x,y) horizontal radius r1 and vertical radius r2:
    for i = 0 to numberOfLines:
        angle1 = i * (2 * pi / numberOfLines)
        angle2 = (i + 1) * (2 * pi / numberOfLines)
        a1 = x + r1 * cos(angle1)
        b1 = y + r2 * sin(angle1)
        a2 = x + r1 * cos(angle2)
        b2 = y + r2 * sin(angle2)
        Draw Line from (x1, y1) to (x2, y2)
```

当设置 r1=r2 时，即变成圆的绘制。然而这样的算法只能在 CPU 上进行，虽然灵活性大，但计算量太大，不能作为基本图元的绘制方法。下面以圆的绘制为例，还是采用 Bresenham 算法的线段光栅化的思路进行相关推导。

根据圆的对称性，在对圆进行光栅化操作时，我们只需要计算其中 $\frac{1}{8}$ 的区域像素，然后利用对称性直接获取其他像素。如图 4.7 所示，根据圆的对称性，我们只要计算出一个像素 (x,y)，另外 7 个对称像素就可以直接得到。

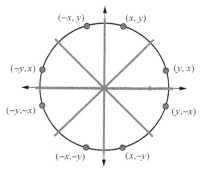

图 4.7　圆的对称性

因此，只需要计算其中 $\frac{1}{8}$ 区域的光栅化像素。我们选择第一象限的上半部分，如图 4.8 所示。

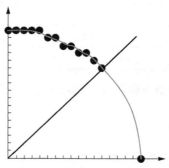

图 4.8　第一象限上半部分区域的光栅化

在这个区域，x 方向的变化大于 y 方向的变化，因此还是以 x 方向进行采样，同样还是判断每个像素的 y 方向的取值。类似于 Bresenham 算法中线段的计算方法，根据检查距离 d_1-d_2，定义一个决策函数（具体推导过程略），如下。

$$p_i = f\left(x_i+1, y-\frac{1}{2}\right) = (x_i+1)^2 + \left(y_i-\frac{1}{2}\right)^2 - r^2$$

$$p_{i+1} = (x_{i+1}+1)^2 + \left(y_{i+1}-\frac{1}{2}\right)^2 - r^2$$

因此，决策函数的定义如下。

$$p_{k+1} = p_k + 2x_{k+1} + 1 - 2y_{k+1}$$

下面是一段生成圆的伪代码。

```
int x = 0;
int y = radius; int p = 1 - radius;
circlePoints(xCenter, yCenter, x, y, pix);
while (x < y) {
    x++;
    if (p < 0) {
        p += 2*x+1;
    } else {
        y--;
        p += 2*(x-y+1);
    }
    circlePoints(xCenter, yCenter, x, y, pix);
}
```

4.2　字符光栅化

在计算机中，字符是由数字编码的唯一标识，在不同的字符集中字符编码不同。常见的编码如 ASCII（American Standard Code for Information Interchange，美国信息交换标准代码），以及依据国家标准 GB/T 2312—1980 制定的编码，该国家标准的全称是"中华人民共和国　国家标准　信息交换用汉字编码字符集·基本集"。

每个字符的显示信息保存在系统的字库中，其中字体是对一组字符的整体设计，并有不同的显示风格。而字形大小是一组字符形式的特定大小。对于字符的图形，有两种表示方法：点阵表示和矢量表示。其中字符的点阵表示方法是一种比较简单的表示方法，每个字符使用一个矩形网格的位图表示，这样对每个字符的绘制，将字符的点阵数据复制到帧缓存的相应位置即可。但缺点是点阵表示需要较大的存储空间，因为每个字符的点阵位图都需要完整存储。字符 P 在字库中的显示及其显示结果如图 4.9 所示。

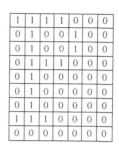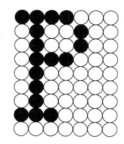

图 4.9　字母 P 在字库中的显示及其显示结果

与点阵表示不同，矢量表示使用的是矢量字符。矢量字符记录字符的笔画信息而不是整个位图，所以其具有存储空间小、美观、变换方便等优势。矢量字符使用的诸如线和圆弧之类的图元主要用来定义每个字符的轮廓，所以可通过操纵字符轮廓的每一部分曲线生成不同风格的字符，同时可以产生不同大小的字符。对于这类字符的绘制，需要重新按照笔画指令进行路径绘制。

4.3　反走样技术

线段和多边形的边经光栅化处理后是呈锯齿状的，即使在当今普遍使用的分辨率为 1920像素×1080像素 的显示设备上，也能注意到屏幕显示的图像中存在这样的瑕疵。这是由于在光栅化过程中，存在整数化坐标系下图形像素采样近似。我们称这个现象为"走样"（aliasing）。反走样技术就是为了消除该现象，在很多游戏设置内也被叫作抗锯齿技术。开启抗锯齿设置的游戏画面在视觉上要比不开启该设置的画面表现得好很多。本节将围绕反走样技术进行讲解。

造成走样问题的主要原因是帧缓存的像素数量是固定的，生成图像通过近似表示的方式，空间连续的线段在光栅格中只能使用近似的像素图像表示。在数学上，线段是连续的，并且具有无限的细节，而光栅化后的线段只能用有限的像素表达，因此完全解决走样问题是不可能的。常见的反走样技术，如"过采样方法"，通过调整不同像素亮度的方法减少锯齿现象。具体思路是，首先在一个超过实际分辨率的空间中进行 Bresenham 线段光栅化（如把现实中的一个像素看成 3×3 个虚拟像素）。然后根据光栅化结果，统计真实的一个像素中该线段所占用的虚拟像素是多少，根据占据的比例动态调整像素的亮度。这样那些偏离线段、造成锯齿严重的像素亮度就被调低了。

图 4.10 所示为经过调整后的线段效果。这种方法主要考虑空间域走样（spatial-domain aliasing）问题。当生成一系列图像（如动画）时，还必须考虑时间域走样（time-domain aliasing）。如考虑一个移动的小对象，在投影平面上的像由一定区域的栅格像素构成，如图 4.11 所示。物体移动造成的像素改变是整体性的，特别是当对象非常小的时候，边界像素的切换会造成该对象在屏幕上出现闪烁现象。

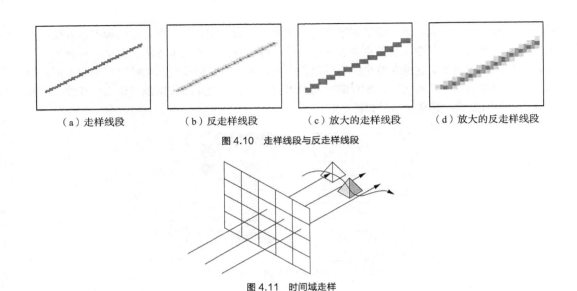

（a）走样线段　　　（b）反走样线段　　　（c）放大的走样线段　　　（d）放大的反走样线段

图 4.10　走样线段与反走样线段

图 4.11　时间域走样

在 OpenGL 中要开启多重采样功能进行反走样处理，可以调用函数 glEnable（gl.SAMPLE_COVERAGE）或者 glEnable（gl.SAMPLE_ALPHA_TO_COVERAGE）。调用这两个函数时，每个像素都需要使用多个样本才能完成绘制。

4.4　多边形填充技术

对于多边形的光栅化，就是对多边形内的像素进行填充。经过投影变换之后，多边形顶点都映射成屏幕坐标系下的整数坐标，而多边形填充就是根据这些顶点的整数坐标序列，实现多边形内部像素的寻找过程。本节将重点介绍一些概念，然后重点讲解扫描线多边形填充算法。

4.4.1　内外测试

由多边形顶点序列构成的一个封闭区域就是多边形要填充的区域。这个封闭区域的边界是明确的，但由这个边界所围成的各个区域是否是内部区域，有时候还存在模棱两可的情况。如图 4.12 所示，五角星内部的 P 点是否属于内部区域呢？

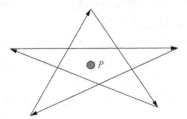

图 4.12　P 点是否在内部区域的判断

这里我们介绍两种判定策略，这两种策略针对 P 点的结果不尽相同。一种判定策略是"奇偶规则"，具体思路是从 P 点向外作一条射线，射线不经过任意一个顶点，然后计算该射线与多边形边的交点个数，如果该交点个数是奇数，则 P 点是内部点；如果该交点个数是偶数，则 P 点是外部点。如图 4.13 所示，这条射线与多边形的边有两个交点，所以 P 点是外部点。这样在填充内部区域的时候，应该是如图 4.14 所示的结果。

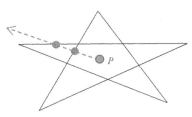

图 4.13 奇偶规则判定

图 4.14 奇偶规则判定的填充结果

另一种判定策略是"非零环绕数",具体思路是从 P 点向外作一条射线,射线不经过任意一个顶点。这里要考虑多边形边的顶点序列方向,如图 4.15 所示,每条边的箭头方向代表该多边形的一个顶点序列。然后统计射线穿过多边形边的情况,以射线方向为前进方向,如果边是从左向右穿过射线计为+1,如果边是从右向左穿过射线计为-1。最后将所有的值加起来,如果结果是 0,则 P 点是外部点;如果结果是非 0,则 P 点是内部点。与图 4.15 对应的非零环绕数判定的填充结果如图 4.16 所示。

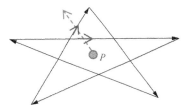

图 4.15 非零环绕数判定

图 4.16 非零环绕数判定的填充结果

对多边形的像素进行填充,就是要判断多边形内部区域的像素。

4.4.2 扫描线多边形填充算法

首先把问题描述为,给定一个顶点序列 $P_1, P_2, \cdots, P_n$,由相邻两个顶点构成一条边,首尾顶点也构成一条边,这样所有边围成的内部区域就是多边形的内部区域。我们需要通过一个算法来实现该内部区域点的判断填充。

这里我们暂时定义光栅格屏幕坐标系为:水平方向从左向右是 x 轴方向,竖直方向从下向上是 y 方向,坐标原点在左下角像素。

扫描线多边形填充算法的主要流程如下。

(1)扫描线从下向上遍历,即 y 从小到大遍历。

(2)每条扫描线与多边形边之间完成 4 个任务:①求交,②排序,③配对,④填充。

求交是指该扫描线与多边形的所有边求取交点;排序就是这些交点按照坐标值 x 升序排列;配对是指交点 1 与交点 2 之间配对,交点 3 与交点 4 之间配对……;填充是指在配对的两个交点之间的像素即内部像素,进行颜色填充。

该算法的流程比较直观,但其中的难点在于如何高效地进行交点计算,以及如何有效地进行交点排序、配对,因此算法的实现是关键。针对算法的实现,可采用两个数据结构,一个是有序边表,一个是活化边表。有序边表由 y 值索引的多条链表构成,在算法初始的时候由多边形的所有边确定,在算法过程中是固定不变的。活化边表是一个动态的边链表,根据每条扫描线动态更新相关信息，该信息中包括上述 4 个任务。利用活化边表的更新，完成上述 4 个任务，最后进行填充。下面具体介绍各个边表的内容。

有序边表、活化边表都是边的链表结构，对于每条边记录的数据结构相同，如图 4.17 所示。

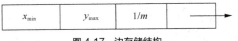

图 4.17　边存储结构

其中，x_{min} 记录该边 x 方向的最小值，y_{max} 记录该边 y 方向的最大值，m 是该线段的斜率，后面是指向下一条边的指针。例如，针对一条边的顶点分别是(1,2)和(9,6)，则记录该边的结构如图 4.18 所示。

图 4.18　一个边存储的例子

下面通过一些实例讲解有序边表如何产生。假设有一个 11 边形，如图 4.19（a）所示。按照规则，根据 y 值从下向上索引，针对所有边建立有序边表，如图 4.19（b）所示。

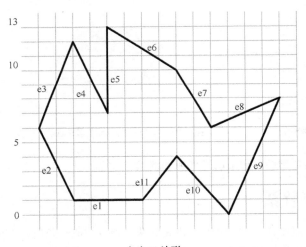

（a）11 边形　　　　　　　　（b）有序边表

图 4.19　初步建立的多边形和有序边表

为了实现交点的配对填充，每条扫描线上一定要有偶数个交点。因此，在处理一些特殊顶点的时候，需要进行特别的考虑。体现在边表结构中，我们需要做一些特殊的处理，具体规则如下。

规则 1：与扫描线平行的边去掉。

规则 2：当顶点所在的两条边分别位于扫描线的一上一下时，则把上面一条边的长度在 y 方向缩短 1。

通过上述特殊规则处理后的多边形及多边形对应的有序边表的结构如图 4.20 所示。

当有序边表在初始化过程中建立之后，扫描线多边形填充算法就开始沿扫描线在 y 增大的方向遍历，根据每条扫描线与有序边表的关系动态更新产生活化边表。活化边表在刚开始扫描的时候设置为空，当扫描线扫描到有序边表中有边时，则插入该边到活化边表中；当扫描线的 y 值已经达到某条边的 y_{max} 值时，则把该边从活化边表中删除。整个扫描线填充算法的实现流程如下。

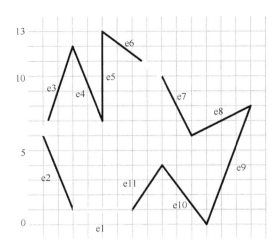

13	
12	
11	e6
10	
9	
8	
7	e3-e4-e5
6	e7-e8
5	
4	
3	
2	
1	e2-e11
0	e10-e9

（a）经过处理的 11 边形　　　　　　　　　（b）经过处理的有序边表

图 4.20　经过特殊处理后的多边形和有序边表

（1）从有序边表中边不为空的 y_{min} 值开始。

（2）初始化活化边表为空。

（3）循环，直到 y 等于有序边表中的 y_{max} 值。

① 如果该 y 值处，有序边表中有边存在，插入这些边到活化边表中。

② 根据活化边表中所有边的 x_{min} 值顺序进行配对填充。

③ 移除活化边表中的边（条件是该边的 $y_{max}=y$）。

④ 对于活化边表中每条边的 x_{min} 进行更新（$x_{min}=x_{min}+1/m$）。

⑤ y 增加 1。

在上述活化边表的更新中，自动完成了求交、排序、配对、填充的过程。

4.4.3　其他填充方法

填充的目的是区分多边形封闭区域的内部点和外部点。从某种意义上讲，多边形填充实际上就是一个分类问题，即要求我们把帧缓存中所有的像素分成在多边形内部和在多边形外部。进行像素的判别可以基于不同的分类方法，下面我们介绍漫水填充（flood fill）算法。

在漫水填充算法中，首先采用 Bresenham 算法将该多边形的边光栅化，把边的颜色都置为前景色，此时帧缓存中的着色效果如图 4.21 所示。如果能够在多边形的内部区域找到一个称为种子点（seed point）的初始点 (x, y)，就可以递归地寻找它的相邻像素，如果相邻像素不在多边形的边上，就用前景色对它着色。假定函数 read_Pixel() 用来返回某个像素的颜色，漫水填充算法可以用如下所示的伪代码表示。

```
function floodFilll(x, y) {
    if (readPixel(x, y) == WHITE) {
        writePixel(x, y, BLACK);
        floodFill(x - 1, y);
        floodFill(x + 1, y);

        floodFill(x, y - 1);
        floodFill(x, y + 1);
    }
}
```

去掉上面的递归语句，可以得到漫水填充算法的多种变异形式，其中一种是每次处理一条扫描线。

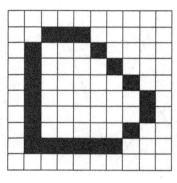

图 4.21　着色效果

4.5　纹理技术

纹理贴图类似于在所绘制图元表面上贴上一张图片，增加绘制模型的细节，而又不增加模型的面片数。如在一个四边形上贴上砖墙的纹理，这样一个四边形的模型就成为一座砖墙的模型。纹理映射涉及在像素空间，图像坐标与模型坐标的对应计算、纹理颜色插值计算及与原像素颜色的融合问题。

4.5.1　纹理坐标

针对图元中的各个顶点，纹理坐标定义了该顶点所对应的图像纹理的位置。纹理坐标是图元几何体中绑定于各顶点上的属性特征。在顶点着色器中，顶点纹理坐标值常赋予变量，此类变量在光栅化后，利用片元处理器执行插值计算，混合像素颜色产生最终的结果。

固定管线中 OpenGL 支持 4 种纹理，即一维纹理、二维纹理、三维纹理及立方体纹理。OpenGL 提供配置、管理纹理的各种方法，包括纹理坐标映射方式、纹理插值计算方式、创建和删除纹理对象等方法。图 4.22 所示为纹理相关功能与纹理属性之间的定义方式。

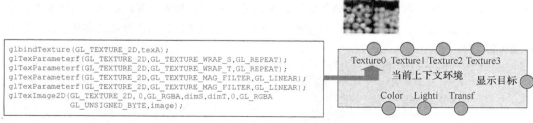

图 4.22　利用 OpenGL 系统定义纹理参数

4.5.2　GLSL 纹理贴图

GLSL 内建纹理查找函数可通过采样器访问纹理，纹理采样器定义为 GLSL 中的 uniform 变量，并与纹理单元关联。纹理对象包含采样信息，如尺寸、像素格式、维度、过滤方案及纹理链级别。当访问纹理时，应对上述纹理属性加以考察。

下列代码显示了图 4.23 所示示例的 GLIB 文件、顶点着色器及片元着色器。其中，GLIB 文件定义了源自 apples.bmp 图像的纹理对象并将其链接至纹理单元。同时，该值还将赋予 uniform 变量 uImageUnit，以告知当前着色器程序。顶点着色器设置纹理坐标及 gl_Position 值；片元着色器根据 uImageUnit 读取纹理颜色值，并将其赋予对应像素。贴上纹理的茶壶对象如图 4.24 所示。

图 4.23　纹理图片

图 4.24　贴上纹理的茶壶对象

GLIB 文件的代码如下所示。

```
#OpenGL GLIB
Perspective 70
Texture 5 apples.bmp
Vertex brightness.vert
Fragment brightness.frag
Program Brightness uImageUnit 5
Teapot
```

顶点着色器的代码如下所示。

```
Out vec2 vST;
Void main()
{vST = aTexCoord0.st;
  gl_Position = uModelViewProjectionMatrix * aVertex;
}
```

片元着色器的代码如下所示。

```
uniform sampler2D uImageUnit;
in vec2 vST;
out vec4 fFragColor;
void main()
{vec3 color = texture(uImageUnit,vST).rgb;
  fFragColor = vec4(color,1.);
}
```

4.5.3　纹理上下文

纹理对象存储在显存中，程序通过纹理上下文进行访问。当在固定管线模式 OpenGL 中构建纹理时，会返回相应的上下文 ID，根据该 ID 进而对纹理信息进行定位，对应的代码如下所示。

```
GLuint texA;
glGenTextures (1,&texA);
```

在访问该纹理对象的时候，通过该上下文 ID，把相关纹理参数及纹理数据设置在该对象的存储空间中。不同纹理对象之间的切换还需要利用纹理对象的上下文进行操作，如下。

```
glActiveTexture(GL_TEXTURE0);
glBindTexture(GLTEXTURE_2D,texA);
```

针对像素，纹理映射产生的颜色值与该像素本身颜色的混合模式包括 blend、decal、modulate、replace 等。例如，若纹理定义为 RGB 色值且纹理模式为 blend，则对应结果如下所示。

（1）计算像素的颜色值 C_f。

（2）根据纹理操作计算像素的颜色值 C_t。

（3）计算颜色分量的积 $C_f \times (1 - C_t)$ 并将其作为像素的颜色值。

若采用多重纹理，则多个纹理将用于计算纹理颜色值 C_t。

如果纹理模式为 modulate，则上述第 3 个步骤将替换为"计算颜色分量的积 $C_f \times C_t$ 并将其作为像素的颜色值"。如果纹理模式为 decal 或 replace，则上述第 3 个步骤将替换为"使用颜色值 C_t 作为像素的颜色值"。

在很多情况下，图元所产生的像素坐标与纹理坐标的映射并不能实现一对一，这时根据图元像素的多少还需要对纹理进行放大或缩小操作，方式包括最近插值（GL_NEAREST）和线性插值（GL_LINEAR）。

纹理采样器用于访问特定的纹理贴图。对应变量类型 sampler1D、sampler2D 及 sampler3D 分别用于访问一维纹理贴图、二维纹理贴图及三维纹理贴图，samplerCube 用于访问立方体纹理贴图。

glUniform1i()函数根据纹理单元编号加载定义为 sampler 类型的 uniform 变量。除此之外，使用其他函数加载采样器均会产生错误。另外，各类型着色器（包括顶点着色器、细分着色器、几何着色器及片元着色器）均可使用纹理采样器。

4.5.4　过程纹理

过程纹理是指通过一个过程计算获取的纹理，而不是一张图片。过程纹理通过实时方式计算数据值，因而不再占用纹理内存，其不受纹理分辨率的限制，不会呈现块状的边界效果。

过程纹理还可直接与几何体对象协同工作，并使用模型坐标、世界坐标或相机坐标，产生等高线纹理及测地线纹理等。在建模过程中设置了纹理坐标，但此类坐标并非纹理索引，而是作为纹理计算函数的输入值使用，相关示例包括砖块和棋盘纹理。

1.　使用模型坐标或相机坐标

片元着色器从顶点着色器中获取 varying 变量 vX。如图 4.25（a）所示，带状图案反映了模型空间内的 vX 值（从壶嘴位置至壶柄位置）；如图 4.25（b）所示，带状图案反映了相机空间内的 vX 值。随后，片元着色器使用此类变量计算各像素的颜色值，或使用对象的原有颜色值，或使用白色值，片元着色器将根据传入属性值进行纹理计算。不同的计算方法还可以产生不同的频率、宽度及边缘处的模糊效果等。

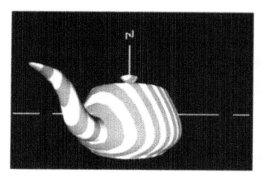
（a）基于模型空间的茶壶对象

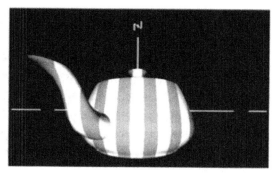
（b）基于相机空间的茶壶对象

图 4.25　基于不同空间的茶壶对象

2. 使用纹理坐标

定义于模型中的纹理坐标不仅限于纹理查找。在片元处理器中，纹理坐标可视为插值变量，并可直接用于计算过程纹理，如砖块纹理。其中，纹理坐标值可按比例放大并执行位置测试。下列代码显示了像素颜色值的定义方式（该示例假设位置测试在 Boolean colorTest()函数中完成）。

```
vec3 theColor;
vec2 st = vST;
st.s = fract(st.s * s_Map_Factor);
st.t = fract(st.t * t_Map_Factor);
if (colorTest(st))
  theColor vec3(0.8,0.3,0.0);
else
  theColor vec3(0.9,0.6,0.4);
fFragColor = vec4(thecolor,1.);
```

出于效率考量，如下代码

```
st.s = fract(st.s * s_Mag_Factor);
st.t = fract(st.t * t_Mag_Factor);
```

可替换为：

```
st = fract(st * vec2(s_Maf_Factor,t_Mag_Factor));
```

关于过程纹理，一个相对复杂的示例为针对各顶点的既定纹理坐标计算 Mandelbrot 数。对于特定的复数 c，可通过递归方式定义序列 $\{f_k(z)\}$，即对于复数 z，设定 $f_0(z) = z^2 + c$ 及 $f_{n+1}(z) = f_n(z)^2 + c$。若初始值 $z = 0 + 0\mathrm{i}$，则该序列收敛于 c 中。若序列呈现为收敛状态，则 c 称作 Mandelbrot 集合；若序列有界，则通常呈现为收敛状态，因而常规计算将对其实施多次迭代，进而判断 $f_k(z)^2$ 是否超出某一极限值。若是，则对应值的迭代次数称作 c 的 Mandelbrot 数。下列伪代码显示了对应计算方式及着色方案。

```
Iterate until we reach a max of iterations or x*x+y*y >= some
limit
{
    float newx = x*x - y*y + r ;
    float newy = 2.*x*y + c ;
    x = newx; y = newy;
}
```

```
if x*x+y*y < some limit
    color fragment blue
else
    color the fragment based on the number of iterations
```

下列代码显示了片元着色器的实现过程。其中，顶点着色器设置了两个变量：变量 1 提供了源自图元表面的二维纹理坐标；变量 2 用于定义光照强度并据此采用漫反射光照模型。二维纹理坐标分别用于复数的实部和虚部，且经过适当调整后，令纹理位于中心位置并包含适宜的尺寸。在顶点着色器中，当接收顶点的纹理坐标时，可生成二维 varying 变量 ST，其初始范围为[0,1]，随后可映射至标准 Mandelbrot 复数域中，即[-1,1]，并通过片元着色器执行插值计算。全部 uniform 变量均设置于 GLIB 文件中，且多数呈现为 glman 滑块变量，读者可尝试使用不同的纹理参数。

```
uniform int uMaxiters;
uniform float uTS;

float uCS;
uniform float uSO;
uniform float uTO;
uniform float uLimit;
uniform vec3 uConvergeColor;
uniform vec3 uDivergecClor1;
uniform vec3 uDivergeColor2;

in vec2 vST;
in float vLightintensity;
out vec4 fFragColor;

void main()
{
  float  real = vST.s * uTS + uSO;
  float imag = vST.t * UTS + uTO;
  float real0 = real;
  float imag0 = imag;
  float newr;
  int numIters;
  vec4 color = vec4(0.,0.,0.,1.);

  for(numiters = 0; numiters < uMaxiters; numiters++)
  {
    float newreal = real0 + real *real - imag * imag;
    float newimag = imag0 + 2. *real * imag;
    newr = newreal * newreal + newimag * newimag;
    if(newr >= uLimit)
      break;
      real = newreal;
      imag = newimag;
  }
    if( newr < uLimit)
      color= uConvergeColor;
    else
      color mix(uDivergeColorl,uDivergeColor2,fract(numiters/ uCS));
```

```
        color.rgb *= vLightintensity;
        fFragColor = color;
    }
```

代码根据纹理空间点 vST 处的 Mandelbrot 序列收敛方式，以及茶壶对象表面偏移，选取偏移内各像素的颜色值。若像素位于 Mandelbrot 收敛区域内（newr < uLimit），则该像素的颜色值为 uConvergeColor；否则，最终颜色值为两个颜色的混合结果，即根据迭代次数使用内建 mix() 函数。要注意的是，当放大图像时，分辨率保持增长趋势。这里纹理可执行像素级计算，且无须考虑像素在模型中的实际表达尺寸——这也是片元着色器中过程纹理的优势。另外，Mandelbrot 序列潜在的巨大迭代数量也显示了着色器中双精度数据的计算优势。图 4.26 所示为放大后的 Mandelbrot 集合区域。其中，图 4.26（a）表示与单精度计算对应的集合区域，图 4.26（b）表示与双精度计算对应的集合区域。

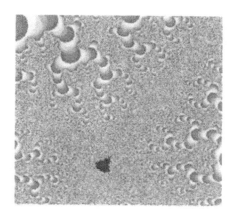 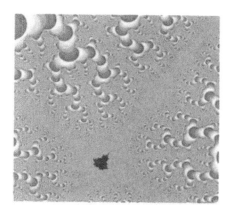

（a）采用单精度数值计算得到的 Mandelbrot 集合区域　　（b）采用双精度数值计算得到的 Mandelbrot 集合区域

图 4.26　经过放大后的 Mandelbrot 集合区域

4.5.5　凹凸贴图

凹凸贴图通过修改表面法线模拟表面上的各种变化，从而解决纹理贴图缺乏光照效果的问题，获得更加动态变化的贴图细节效果。这里核心内容为法线，而非顶点。可以使用一类解析函数的导数作为法线，如产生各种表面褶皱效果。或者通过位置和凹凸形状的斜率来计算修改法线，产生针对模型边角的凹凸效果。

利用函数导数的方法产生法线，在凹凸贴图中可用于显示物体表面细节的高度变化信息。例如生成表面上的褶皱效果，如图 4.27 所示。

图 4.27　基于凹凸贴图的褶皱效果

如果线段的斜率为 $m = \mathrm{d}y / \mathrm{d}x$ ，则可用向量$[1,m]$表示斜率，如图 4.28 所示。

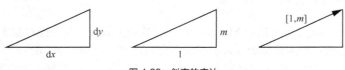

图 4.28   斜率的表达

对于斜率值为 m 的任意直线，法线的斜率定义为 $1/(-m)$（即原直线斜率的负倒数）。法线可表示为向量$[-m,1]$。需要注意的是，若两个向量彼此垂直，则点积$[1,m] \cdot [-m,1]=0$。因此，若对处于运动状态的表面凹凸效果进行建模，其中高度值为 a ，时间段为 P_d ，时刻定义为 t ，则有

$$z = -a \cdot \cos\left(\frac{2\pi x}{P_d} - \pi t\right)$$

对其在 x 方向上求导有：

$$\frac{\mathrm{d}z}{\mathrm{d}x} = -a \cdot \frac{2\pi}{P_d} \cdot \sin\left(\frac{2\pi x}{P_d} - 2\pi t\right)$$

因此，向量表示为

$$s = \left[1.0,\ 0.0,\ a \cdot \frac{2\pi}{P_d} \cdot \sin\left(\frac{2\pi x}{P_d} - 2\pi t\right)\right]$$

类似地，法向量 n 表示为

$$n = \left[-a \cdot \frac{2\pi}{P_d} \cdot \sin\left(\frac{2\pi x}{P_d} - 2\pi t\right),\ 0.0,\ 1.0\right]$$

上述计算仅考察了 x 轴方向上的计算结果，由于褶皱效果以圆形方式扩散，因而需要将法向量旋转至实际位置。法线的旋转操作与顶点相同，未旋转的 Ny 保持为 0，因而有

$$Nx' = Nx \cdot \cos\theta - Ny \cdot \sin\theta = Nx \cdot \cos\theta$$
$$Ny' = Nx \cdot \sin\theta - Ny \cdot \cos\theta = Nx \cdot \sin\theta$$

$$Nz' = Nz = 1$$

针对更为通用的凹凸贴图，在各片元处分别计算 N、B、T（法线、切线及双切线），图 4.29 显示了金字塔贴图。在金字塔凹凸贴图中，顶点着色器负责构造表面坐标系，从几何体对象中获取切向量和法向量，进而计算 varying 变量 vLightDir。该变量及计算后的法线在片元着色器中用于确定像素的漫反射分量。在当前示例中，相关数据可转换至相机坐标系及表面局部坐标系。其中，局部坐标系随几何体表面位置的不同而发生改变。通过全局坐标系，如相机坐标系，可对表面坐标、光照位置和方向、反射方向及折射方向执行插值计算。

图 4.29   基于金字塔凹凸贴图的球体对象

4.6　WebGL 实例分析

只有把理论知识同具体实际相结合，才能正确回答实践提出的问题。本节将通过介绍基于 WebGL 的实际案例，扎实提升读者的理论水平与实战能力。

本案例展示的是物体在不同光线强度下显示出不同的光照效果。程序利用纹理作为光栅阶段的模型表面渲染，init()函数负责场景、相机及点光源的初始化，onWindowResize() 函数使渲染场景根据浏览器窗口大小实时调整。代码如下。

```
var renderer, scene, camera;
function init(){
renderer = new Three.WebGLRenderer();
renderer.setPixelRatio( window.devicePixelRatio );
renderer.setSize( window.innerWidth, window.innerHeight );
document.body.appendChild( renderer.domElement );
renderer.toneMapping = Three.ReinhardToneMapping;
renderer.toneMappingExposure = params.exposure;
renderer.gammaOutput = true;
scene = new Three.Scene();
var aspect = window.innerWidth / window.innerHeight;
camera = new Three.OrthographicCamera(-aspect,aspect,1,-1,0,1);
new Three.RGBELoader().load('textures/miranda_uncropped.hdr',
    function(texture, textureData){
                texture.encoding = Three.RGBEEncoding;
                texture.minFilter = Three.NearestFilter;
                texture.magFilter = Three.NearestFilter;
                texture.flipY = true;
    var material = new Three.MeshBasicMaterial( { map: texture } );
    var quad = new Three.PlaneBufferGeometry( textureData.width /
    textureData.height, 1 );
    var mesh = new Three.Mesh( quad, material );
    scene.add( mesh );
    renderer.toneMappingExposure = params.exposure;
    renderer.render( scene, camera );
    });
    var gui = new dat.GUI();
    gui.add( params, 'exposure', 0, 2 ).onChange( render );
    gui.open();
    window.addEventListener( 'resize', onWindowResize, false );
}
function onWindowResize()
{
  var aspect = window.innerWidth / window.innerHeight;
  var frustumHeight = camera.top - camera.bottom;
  camera.left = - frustumHeight * aspect / 2;
  camera.right = frustumHeight * aspect / 2;
  camera.updateProjectionMatrix();
  renderer.setSize( window.innerWidth, window.innerHeight );
  renderer.toneMappingExposure = params.exposure;
  renderer.render( scene, camera );
}
```

渲染效果如图 4.30 所示。

（a）光线强度为 0.5　　　　　　　　　　　　（b）光线强度为 1.5

图 4.30　渲染效果

4.7　本章小结

本章重点讲述图形处理管线中的光栅化处理阶段的技术，读者需要重点掌握 Bresenham 算法思维和扫描线多边形填充算法的流程，理解图形处理管线中光栅化的任务和实现方法，为后面分析程序流程打下基础，以能够清楚 GPU 内部的运作机理。

习　　题

1. 固定功能管线包含自身的纹理环境函数。当使用着色器编写程序时，读者需要自行实现对应功能。本章讨论了 4 种标准的纹理模式，在忽略 Alpha 通道的前提下，尝试实现下列纹理模式。

（1）针对 replace 模式或 decal 模式，像素颜色值替换为纹素颜色值。

（2）针对 modulate 模式，像素颜色值替换为对象的像素颜色值与纹素颜色值的乘积。

（3）针对 blend 模式，像素颜色值替换为对象的像素颜色值与（1-纹素颜色值）的乘积。

2. 当针对某一对象使用多个纹理时，第 1 题中的纹理模式是否依然有效？试解释其中的原因。如果纹理包含 Alpha 通道，情况又该如何？

3. 针对立方体的各个表面，立方体贴图将使用一组纹理集。对此，可尝试使用数码照片并与数据面边缘实现良好的匹配。读者可选取较为熟悉的环境，例如所居住的房间或校园环境。

4. 在多路渲染示例中，尝试添加其他图像处理效果。

5. 尝试将两路渲染操作调整为三路（或多路）渲染。

5

第 5 章　变换

本章导读

本章介绍图形管线处理中的几类变换。第一类是物体的几何变换，即将点映射到点的变换或将向量映射到向量的变换。第二类是投影变换，即将三维物体映射为二维图形的变换。除此之外，在指定视景体后，需要确定哪些图元或者图元的哪些部分位于视景体内部，从而把没有被裁剪掉的部分送入光栅化模块中，这个过程称为裁剪。本章首先介绍变换的数学基础，其次介绍二维和三维几何变换，特别是复合变换矩阵的构造，然后分别介绍投影变换和裁剪的相关技术。

5.1　数学基础

在计算机图形学中，对各种变换均采用向量和矩阵的方法表达。大部分的图形库（如 WebGL）中，都内置向量和矩阵的运算模块。

5.1.1　向量

在计算机图形学中，向量一般用来表示空间中的位置和方向。例如，若三维空间中 P 点的坐标分别为 x、y 和 z，则该点的位置可以表示为向量 (x, y, z)；$\mathrm{Dir}(x, y, z)$ 可以表示从原点 $(0,0,0)$ 到点 (x, y, z) 的方向。

1．向量的加、减法

设有向量 $\boldsymbol{a} = (a_1, a_2, \cdots, a_n)$ 与向量 $\boldsymbol{b} = (b_1, b_2, \cdots, b_n)$，则向量 $\boldsymbol{a}$ 与 $\boldsymbol{b}$ 的加法运算规定为

$$\boldsymbol{a} + \boldsymbol{b} = (a_1 + b_1, a_2 + b_2, \cdots, a_n + b_n)$$

向量 $\boldsymbol{a}$ 与 $\boldsymbol{b}$ 的减法规定为

$$\boldsymbol{a} - \boldsymbol{b} = (a_1 - b_1, a_2 - b_2, \cdots, a_n - b_n)$$

2．向量的数乘

向量 $\boldsymbol{a} = (a_1, a_2, \cdots, a_n)$ 与标量 k 的数乘运算规定为

$$k\boldsymbol{a} = (ka_1, ka_2, \cdots, ka_n)$$

3．向量的内积

向量 $\boldsymbol{a}$ 与 $\boldsymbol{b}$ 的内积运算规定为

$$a \cdot b = \sum_{i=1}^{n} a_i b_i$$

容易验证，$a \cdot b = \| a \| \, \| b \| \cos\langle a, b \rangle$，其中，$\| a \|$ 是向量 a 的长度（模），$\cos\langle a, b \rangle$ 是向量 a 与 b 的夹角的余弦。

向量的内积具有以下性质。

（1）$a \cdot b = b \cdot a$。

（2）$(\lambda a) \cdot b = \lambda (a \cdot b)$。

（3）$(a+b) \cdot c = a \cdot c + b \cdot c$。

例如，向量 $a = (3, -2, 7)$，$b = (0, 4, -1)$，则 $a \cdot b = 3 \times 0 + (-2) \times 4 + 7 \times (-1) = -15$。

4．向量的外积

规定向量 a 与 b 的外积是一个向量，记为 $a \times b$，其模与方向的性质如下。

（1）$\| a \times b \| = \| a \| \, \| b \| \sin\langle a, b \rangle$。

（2）$a \times b$ 与 a 和 b 都垂直，如图 5.1 所示。

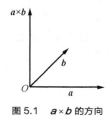

图 5.1　$a \times b$ 的方向

由于向量的外积是一个向量，且外积的符号用"×"表示，所以外积又称为向量积或叉乘积。向量的外积可以用行列式表示为

$$a \times b = \begin{vmatrix} i & j & k \\ a_x & a_y & a_z \\ b_x & b_y & b_z \end{vmatrix} = (a_y b_z - a_z b_y) i + (a_z b_x - a_x b_z) j + (a_x b_y - a_y b_x) k$$

向量的外积具有以下性质。

（1）$a \times a = 0$。

（2）$a \times 0 = 0$。

（3）$a \times b = -b \times a$。

（4）$(\lambda a) \times (\mu b) = \lambda \mu (a \times b)$，其中 $\lambda, \mu \in R$。

（5）$a \times (b+c) = (a \times b) + (a \times c)$。

例如，三角形 ABC 的顶点为 $A(1,2,3)$、$B(3,4,5)$ 和 $C(2,4,7)$，求三角形的面积 $S_{\Delta ABC}$。

根据几何学知识和向量的外积的定义，有

$$S_{\Delta ABC} = \frac{1}{2} \| \overrightarrow{AB} \| \, \| \overrightarrow{AC} \| \sin\langle \overrightarrow{AB}, \overrightarrow{AC} \rangle = \frac{1}{2} \| \overrightarrow{AB} \times \overrightarrow{AC} \|$$

由于 $\overrightarrow{AB} = (2,2,2)$　$\overrightarrow{AC} = (1,2,4)$，因此

$$\overrightarrow{AB} \times \overrightarrow{AC} = \begin{vmatrix} i & j & k \\ 2 & 2 & 2 \\ 1 & 2 & 4 \end{vmatrix} = 4i - 6j + 2k$$

可以得到

$$S_{\triangle ABC} = \frac{1}{2} \| 4\boldsymbol{i} - 6\boldsymbol{j} + 2\boldsymbol{k} \| = \frac{1}{2}\sqrt{4^2 + (-6)^2 + 2^2} = \sqrt{14}$$

5.1.2 矩阵

由 $m \times n$ 个数排成的 m 行 n 列数表为

$$\begin{bmatrix} a_{11} & a_{12} & \cdots & a_{1n} \\ a_{21} & a_{22} & \cdots & a_{2n} \\ \vdots & \vdots & & \vdots \\ a_{m1} & a_{m2} & \cdots & a_{mn} \end{bmatrix}$$

将该数表定义为一个 m 行 n 列矩阵，简称为 $m \times n$ 矩阵，其中 a_{ij} 表示第 i 行第 j 列处的元，i 称为 a_{ij} 的行指标，j 称为 a_{ij} 的列指标。

1．单位矩阵

对角元全为 1，其余均为 0 的矩阵称为单位矩阵，n 阶单位矩阵记为 $\boldsymbol{I}_n$，在不致混淆时也记为 $\boldsymbol{I}$，即

$$\boldsymbol{I} = \begin{bmatrix} 1 & 0 & \cdots & 0 \\ 0 & 1 & \cdots & 0 \\ \vdots & \vdots & & \vdots \\ 0 & 0 & \cdots & 1 \end{bmatrix}$$

例如，三阶单位矩阵为

$$\boldsymbol{I}_3 = \begin{bmatrix} 1 & 0 & 0 \\ 0 & 1 & 0 \\ 0 & 0 & 1 \end{bmatrix}$$

2．矩阵的加法

设矩阵

$$\boldsymbol{A} = \begin{bmatrix} a_{11} & a_{12} & \cdots & a_{1n} \\ a_{21} & a_{22} & \cdots & a_{2n} \\ \vdots & \vdots & & \vdots \\ a_{m1} & a_{m2} & \cdots & a_{mn} \end{bmatrix}, \quad \boldsymbol{B} = \begin{bmatrix} b_{11} & b_{12} & \cdots & b_{1n} \\ b_{21} & b_{22} & \cdots & b_{2n} \\ \vdots & \vdots & & \vdots \\ b_{m1} & b_{m2} & \cdots & b_{mn} \end{bmatrix}$$

是两个 $m \times n$ 矩阵，将它们的对应元相加，得到一个新的 $m \times n$ 矩阵，即

$$\boldsymbol{C} = \begin{bmatrix} a_{11} + b_{11} & a_{12} + b_{12} & \cdots & a_{1n} + b_{1n} \\ a_{21} + b_{21} & a_{22} + b_{22} & \cdots & a_{2n} + b_{2n} \\ \vdots & \vdots & & \vdots \\ a_{m1} + b_{m1} & a_{m2} + b_{m2} & \cdots & a_{mn} + b_{mn} \end{bmatrix}$$

则称矩阵 $\boldsymbol{C}$ 是矩阵 $\boldsymbol{A}$ 与 $\boldsymbol{B}$ 的和，记为 $\boldsymbol{C} = \boldsymbol{A} + \boldsymbol{B}$。

例如，设 $\boldsymbol{A} = \begin{bmatrix} 1 & 2 & 3 \\ 3 & 2 & 1 \end{bmatrix}$，$\boldsymbol{B} = \begin{bmatrix} 4 & 5 & 6 \\ 6 & 5 & 4 \end{bmatrix}$，$\boldsymbol{C} = \begin{bmatrix} 1 & 0 \\ 3 & 2 \end{bmatrix}$，则

$$\boldsymbol{A} + \boldsymbol{B} = \begin{bmatrix} 1+4 & 2+5 & 3+6 \\ 3+6 & 2+5 & 1+4 \end{bmatrix} = \begin{bmatrix} 5 & 7 & 9 \\ 9 & 7 & 5 \end{bmatrix}$$

但 $A+C$ 无意义，因为矩阵 A 的列数不等于矩阵 C 的列数。

3．矩阵的减法

将矩阵 A 的每一元换成其相反数，得到的矩阵称为 A 的负矩阵，记为 $-A$。

$$-A = \begin{bmatrix} -a_{11} & -a_{12} & \cdots & -a_{1n} \\ -a_{21} & -a_{22} & \cdots & -a_{2n} \\ \vdots & \vdots & & \vdots \\ -a_{m1} & -a_{m2} & \cdots & -a_{mn} \end{bmatrix}$$

利用矩阵的加法与负矩阵的概念，我们可以定义矩阵的减法为

$$A - B = A + (-B)$$

4．矩阵的乘法

设 $m \times p$ 矩阵 $A = (a_{ij})_{m \times p}$，$p \times n$ 矩阵 $B = (b_{ij})_{p \times n}$，则由元

$$c_{ij} = a_{i1}b_{1j} + a_{i2}b_{2j} + \cdots + a_{ip}b_{pj} = \sum_{k=1}^{p} a_{ik}b_{kj} \left(i = 1, 2, \cdots, m; j = 1, 2, \cdots, n \right)$$

构成的 $m \times n$ 矩阵 $C = (c_{ij})_{m \times n}$ 称为矩阵 A 与 B 的乘积，记为 $C = AB$。

由定义可知：

（1）A 的列数必须等于 B 的行数，A 与 B 才能相乘；

（2）C 的行数等于 A 的行数，C 的列数等于 B 的列数；

（3）C 中第 i 行第 j 列的元 c_{ij} 等于 A 的第 i 行各元与 B 的第 j 列各元的对应乘积之和。

例如，设 $A = \begin{bmatrix} 1 & 2 & 3 \\ 3 & 2 & 1 \end{bmatrix}$，$B = \begin{bmatrix} 1 & 3 \\ 3 & 1 \\ 2 & 2 \end{bmatrix}$，$C = \begin{bmatrix} 1 & 0 \\ 3 & 2 \end{bmatrix}$，则

$$AB = \begin{bmatrix} 1\times1+2\times3+3\times2 & 1\times3+2\times1+3\times2 \\ 3\times1+2\times3+1\times2 & 3\times3+2\times1+1\times2 \end{bmatrix} = \begin{bmatrix} 13 & 11 \\ 11 & 13 \end{bmatrix}$$

但 AC 无意义，因为矩阵 A 的列数不等于矩阵 C 的行数。

5．逆矩阵

设 A 为 n 阶方阵，若存在 n 阶方阵 B，使得

$$AB = BA = I$$

则称 A 是可逆矩阵，并称 B 是 A 的逆矩阵，记为 $A^{-1} = B$。

例如，设 $A = \begin{bmatrix} 0 & 1 \\ 1 & 2 \end{bmatrix}$，求 A 的逆矩阵。

求 A 的逆矩阵有多种解法，此处用待定系数法求解。令

$$A^{-1} = \begin{bmatrix} a & b \\ c & d \end{bmatrix}$$

则可得

$$AA^{-1} = \begin{bmatrix} 0 & 1 \\ 1 & 2 \end{bmatrix} \begin{bmatrix} a & b \\ c & d \end{bmatrix} = \begin{bmatrix} c & d \\ a+2c & b+2d \end{bmatrix} = \begin{bmatrix} 1 & 0 \\ 0 & 1 \end{bmatrix} = I$$

可得线性方程组

$$\begin{cases} c = 1 \\ d = 0 \\ a + 2c = 0 \\ b + 2d = 1 \end{cases}$$

解方程组得

$$a = -2, \quad b = 1, \quad c = 1, \quad d = 0$$

$$\boldsymbol{A}^{-1} = \begin{bmatrix} -2 & 1 \\ 1 & 0 \end{bmatrix}$$

5.1.3　齐次坐标

齐次坐标（homogeneous coordinates）将一个 n 维向量用一个 $n+1$ 维向量表示。例如，将二维坐标位置 (x,y) 表示为 (x_h, y_h, h)，称该三维坐标为原二维坐标的齐次坐标。这里的齐次参数 h 是一个任意的非零值。二者间的关系为

$$x = \frac{x_h}{h}, \quad y = \frac{y_h}{h}$$

对于每个二维坐标点 (x,y)，可以有无数个等价的齐次表达式。最方便的选择是设置 $h=1$，则每个二维位置都可用齐次坐标 $(x,y,1)$ 表示。例如，$(1,2)$ 的齐次坐标可以表示为 $(1,2,1)$。同理，可用四维齐次坐标 $(1,2,3,1)$ 表示三维空间的点 $(1,2,3)$。

采用齐次坐标表示能够将所有几何变换转换为矩阵乘积形式。这样，任意复杂的运动变换都可以通过多个变换矩阵相乘，最终构造成一个复合变换矩阵来表示。

5.2　二维几何变换

在计算机图形学领域中，模型在场景中的运动变化和相机的运动变化都用几何变换实现。各种几何变换都可以看成平移、旋转和缩放这 3 种基本的几何变换的组合。通过引入齐次坐标，可以通过构造复合变换矩阵实现复杂的运动变化。

5.2.1　矩阵表达

1. 平移变换矩阵

平移（translation）变换是移动对象而不改变其形状的刚体变换。平移变换由一个平移向量 $\boldsymbol{T}$ 确定，该平移向量包括平移的距离和方向，如图 5.2 所示。

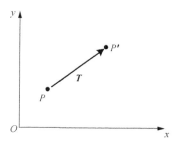

图 5.2　将一个点从位置 P 平移到位置 P'

可以使用下面的列向量表示坐标位置和平移向量。

$$P = \begin{bmatrix} x \\ y \end{bmatrix}, \quad P' = \begin{bmatrix} x' \\ y' \end{bmatrix}, \quad T = \begin{bmatrix} t_x \\ t_y \end{bmatrix}$$

这样就可以使用矩阵形式表示二维平移变换。

$$P' = P + T$$

使用齐次坐标，二维平移变换可以表示为下面的矩阵乘法：

$$\begin{bmatrix} x' \\ y' \\ 1 \end{bmatrix} = \begin{bmatrix} 1 & 0 & t_x \\ 0 & 1 & t_y \\ 0 & 0 & 1 \end{bmatrix} \cdot \begin{bmatrix} x \\ y \\ 1 \end{bmatrix}$$

该操作可简写为如下公式。

$$P' = T(t_x, t_y) \cdot P$$

2. 旋转变换矩阵

基本的旋转（rotation）变换是指刚体围绕坐标原点旋转一定角度的变换，如图 5.3 所示。通常规定逆时针旋转时 θ 取正值，顺时针旋转时 θ 取负值。

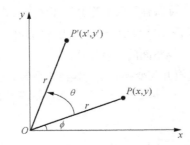

图 5.3 将 $P(x, y)$ 点相对于原点旋转 θ 到 $P(x', y')$ 点

首先计算出旋转后的坐标 x' 和 y' 为

$$x' = r\cos(\phi + \theta) = r\cos\phi\cos\theta - r\sin\phi\sin\theta$$
$$y' = r\sin(\phi + \theta) = r\cos\phi\sin\theta + r\sin\phi\cos\theta$$

在变换前点的坐标为

$$x = r\cos\phi, \quad y = r\sin\phi$$

代入 x' 和 y' 的表达式中，即可得到点在变换后的坐标为

$$x' = x\cos\theta - y\sin\theta$$
$$y' = x\sin\theta + y\cos\theta$$

使用向量和矩阵表示坐标位置和旋转变换，可以得到

$$P = \begin{bmatrix} x \\ y \end{bmatrix}, \quad P' = \begin{bmatrix} x' \\ y' \end{bmatrix}, \quad R = \begin{bmatrix} \cos\theta & -\sin\theta \\ \sin\theta & \cos\theta \end{bmatrix}$$

这样就可以使用矩阵形式将二维旋转变换表示为

$$P' = R \cdot P$$

使用齐次坐标，绕坐标系原点的二维旋转变换可以表示为下面的矩阵乘法。

$$\begin{bmatrix} x' \\ y' \\ 1 \end{bmatrix} = \begin{bmatrix} \cos\theta & -\sin\theta & 0 \\ \sin\theta & \cos\theta & 0 \\ 0 & 0 & 1 \end{bmatrix} \cdot \begin{bmatrix} x \\ y \\ 1 \end{bmatrix}$$

该操作可简写为如下公式。

$$P' = R(\theta) \cdot P$$

3. 缩放变换矩阵

基本的缩放（scaling）变换是指以坐标原点为参考点的缩小或放大变换。缩放变换不是刚体变换，通过该变换可以实现放大或缩小对象，如图 5.4 所示。

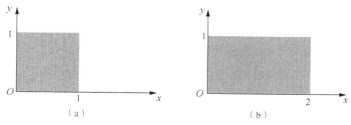

图 5.4　用缩放系数 s_x=2 和 s_y=1 将图（a）变换成图（b）

一个二维缩放变换可通过将缩放系数 s_x 和 s_y 与变换对象坐标 (x, y) 相乘而得，即

$$x' = x \cdot s_x, \quad y' = y \cdot s_y$$

使用向量和矩阵表示坐标位置和缩放变换，可以得到

$$P = \begin{bmatrix} x \\ y \end{bmatrix}, \quad P' = \begin{bmatrix} x' \\ y' \end{bmatrix}, \quad S = \begin{bmatrix} s_x & 0 \\ 0 & s_y \end{bmatrix}$$

这样就可以使用矩阵形式将二维缩放变换表示为

$$P' = S \cdot P$$

使用齐次坐标，相对于坐标原点的缩放变换可表示为如下矩阵乘法。

$$\begin{bmatrix} x' \\ y' \\ 1 \end{bmatrix} = \begin{bmatrix} s_x & 0 & 0 \\ 0 & s_y & 0 \\ 0 & 0 & 1 \end{bmatrix} \cdot \begin{bmatrix} x \\ y \\ 1 \end{bmatrix}$$

该操作可简写为如下公式。

$$P' = S(s_x, s_y) \cdot P$$

5.2.2　复合变换矩阵的构造

围绕任意点的旋转、缩放等都属于复合变换，其能够利用上述 3 个基本变换实现。具体而言，利用矩阵表达式可以通过计算单个变换的矩阵乘积，将任意的变换序列组成复合变换矩阵。该过程通常称为矩阵的合并或复合。假设我们对坐标位置 P 依次进行了两个基本变换 M_1 和 M_2，变换后的最终结果可以表达为

$$P' = M_2 \cdot M_1 \cdot P = M \cdot P$$

1. 基本复合变换

（1）复合二维平移变换

若将两个连续的平移变换 (t_{1x}, t_{1y}) 和 (t_{2x}, t_{2y}) 作用于坐标位置 P，那么变换后的位置 P' 可以计算为

$$P' = T(t_{2x}, t_{2y}) \cdot \left\{ T(t_{1x}, t_{1y}) \cdot P \right\} = \left\{ T(t_{2x}, t_{2y}) \cdot T(t_{1x}, t_{1y}) \right\} \cdot P$$

其中，P 和 P' 表示齐次坐标下的列向量。这个平移序列的复合变换矩阵为

$$\begin{bmatrix} 1 & 0 & t_{2x} \\ 0 & 1 & t_{2y} \\ 0 & 0 & 1 \end{bmatrix} \cdot \begin{bmatrix} 1 & 0 & t_{1x} \\ 0 & 1 & t_{1y} \\ 0 & 0 & 1 \end{bmatrix} = \begin{bmatrix} 1 & 0 & t_{1x}+t_{2x} \\ 0 & 1 & t_{1y}+t_{2y} \\ 0 & 0 & 1 \end{bmatrix}$$

该操作可简写为如下公式。

$$\boldsymbol{T}\left(t_{2x},t_{2y}\right) \cdot \boldsymbol{T}\left(t_{1x},t_{1y}\right) = \boldsymbol{T}\left(t_{1x}+t_{2x},t_{1y}+t_{2y}\right)$$

这表明两个连续的平移是可相加的。

（2）复合二维旋转变换

两个连续二维旋转变换产生的变换为

$$\boldsymbol{P}' = \boldsymbol{R}\left(\theta_2\right) \cdot \left\{\boldsymbol{R}\left(\theta_1\right) \cdot \boldsymbol{P}\right\} = \left\{\boldsymbol{R}\left(\theta_2\right) \cdot \boldsymbol{R}\left(\theta_1\right)\right\} \cdot \boldsymbol{P}$$

通过两个旋转矩阵相乘，可以证明两个连续旋转角度是可叠加的。

$$\boldsymbol{R}\left(\theta_2\right) \cdot \boldsymbol{R}\left(\theta_1\right) = \boldsymbol{R}\left(\theta_1+\theta_2\right)$$

因此，某点经过两个连续的旋转变换后的坐标可以使用复合变换矩阵计算为

$$\boldsymbol{P}' = \boldsymbol{R}\left(\theta_1+\theta_2\right) \cdot \boldsymbol{P}$$

（3）复合二维缩放变换

两个连续的二维缩放变换的变换矩阵生成如下复合缩放变换矩阵。

$$\begin{bmatrix} s_{2x} & 0 & 0 \\ 0 & s_{2y} & 0 \\ 0 & 0 & 1 \end{bmatrix} \cdot \begin{bmatrix} s_{1x} & 0 & 0 \\ 0 & s_{1y} & 0 \\ 0 & 0 & 1 \end{bmatrix} = \begin{bmatrix} s_{1x} \cdot s_{2x} & 0 & 0 \\ 0 & s_{1y} \cdot s_{2y} & 0 \\ 0 & 0 & 1 \end{bmatrix}$$

该操作可简写为如下公式。

$$\boldsymbol{S}\left(s_{2x},s_{2y}\right) \cdot \boldsymbol{S}\left(s_{1x},s_{1y}\right) = \boldsymbol{S}\left(s_{1x} \cdot s_{2x},s_{1y} \cdot s_{2y}\right)$$

这表明连续的缩放操作是可相乘的。例如我们连续两次将对象尺寸放大 2 倍，那么其最后的尺寸将是原始尺寸的 4 倍。

2. 一般复合变换

（1）一般二维基准点旋转变换

当图形库仅提供绕坐标系原点的旋转函数时，可以通过"平移→旋转→平移"变换序列实现绕任意选定的基准点 $\left(x_r,y_r\right)$ 的旋转变换。

① 平移对象，使基准点位置移动到坐标系原点。

② 绕坐标系原点旋转。

③ 使用步骤①相反的平移将基准点返回到原始位置。

上述变换序列如图 5.5 所示。

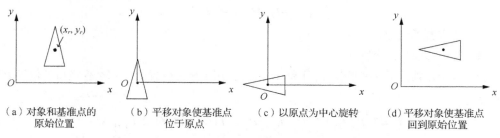

 （a）对象和基准点的 （b）平移对象使基准点 （c）以原点为中心旋转 （d）平移对象使基准点
   原始位置   位于原点   回到原始位置

图 5.5 绕指定基准点 (x_r,y_r) 旋转一个对象的变换序列

利用矩阵合并可以得到该序列的复合变换矩阵为

$$
\begin{bmatrix} 1 & 0 & x_r \\ 0 & 1 & y_r \\ 0 & 0 & 1 \end{bmatrix} \cdot \begin{bmatrix} \cos\theta & -\sin\theta & 0 \\ \sin\theta & \cos\theta & 0 \\ 0 & 0 & 1 \end{bmatrix} \cdot \begin{bmatrix} 1 & 0 & -x_r \\ 0 & 1 & -y_r \\ 0 & 0 & 1 \end{bmatrix}
$$

$$
= \begin{bmatrix} \cos\theta & -\sin\theta & x_r(1-\cos\theta)+y_r\sin\theta \\ \sin\theta & \cos\theta & y_r(1-\cos\theta)-x_r\sin\theta \\ 0 & 0 & 1 \end{bmatrix}
$$

该操作可简写为如下公式。

$$
\boldsymbol{T}(x_r, y_r) \cdot \boldsymbol{R}(\theta) \cdot \boldsymbol{T}(-x_r, -y_r) = \boldsymbol{R}(x_r, y_r, \theta)
$$

（2）一般二维基准点缩放变换

在只有以坐标原点为参考点的缩放变换时，对任意选择的基准位置 (x_f, y_f) 缩放的变换序列如下。

① 平移对象，使基准点位置移动到坐标系原点。

② 相对于坐标系原点进行缩放。

③ 使用步骤①相反的平移将基准点返回到原始位置。

这个变换序列如图 5.6 所示。

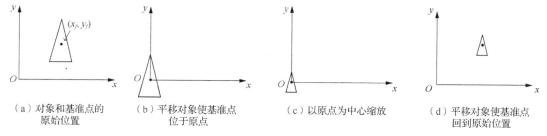

（a）对象和基准点的　　（b）平移对象使基准点　　（c）以原点为中心缩放　　（d）平移对象使基准点
　　　原始位置　　　　　　　　位于原点　　　　　　　　　　　　　　　　　　　　　　回到原始位置

图 5.6　以指定的基准点 (x_f, y_f) 为中心进行对象缩放的变换序列

利用矩阵合并可以得到该序列的复合变换矩阵为

$$
\begin{bmatrix} 1 & 0 & x_f \\ 0 & 1 & y_f \\ 0 & 0 & 1 \end{bmatrix} \begin{bmatrix} s_x & 0 & 0 \\ 0 & s_y & 0 \\ 0 & 0 & 1 \end{bmatrix} \begin{bmatrix} 1 & 0 & -x_f \\ 0 & 1 & -y_f \\ 0 & 0 & 1 \end{bmatrix} = \begin{bmatrix} s_x & 0 & x_f(1-s_x) \\ 0 & s_y & y_f(1-s_y) \\ 0 & 0 & 1 \end{bmatrix}
$$

该操作可简写为如下公式。

$$
\boldsymbol{T}(x_f, y_f) \cdot \boldsymbol{S}(s_x, s_y) \cdot \boldsymbol{T}(-x_f, -y_f) = \boldsymbol{S}(x_f, y_f, s_x, s_y)
$$

（3）矩阵合并的规则

因为矩阵乘法符合结合律，所以对于任何 3 个矩阵 $\boldsymbol{M}_1$、$\boldsymbol{M}_2$ 和 $\boldsymbol{M}_3$ 的乘积 $\boldsymbol{M}_3 \cdot \boldsymbol{M}_2 \cdot \boldsymbol{M}_1$，可先将 $\boldsymbol{M}_3$ 和 $\boldsymbol{M}_2$ 相乘或先将 $\boldsymbol{M}_2$ 和 $\boldsymbol{M}_1$ 相乘。

$$
\boldsymbol{M}_3 \cdot \boldsymbol{M}_2 \cdot \boldsymbol{M}_1 = (\boldsymbol{M}_3 \cdot \boldsymbol{M}_2) \cdot \boldsymbol{M}_1 = \boldsymbol{M}_3 \cdot (\boldsymbol{M}_2 \cdot \boldsymbol{M}_1)
$$

但是矩阵相乘不满足交换律，即 $\boldsymbol{M}_2 \cdot \boldsymbol{M}_1$ 不一定等于 $\boldsymbol{M}_1 \cdot \boldsymbol{M}_2$。因此，如果要对某个对象进行不同类型的变换时，必须注意变换矩阵乘积的顺序。顺序的改变有可能导致变换的结果不一致，如图 5.7 所示。

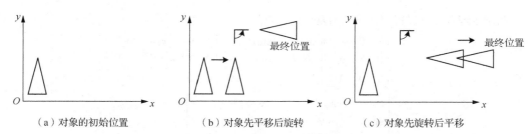

（a）对象的初始位置　　　　　　（b）对象先平移后旋转　　　　　　（c）对象先旋转后平移

图 5.7　改变变换序列的顺序影响对象变换后的位置

在变换序列中每一个变换的类型都相同的特殊情况下，变换矩阵间的相乘是可交换的。例如，两个连续的绕原点旋转可以按两种顺序完成，但其变换后的位置是相同的。这种可交换性对两个连续的平移变换或两个连续的缩放变换也适用。

5.3　三维几何变换

三维几何变换是在二维几何变换的基础上扩充 z 坐标得到的。一个三维位置在齐次坐标中表示为 4 元列向量。和二维几何变换一样，变换序列可以通过按序合并相应的变换矩阵而得到的复合变换矩阵来表示。

5.3.1　矩阵表达

1．平移变换矩阵

与基本的二维平移变换表达类似，但三维平移变换时坐标位置 P 和 P' 用 4 元列向量齐次坐标表示，并且变换操作 T 是 4×4 矩阵。

$$\begin{bmatrix} x' \\ y' \\ z' \\ 1 \end{bmatrix} = \begin{bmatrix} 1 & 0 & 0 & t_x \\ 0 & 1 & 0 & t_y \\ 0 & 0 & 1 & t_z \\ 0 & 0 & 0 & 1 \end{bmatrix} \cdot \begin{bmatrix} x \\ y \\ z \\ 1 \end{bmatrix}$$

该操作可简写为如下公式。

$$P' = T \cdot P$$

2．旋转变换矩阵

三维旋转变换需要分别给出绕 3 条坐标轴旋转的变换矩阵。旋转的正方向通常按右手法则确定，即面向旋转变换所绕的坐标轴的正方向看，逆时针方向为旋转的正方向。

绕 z 轴的三维旋转可以由二维旋转推广而得。

$$x' = x\cos\theta - y\sin\theta$$
$$y' = x\sin\theta + y\cos\theta$$
$$z' = z$$

参数 θ 表示绕 z 轴旋转的角度，而 z 坐标值在该变换中不改变。绕 z 轴旋转可以用齐次坐标表示如下。

$$\begin{bmatrix} x' \\ y' \\ z' \\ 1 \end{bmatrix} = \begin{bmatrix} \cos\theta & -\sin\theta & 0 & 0 \\ \sin\theta & \cos\theta & 0 & 0 \\ 0 & 0 & 1 & 0 \\ 0 & 0 & 0 & 1 \end{bmatrix} \cdot \begin{bmatrix} x \\ y \\ z \\ 1 \end{bmatrix}$$

该操作可简写为如下公式。

$$P' = R_z(\theta) \cdot P$$

用类似方法可以得到绕另外两个坐标轴旋转的旋转变换表示。

绕 x 轴旋转表示如下。

$$\begin{bmatrix} x' \\ y' \\ z' \\ 1 \end{bmatrix} = \begin{bmatrix} 1 & 0 & 0 & 0 \\ 0 & \cos\theta & -\sin\theta & 0 \\ 0 & \sin\theta & \cos\theta & 0 \\ 0 & 0 & 0 & 1 \end{bmatrix} \cdot \begin{bmatrix} x \\ y \\ z \\ 1 \end{bmatrix}$$

该操作可简写为如下公式。

$$P' = R_x(\theta) \cdot P$$

绕 y 轴旋转表示如下。

$$\begin{bmatrix} x' \\ y' \\ z' \\ 1 \end{bmatrix} = \begin{bmatrix} \cos\theta & 0 & \sin\theta & 0 \\ 0 & 1 & 0 & 0 \\ -\sin\theta & 0 & \cos\theta & 0 \\ 0 & 0 & 0 & 1 \end{bmatrix} \cdot \begin{bmatrix} x \\ y \\ z \\ 1 \end{bmatrix}$$

该操作可简写为如下公式。

$$P' = R_y(\theta) \cdot P$$

3. 缩放变换矩阵

点 P 由 (x, y, z) 相对于坐标原点的三维缩放是二维缩放的简单扩充。

$$\begin{bmatrix} x' \\ y' \\ z' \\ 1 \end{bmatrix} = \begin{bmatrix} s_x & 0 & 0 & 0 \\ 0 & s_y & 0 & 0 \\ 0 & 0 & s_z & 0 \\ 0 & 0 & 0 & 1 \end{bmatrix} \cdot \begin{bmatrix} x \\ y \\ z \\ 1 \end{bmatrix}$$

该操作可简写为如下公式。

$$P' = S \cdot P$$

5.3.2 复合变换矩阵的构造

1. 复合三维平移变换矩阵

合并两个连续的三维平移操作的变换矩阵生成如下所示的复合三维平移变换矩阵。

$$\begin{bmatrix} 1 & 0 & 0 & t_{2x} \\ 0 & 1 & 0 & t_{2y} \\ 0 & 0 & 1 & t_{2z} \\ 0 & 0 & 0 & 1 \end{bmatrix} \cdot \begin{bmatrix} 1 & 0 & 0 & t_{1x} \\ 0 & 1 & 0 & t_{1y} \\ 0 & 0 & 1 & t_{1z} \\ 0 & 0 & 0 & 1 \end{bmatrix} = \begin{bmatrix} 1 & 0 & 0 & t_{1x} + t_{2x} \\ 0 & 1 & 0 & t_{1y} + t_{2y} \\ 0 & 0 & 1 & t_{1z} + t_{2z} \\ 0 & 0 & 0 & 1 \end{bmatrix}$$

该操作可简写为如下公式。

$$T(t_{2x}, t_{2y}, t_{2z}) \cdot T(t_{1x}, t_{1y}, t_{1z}) = T(t_{1x} + t_{2x}, t_{1y} + t_{2y}, t_{1z} + t_{2z})$$

这表示两个连续的平移变换是可相加的。

2. 复合三维旋转变换矩阵

这里只给出两个连续绕相同坐标轴旋转的复合三维旋转变换矩阵。

（1）绕 z 轴连续旋转两次产生的变换为

$$\begin{bmatrix} \cos\theta_2 & -\sin\theta_2 & 0 & 0 \\ \sin\theta_2 & \cos\theta_2 & 0 & 0 \\ 0 & 0 & 1 & 0 \\ 0 & 0 & 0 & 1 \end{bmatrix} \cdot \begin{bmatrix} \cos\theta_1 & -\sin\theta_1 & 0 & 0 \\ \sin\theta_1 & \cos\theta_1 & 0 & 0 \\ 0 & 0 & 1 & 0 \\ 0 & 0 & 0 & 1 \end{bmatrix}$$

$$= \begin{bmatrix} \cos(\theta_1+\theta_2) & -\sin(\theta_1+\theta_2) & 0 & 0 \\ \sin(\theta_1+\theta_2) & \cos(\theta_1+\theta_2) & 0 & 0 \\ 0 & 0 & 1 & 0 \\ 0 & 0 & 0 & 1 \end{bmatrix}$$

该操作可简写为如下公式。

$$\boldsymbol{R}_z(\theta_2) \cdot \boldsymbol{R}_z(\theta_1) = \boldsymbol{R}_z(\theta_1+\theta_2)$$

（2）绕 x 轴连续旋转两次产生的变换为

$$\begin{bmatrix} 1 & 0 & 0 & 0 \\ 0 & \cos\theta_2 & -\sin\theta_2 & 0 \\ 0 & \sin\theta_2 & \cos\theta_2 & 0 \\ 0 & 0 & 0 & 1 \end{bmatrix} \cdot \begin{bmatrix} 1 & 0 & 0 & 0 \\ 0 & \cos\theta_1 & -\sin\theta_1 & 0 \\ 0 & \sin\theta_1 & \cos\theta_1 & 0 \\ 0 & 0 & 0 & 1 \end{bmatrix}$$

$$= \begin{bmatrix} 1 & 0 & 0 & 0 \\ 0 & \cos(\theta_1+\theta_2) & -\sin(\theta_1+\theta_2) & 0 \\ 0 & \sin(\theta_1+\theta_2) & \cos(\theta_1+\theta_2) & 0 \\ 0 & 0 & 0 & 1 \end{bmatrix}$$

该操作可简写为如下公式。

$$\boldsymbol{R}_x(\theta_2) \cdot \boldsymbol{R}_x(\theta_1) = \boldsymbol{R}_x(\theta_1+\theta_2)$$

（3）绕 y 轴连续旋转两次产生的变换为

$$\begin{bmatrix} \cos\theta_2 & 0 & \sin\theta_2 & 0 \\ 0 & 1 & 0 & 0 \\ -\sin\theta_2 & 0 & \cos\theta_2 & 0 \\ 0 & 0 & 0 & 1 \end{bmatrix} \cdot \begin{bmatrix} \cos\theta_1 & 0 & \sin\theta_1 & 0 \\ 0 & 1 & 0 & 0 \\ -\sin\theta_1 & 0 & \cos\theta_1 & 0 \\ 0 & 0 & 0 & 1 \end{bmatrix}$$

$$= \begin{bmatrix} \cos(\theta_1+\theta_2) & 0 & \sin(\theta_1+\theta_2) & 0 \\ 0 & 1 & 0 & 0 \\ -\sin(\theta_1+\theta_2) & 0 & \cos(\theta_1+\theta_2) & 0 \\ 0 & 0 & 0 & 1 \end{bmatrix}$$

该操作可简写为如下公式。

$$\boldsymbol{R}_y(\theta_2) \cdot \boldsymbol{R}_y(\theta_1) = \boldsymbol{R}_y(\theta_1+\theta_2)$$

3．复合三维缩放变换

合并两个连续的三维缩放操作的变换矩阵生成如下复合缩放变换矩阵。

$$\begin{bmatrix} s_{2x} & 0 & 0 & 0 \\ 0 & s_{2y} & 0 & 0 \\ 0 & 0 & s_{2z} & 0 \\ 0 & 0 & 0 & 1 \end{bmatrix} \cdot \begin{bmatrix} s_{1x} & 0 & 0 & 0 \\ 0 & s_{1y} & 0 & 0 \\ 0 & 0 & s_{1z} & 0 \\ 0 & 0 & 0 & 1 \end{bmatrix} = \begin{bmatrix} s_{1x} \cdot s_{2x} & 0 & 0 & 0 \\ 0 & s_{1y} \cdot s_{2y} & 0 & 0 \\ 0 & 0 & s_{1z} \cdot s_{2z} & 0 \\ 0 & 0 & 0 & 1 \end{bmatrix}$$

该操作可简写为如下公式。

$$\boldsymbol{S}(s_{2x}, s_{2y}, s_{2z}) \cdot \boldsymbol{S}(s_{1x}, s_{1y}, s_{1z}) = \boldsymbol{S}(s_{1x} \cdot s_{2x}, s_{1y} \cdot s_{2y}, s_{1z} \cdot s_{2z})$$

5.3.2 四元数

四元数是复数的扩展，它提供了描述和处理旋转变换的另一种方法。相对于矩阵表达，使用四元数表达旋转变换更加简练，对于动画等诸多应用而言，使用四元数也更为便利。

1. 复数和四元数

对二维情形，用复数表示旋转变换是比较方便的。令 i 表示虚数单位，即 $i^2 = -1$。由欧拉公式

$$e^{i\theta} = \cos\theta + i\sin\theta$$

我们可以把一个复数 c 的极坐标表示写成：

$$c = a + ib = re^{i\theta}$$

其中，$r = \sqrt{a^2 + b^2}$ 并且 $\theta = \arctan(b/a)$。

设 c 绕原点旋转角度 ϕ 后变为 c'，可以使用复数的极坐标表示为

$$c' = re^{i(\theta+\phi)} = re^{i\theta}e^{i\phi}$$

因此，$e^{i\phi}$ 是复平面中的一个旋转算子。如果需要将复平面上的向量旋转角度 ϕ 时，只需要将这个复向量乘以 $e^{i\phi}$。这是一种在实际应用中更简便的表示方法。

在三维空间中，确定一个三维旋转需要指定旋转轴（一个向量）和旋转的角度（一个标量）。可以使用一种既包含向量又包含标量的表示，通常把这种表示写成四元数（quaternion）的形式。

一个四元数由一个实部和三个虚部构成，例如：

$$a = q_0 + q_1 i + q_2 j + q_3 k$$

其中，i、j、k 为四元数的三个虚部，并且满足如下条件。

$$\begin{cases} i^2 = j^2 = k^2 = -1 \\ ij = k, \quad ji = -k \\ jk = i, \quad kj = -i \\ ki = j, \quad ik = -j \end{cases}$$

将四元数简记为 $a = (q_0, q_1, q_2, q_3) = (q_0, \boldsymbol{q})$。其中，$q_0$ 称为四元数的实部，$\boldsymbol{q} = (q_1, q_2, q_3)$ 称为四元数的虚部。如果一个四元数的虚部为 0，则称其为实四元数；如果一个四元数的实部为 0，则称其为虚四元数。

2. 四元数的运算

（1）加法和减法

四元数 $a = (q_0, q_1, q_2, q_3) = (q_0, \boldsymbol{q})$ 和 $b = (p_0, p_1, p_2, p_3) = (p_0, \boldsymbol{p})$ 的加减运算的定义为

$$a \pm b = (q_0 \pm p_0, \boldsymbol{q} \pm \boldsymbol{p})$$

（2）乘法

四元数 $a = (q_0, \boldsymbol{q})$ 和 $b = (p_0, \boldsymbol{p})$ 的乘法的定义为二者的每项相乘再相加。

$$\begin{aligned} ab = &\, q_0 p_0 - q_1 p_1 - q_2 p_2 - q_3 p_3 \\ &+ (q_0 p_1 + q_1 p_0 + q_2 p_3 - q_3 p_2)i \\ &+ (q_0 p_2 - q_1 p_3 + q_2 p_0 + q_3 p_1)j \\ &+ (q_0 p_3 + q_1 p_2 - q_2 p_1 + q_3 p_0)k \end{aligned}$$

利用向量的内积和外积运算，上式可以写为

$$ab = (p_0 q_0 - \boldsymbol{q} \cdot \boldsymbol{p}, q_0 \boldsymbol{p} + p_0 \boldsymbol{q} + \boldsymbol{q} \times \boldsymbol{p})$$

请注意，由于最后一项外积的原因，四元数的乘法通常是不可交换的，除非 q 和 p 共线（此时二者的外积为 0）。

（3）模

定义四元数 $a = (q_0, q_1, q_2, q_3) = (q_0, \boldsymbol{q})$ 的模为

$$|a| = \sqrt{q_0^2 + q_1^2 + q_2^2 + q_3^2} = \sqrt{q_0^2 + \boldsymbol{q} \cdot \boldsymbol{q}}$$

容易验证

$$|ab| = |a||b|$$

模长为 1 的四元数通常称为单位四元数。

（4）共轭

定义四元数 $a = (q_0, q_1, q_2, q_3) = (q_0, \boldsymbol{q})$ 的共轭为

$$a^* = (q_0, -q_1, -q_2, -q_3) = (q_0, -\boldsymbol{q})$$

（5）逆

定义四元数 $a = (q_0, q_1, q_2, q_3) = (q_0, \boldsymbol{q})$ 的逆为

$$a^{-1} = \frac{a^*}{|a|^2}$$

容易验证，$aa^{-1} = a^{-1}a = (1, 0, 0, 0) = \text{II}$；如果 a 为单位四元数，则其逆等于其共轭。

（6）数乘

和向量类似，四元数 $a = (q_0, q_1, q_2, q_3) = (q_0, \boldsymbol{q})$ 可以与数（标量）相乘，定义如下。

$$ka = (kq_0, kq_1, kq_2, kq_3) = (kq_0, k\boldsymbol{q})$$

3．四元数和旋转

假定用四元数 $p = (0, \boldsymbol{p})$ 的虚部表示三维空间中的一个点，即 $\boldsymbol{p} = (x, y, z)$ 的三个分量给出了该点的位置。考虑四元数

$$r = \left(\cos\frac{\theta}{2}, \sin\frac{\theta}{2}\boldsymbol{v} \right)$$

其中，$\boldsymbol{v}$ 为单位向量。容易证明 r 的模为 1，由此可得

$$r^{-1} = \left(\cos\frac{\theta}{2}, -\sin\frac{\theta}{2}\boldsymbol{v} \right)$$

考虑四元数 $p' = rpr^{-1}$，其中 r 称为旋转四元数，p 是点的四元数表示。易得 $p' = (0, \boldsymbol{p}')$，其中

$$\boldsymbol{p}' = \cos^2\frac{\theta}{2}\boldsymbol{p} + \sin^2\frac{\theta}{2}(\boldsymbol{p} \cdot \boldsymbol{v})\boldsymbol{v} + 2\sin\frac{\theta}{2}\cos\frac{\theta}{2}(\boldsymbol{v} \times \boldsymbol{p}) - \sin^2\frac{\theta}{2}(\boldsymbol{v} \times \boldsymbol{p}) \times \boldsymbol{v}$$

p' 的虚部 $\boldsymbol{p}'$ 表示了由四元数 $p = (0, \boldsymbol{p})$ 的虚部 $\boldsymbol{p}$ 表示的空间三维点绕单位向量 $\boldsymbol{v}$（转轴）旋转角度 θ 后的位置。

例如，将点 $\boldsymbol{p} = (x, y, z)$ 绕 z 轴旋转角度 θ。此时单位向量 $\boldsymbol{v}$ 为 $(0, 0, 1)$，四元数 r 为

$$r = \left(\cos\frac{\theta}{2}, \sin\frac{\theta}{2}\boldsymbol{v} \right)$$

则 $\boldsymbol{p} = (x, y, z)$ 经过旋转后对应的四元数为

$$p' = rpr^{-1}$$
$$= \left(\cos\frac{\theta}{2}, \sin\frac{\theta}{2}\boldsymbol{v} \right)(0, \boldsymbol{p})\left(\cos\frac{\theta}{2}, -\sin\frac{\theta}{2}\boldsymbol{v} \right)$$

$$= \left(-\sin\frac{\theta}{2} \boldsymbol{v} \cdot \boldsymbol{p}, \cos\frac{\theta}{2} \boldsymbol{p} + \sin\frac{\theta}{2} \boldsymbol{v} \times \boldsymbol{p} \right) \left(\cos\frac{\theta}{2}, -\sin\frac{\theta}{2} \boldsymbol{v} \right)$$
$$= \left(0, \boldsymbol{p}' \right)$$

其中

$$\boldsymbol{p}' = \left(x\cos\theta - y\sin\theta, x\sin\theta + y\cos\theta, z \right)$$

这样就得到了和矩阵表示一样的结果。如果依次绕 3 个坐标轴旋转的矩阵表示为 $\boldsymbol{R} = \boldsymbol{R}_x(\theta_x) \cdot \boldsymbol{R}_y(\theta_y) \cdot \boldsymbol{R}_z(\theta_z)$，那么可以用对应四元数的乘积把这个旋转序列表示为 $r_x r_y r_z$。

可见，绕任意轴的旋转除了用矩阵表示以外，还可以等价地用四元数乘法表示。现在的硬件和软件实现中一般都支持四元数运算。

5.4 投影变换

目前常用的图形显示设备都是二维的。如果需要将三维模型在二维显示面上显示出来，就必须通过某种方式把三维物体映射为二维图形。这种处理方式通常称为投影变换。投影变换首先需要在三维空间中确定一个投影中心和一个投影面，然后从投影中心引出投影射线，通过物体上的每一点和投影面相交，在投影面上构成三维物体的二维投影。通过绘制二维投影就实现了三维物体的显示。投影变换实际上是一种从场景空间到投影平面的变换，其变换矩阵也称为投影矩阵。

投影中心、投影平面和投影射线构成了投影变换的 3 要素。根据投影中心与投影面之间的距离，可以将投影变换分为平行投影和透视投影两类。当投影中心和投影面之间的距离为无穷大时，投影射线为一组平行线，这时的投影变换通常称为平行投影。当投影中心和投影面之间的距离为有限值时，投影射线相交于一点，这时的投影变换通常称为透视投影。

5.4.1 平行投影

平行投影可以分为正平行投影和斜平行投影两种类型。

1. 正平行投影

正平行投影（亦称正交投影，orthographic projection）是平行投影的一种特殊情形，正平行投影的投影线垂直于投影平面（观察平面）。下面分析图 5.8 所示的正平行投影，其中的投影平面为 $z=0$。

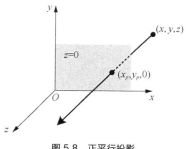

图 5.8　正平行投影

显然，当点 (x,y,z) 被投影到 $z=0$ 平面时，它的 x 和 y 坐标保持不变，因此下面等式成立

$$x_p = x$$
$$y_p = y$$

$$z_p = 0$$

利用齐次坐标，上述等式可以表示为

$$
\begin{bmatrix} x_p \\ y_p \\ z_p \\ 1 \end{bmatrix} = \begin{bmatrix} 1 & 0 & 0 & 0 \\ 0 & 1 & 0 & 0 \\ 0 & 0 & 0 & 0 \\ 0 & 0 & 0 & 1 \end{bmatrix} \begin{bmatrix} x \\ y \\ z \\ 1 \end{bmatrix} = \boldsymbol{MP}
$$

其中

$$
\boldsymbol{P} = \begin{bmatrix} x \\ y \\ z \\ 1 \end{bmatrix}, \quad \boldsymbol{M} = \begin{bmatrix} 1 & 0 & 0 & 0 \\ 0 & 1 & 0 & 0 \\ 0 & 0 & 0 & 0 \\ 0 & 0 & 0 & 1 \end{bmatrix}
$$

2. 斜平行投影

斜平行投影是指投影线与投影平面之间不垂直的平行投影。目前，对于斜平行投影而言，通常支持平行投影的 API 视景体的近平面和远平面（参见 3.3.3 节内容）均平行于投影平面（观察平面），视景体的左、右、上和下平面平行于投影方向，如图 5.9 所示。

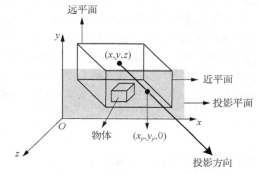

图 5.9　斜平行投影的视景体

为方便分析，由图 5.9 中沿着-y 方向和-x 方向观察，可得图 5.10 所示的顶视图和侧视图。

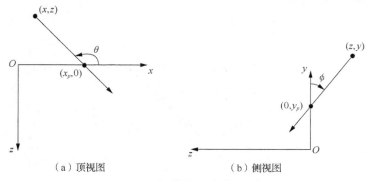

（a）顶视图　　　　　　　　　（b）侧视图

图 5.10　斜平行投影示意图

角度 θ 和 ϕ 刻画了投影线的倾斜程度。由图 5.10 可以得到 $\tan\theta = \dfrac{z}{x_p - x}$ ，则 $x_p = x + z\cot\theta$ 。

类似地，易得 $y_p = y + z\cot\phi$ 。对于投影平面，$z_p = 0$ ，利用齐次坐标描述，可以将上述关系写为

$$\begin{bmatrix} \boldsymbol{x}_p \\ \boldsymbol{y}_p \\ \boldsymbol{z}_p \\ 1 \end{bmatrix} = \begin{bmatrix} 1 & 0 & \cot\theta & 0 \\ 0 & 1 & \cot\phi & 0 \\ 0 & 0 & 0 & 0 \\ 0 & 0 & 0 & 1 \end{bmatrix} \begin{bmatrix} x \\ y \\ z \\ 1 \end{bmatrix} = \boldsymbol{P} \begin{bmatrix} x \\ y \\ z \\ 1 \end{bmatrix}$$

其中 $\boldsymbol{P} = \begin{bmatrix} 1 & 0 & \cot\theta & 0 \\ 0 & 1 & \cot\phi & 0 \\ 0 & 0 & 0 & 0 \\ 0 & 0 & 0 & 1 \end{bmatrix}$。

容易验证 $\boldsymbol{P} = \begin{bmatrix} 1 & 0 & \cot\theta & 0 \\ 0 & 1 & \cot\phi & 0 \\ 0 & 0 & 0 & 0 \\ 0 & 0 & 0 & 1 \end{bmatrix} = \begin{bmatrix} 1 & 0 & 0 & 0 \\ 0 & 1 & 0 & 0 \\ 0 & 0 & 0 & 0 \\ 0 & 0 & 0 & 1 \end{bmatrix} \begin{bmatrix} 1 & 0 & \cot\theta & 0 \\ 0 & 1 & \cot\phi & 0 \\ 0 & 0 & 1 & 0 \\ 0 & 0 & 0 & 1 \end{bmatrix} = \boldsymbol{M}_{\text{orth}} \cdot \boldsymbol{H}(\theta,\phi)$

其中 $\boldsymbol{M}_{\text{orth}}$ 代表了一个正平行投影，$\boldsymbol{H}(\theta,\phi)$ 代表了两个连续的特殊变换。

为说明这点，考虑如下三维变换：

$$x' = x + z\cot\theta$$
$$y' = y$$
$$z' = z$$

假设视景体内有一条线段 AB。由于其变换前后的 y 坐标和 z 坐标均不变，可以用顶视图对其进行刻画，如图 5.11 所示。

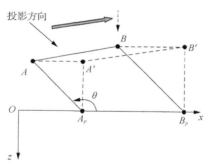

图 5.11　经第一次变换后的结果

A 点变换后的位置为

$$\boldsymbol{A}' = \begin{bmatrix} x'_A \\ y'_A \\ z'_A \\ 1 \end{bmatrix} = \begin{bmatrix} 1 & 0 & \cot\theta & 0 \\ 0 & 1 & 0 & 0 \\ 0 & 0 & 1 & 0 \\ 0 & 0 & 0 & 1 \end{bmatrix} \begin{bmatrix} x_A \\ y_A \\ z_A \\ 1 \end{bmatrix} = \begin{bmatrix} 1 & 0 & \cot\theta & 0 \\ 0 & 1 & 0 & 0 \\ 0 & 0 & 1 & 0 \\ 0 & 0 & 0 & 1 \end{bmatrix} \boldsymbol{A}$$

同理，

$$\boldsymbol{B}' = \begin{bmatrix} x'_B \\ y'_B \\ z'_B \\ 1 \end{bmatrix} = \begin{bmatrix} 1 & 0 & \cot\theta & 0 \\ 0 & 1 & 0 & 0 \\ 0 & 0 & 1 & 0 \\ 0 & 0 & 0 & 1 \end{bmatrix} \begin{bmatrix} x_B \\ y_B \\ z_B \\ 1 \end{bmatrix} = \begin{bmatrix} 1 & 0 & \cot\theta & 0 \\ 0 & 1 & 0 & 0 \\ 0 & 0 & 1 & 0 \\ 0 & 0 & 0 & 1 \end{bmatrix} \boldsymbol{B}$$

容易看出，在变换后，虽然线段 AB 的形状和位置发生了变化，但如果投影方向改为垂直于 x 轴，则投影点在顶视图中的位置不变，仍为 $\boldsymbol{A}_p$ 和 $\boldsymbol{B}_p$。

类似地，在上述变换后再进行下述变换：

$$x' = x$$
$$y' = y + z\cot\phi$$
$$z' = z$$

$\overline{AB}$ 的形状和位置将进一步变化，但如果投影方向改为垂直于 y 轴，则投影点的位置仍然不变。可以对上述两个变换构造复合变换，如下。

$$\begin{bmatrix} 1 & 0 & \cot\theta & 0 \\ 0 & 1 & 0 & 0 \\ 0 & 0 & 1 & 0 \\ 0 & 0 & 0 & 1 \end{bmatrix}\begin{bmatrix} 1 & 0 & 0 & 0 \\ 0 & 1 & \cot\phi & 0 \\ 0 & 0 & 1 & 0 \\ 0 & 0 & 0 & 1 \end{bmatrix} = \begin{bmatrix} 1 & 0 & \cot\theta & 0 \\ 0 & 1 & \cot\phi & 0 \\ 0 & 0 & 1 & 0 \\ 0 & 0 & 0 & 1 \end{bmatrix} = \boldsymbol{H}(\theta,\phi)$$

一般将上文提到的仅在一个坐标方向上改变坐标值，而另两个坐标方向上的坐标值保持不变的变换称为错切变换，如图 5.12 所示，利用错切变换将立方体变为平行六面体。

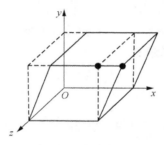

图 5.12　错切变换示例

综上，经过 $\boldsymbol{H}(\theta,\phi)$ 表示的两个连续的错切变换后，视景体的左、右、上和下平面均变为垂直于投影平面了。视景体内的三维物体也经过了同样的变换，其外形发生了错切变化。然后对变形后的物体执行正平行投影操作，即可得到原三维物体的斜平行投影。以上就是在 WebGL 中实现斜平行投影的过程。

5.4.2　透视投影

尽管场景的平行投影视图较易生成，并且能保持对象的相对比例，但它不提供具有视觉真实感的结果。为此计算机图形学中引入了透视投影的概念。透视投影与平行投影最大的区别是：前者的投影射线汇聚到投影中心。类似于人的视觉观察结果，透视投影的结果在投影平面上可能存在变形，例如场景中平行的线段投影到投影平面之后不一定平行，投影得到的结果还存在远小近大的效应。

相机成像可近似看成透视投影。假定相机位于观察坐标系的原点，方向指向 z 轴的负方向，投影平面位于投影中心和需成像的场景之间，投影平面的方程为 $z = d$，空间中的一点 (x,y,z) 沿着一条投影线被投影到 (x_p, y_p, z_p)；所有的投影线都通过投影中心，即坐标原点，如图 5.13 所示。

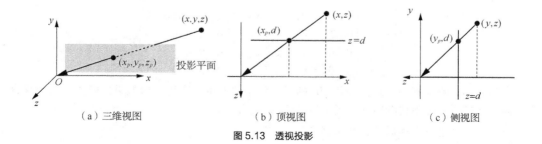

（a）三维视图　　　　　　　　（b）顶视图　　　　　　　　（c）侧视图

图 5.13　透视投影

由图 5.13（a）易得 $z_p = d$。因为相机指向 z 轴的负方向，所以投影平面位于 z 轴负方向一侧，d 的值是负的。

从图 5.13（b）可得

$$\frac{x}{z} = \frac{x_p}{d}$$

于是

$$x_p = \frac{x}{z / d}$$

从图 5.19（c）可得

$$y_p = \frac{y}{z / d}$$

综上，可得透视投影的结果为

$$\begin{bmatrix} x_p \\ y_p \\ z_p \\ 1 \end{bmatrix} = \begin{bmatrix} \dfrac{x}{z / d} \\ \dfrac{y}{z / d} \\ d \\ 1 \end{bmatrix}$$

由于投影射线汇聚到投影中心，因此可以产生与人观察场景时较为一致的结果，如图 5.14 所示。

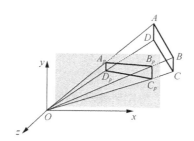

图 5.14　透视投影效果

由图 5.14 可以看出，距离投影平面较远的线段 AD 在透视投影后要比距离投影平面较近的线段 BC 在长度上有更大的压缩，同时原来平行的线段 AB 和 DC 在透视投影后不再平行。但是与 y 轴平行且长度相等的线段 AD 和 BC 尽管在投影后长度不再相等，但仍保持平行。请读者思考原因。

透视投影的一个重要性质是不可逆性。由于一条投影线上所有的点都会投影到投影平面上同一个点，因此不能仅从一个点的投影逆向找到这个点。

齐次坐标的一般形式可以用于投影变换。若 P 点在场景中的坐标为 (x, y, z)，可以用下述的齐次坐标表示。

$$\boldsymbol{P} = \begin{bmatrix} wx \\ wy \\ wz \\ w \end{bmatrix}$$

其中，$w \neq 0$。若 $w = 1$，此时的齐次坐标称为标准形式的齐次坐标。可以通过将前 3 个分量除以第 4 个分量得到某个齐次坐标的标准形式，这种操作称为透视除法。

可以将透视投影的结果表示如下。

$$P_p = \begin{bmatrix} x_p \\ y_p \\ z_p \\ 1 \end{bmatrix} = \begin{bmatrix} 1 & 0 & 0 & 0 \\ 0 & 1 & 0 & 0 \\ 0 & 0 & 1 & 0 \\ 0 & 0 & 1/d & 0 \end{bmatrix} \begin{bmatrix} x \\ y \\ z \\ 1 \end{bmatrix} = \begin{bmatrix} x \\ y \\ z \\ z/d \end{bmatrix} = \begin{bmatrix} \dfrac{x}{z/d} \\ \dfrac{y}{z/d} \\ d \\ 1 \end{bmatrix}$$

在上式的最后一步执行了透视除法。

$$M = \begin{bmatrix} 1 & 0 & 0 & 0 \\ 0 & 1 & 0 & 0 \\ 0 & 0 & 1 & 0 \\ 0 & 0 & 1/d & 0 \end{bmatrix}$$ 通常称为透视投影矩阵。

综上，对 P 点进行投影变换的过程为：首先对 P 点执行矩阵运算 MP，然后对矩阵运算结果执行透视除法。

采用上述过程计算透视投影结果还有一个重要优点，即可以表示相对于透视投影变换的等价点。

如图 5.15 所示，在投影线 OP 上的所有点（例如 P_1 点），透视投影的结果都是 P_p，因此从这个意义上讲所有位于 O 和 P 的连线并且投影到 P_p 上的点（除 O 点以外）都是等价的。而除 O 点外，投影线 OP 上的所有点均可表示为 wP，其中的 w 为不为 0 的实数。

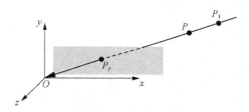

图 5.15　透视投影效果

假设 P_1 点可以表示为 $w_1 P$，对其进行透视投影变换的结果为

$$MP_1 = \begin{bmatrix} 1 & 0 & 0 & 0 \\ 0 & 1 & 0 & 0 \\ 0 & 0 & 1 & 0 \\ 0 & 0 & 1/d & 0 \end{bmatrix} \begin{bmatrix} w_1 x \\ w_1 y \\ w_1 z \\ 1 \end{bmatrix} = \begin{bmatrix} w_1 x \\ w_1 y \\ w_1 z \\ w_1 z/d \end{bmatrix} = \begin{bmatrix} \dfrac{x}{z/d} \\ \dfrac{y}{z/d} \\ d \\ 1 \end{bmatrix} = P_p$$

可见，P_1 点执行透视投影操作后的结果仍为 P_p 点。从上述计算过程也可以看出，由于规定了齐次坐标的最后一个分量不能为 0，因此不能表示投影中心 O 点。

在绘制流水线中，在应用了模-视变换矩阵和投影变换矩阵后，还执行了透视除法，以得到最终的结果。

需要指出的是，在透视投影中，任意一组不平行于投影面的平行线，投影后所得的直线将汇聚于同一点，这个点称为消失点（或灭点）。如果一组平行线平行于三个坐标轴中的一个，其所形成的消失点称为主消失点。根据主消失点的数量，透视投影还可以进一步分为一点透视、二点透视和三点透视。本节所介绍的透视投影属于一点透视，这是由于投影平面的方程为 $z = d$，因此其垂直于 z 轴，此时只在 z 轴上产生一个主消失点。如果投影平面与两个坐标轴相交但与另一个坐标轴平行，则产生两个主消失点，即二点透视投影，若投影平面与三个坐标轴相交，则产生三个主消失点，即三点透视投影。对于二点透视和三点透视本书不做介绍，请读者参阅文献[5]。

5.5　裁剪技术

在图形管线处理中还需要考虑裁剪处理，用于确定哪些图元或图元的哪些部分位于应用程序定义的视景体（或裁剪体，参见 3.3.3 节内容）内部。执行裁剪处理的裁剪模块（clipper）确定哪些图元或者图元的哪些部分位于视景体内部后，把没有被裁剪掉的部分送入光栅化模块中。在把图元从三维对象投影为二维对象后也可以对其进行裁剪处理。在 WebGL 中，在光栅化之前使用三维视景体对图元进行裁剪。

本节讨论线段和多边形这两种最常见的图元的裁剪算法。

5.5.1　线段裁剪

1. Cohen–Sutherland 裁剪算法

对线段的二维裁剪问题做如下假定。

（1）二维线段裁剪是在三维线段投影到投影平面之后进行的。

（2）裁剪窗口是投影平面的一部分并且映射到显示器的视口中。

（3）所有的值都用实数表示。

线段的二维裁剪问题如图 5.16 所示。

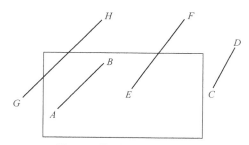

图 5.16　线段的二维裁剪示意图

从图 5.16 中可见，线段 *AB* 会显示在屏幕上，而线段 *CD* 不会显示在屏幕上。线段 *EF* 和线段 *GH* 在显示之前必须裁剪掉位于裁剪窗口之外的部分，但两者之间存在区别：线段 *GH* 的两个端点都位于裁剪窗口之外，而线段 *EF* 有一个端点都位于裁剪窗口之内。

最简单的裁剪方法是通过计算线段所在的直线与裁剪窗口各条边的交点来确定必要的裁剪信息。然而，如果可能的话，应尽量避免这种导致浮点数乘、除法运算的计算方式。Cohen-Sutherland 算法是首个使用浮点数减法和位操作相结合的方法代替大量高开销的浮点数乘法和除法的裁剪算法。

该算法首先把裁剪窗口的 4 条边延长至无限长，从而把整个二维空间分割为 9 个区域，如图 5.17 所示。

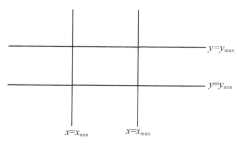

$y=y_{max}$

$y=y_{min}$

$x=x_{min}$　$x=x_{max}$

图 5.17　空间分割

按下面的方法给每个区域赋予一个唯一的 4 位二进制数 $b_0b_1b_2b_3$，称其为线段的端点编码（线段端点所在区域的编码）。假定 (x, y) 是该区域中的一个点，则有

$$b_0 = \begin{cases} 1, & y > y_{max} \\ 0, & \text{其他} \end{cases}$$

同理，

$$b_1 = \begin{cases} 1, & y < y_{min} \\ 0, & \text{其他} \end{cases}$$

b_2 和 b_3 的值由线段端点的 x 坐标值分别与裁剪窗口左边界和右边界的位置关系决定。

$$b_2 = \begin{cases} 1, & x > x_{max} \\ 0, & \text{其他} \end{cases}$$

$$b_3 = \begin{cases} 1, & x < x_{min} \\ 0, & \text{其他} \end{cases}$$

区域的最终编码结果如图 5.18 所示。

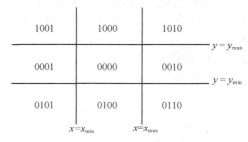

图 5.18　空间分割与区域编码

对于线段的每个端点，首先需要计算它的端点编码。确定每条线段两个端点的编码需要进行 8 次浮点减法运算。

考虑一条线段，它的两个端点分别为 (x_1, y_1) 和 (x_2, y_2)，其编码分别为 $o_1 = \text{outcode}(x_1, y_1)$ 和 $o_2 = \text{outcode}(x_2, y_2)$，可以根据 o_1 和 o_2 的情况进行讨论，共有 4 种情况。

（1）$(o_1 = o_2 = 0)$ 此时线段的两个端点都位于裁剪窗口内部。图 5.19 中的线段 AB 属于这种情况。此时整条线段都位于裁剪窗口之内，所以该线段无须裁剪，直接送入光栅化模块进行光栅化处理。

（2）$(o_1 \ne 0, o_2 = 0$ 或 $o_1 = 0, o_2 \ne 0)$ 此时线段的一个端点位于裁剪窗口之内，另一个端点位于裁剪窗口之外，图 5.19 中的线段 CD 和 CL 属于这种情况。此时需要对该线段进行裁剪处理。非零的端点编码说明了线段与裁剪窗口的一条边或两条边相交。对于这种情况，必须计算一个或两个交点。对于后者，当计算完一个交点后，要计算该交点的编码，从而确定是否需要进行另一个求交点的运算。

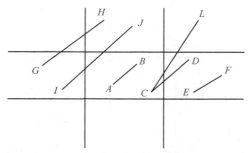

图 5.19　Cohen-Sutherland 算法中线段端点的各种编码情况

例如，对于线段 CD，两个端点的编码分别为 0000 和 0010。需要判定 D 点与哪条裁切窗口的边界相交。y_{max}、y_{min}、x_{max} 和 x_{min} 这 4 条边界分别可以表示为 1000（十进制数 8）、0100（十进制数 4）、0010（十进制数 2）和 0001（十进制数 1）。可以通过 D 点的编码与 4 条边界的按位与运算（& 运算）的结果判定 CD 与哪条边界有交点。在 $o_D \& 1$、$o_D \& 2$、$o_D \& 4$ 和 $o_D \& 8$ 的结果中，$o_D \& 1 \neq 1$、$o_D \& 2 = 2$、$o_D \& 4 \neq 4$、$o_D \& 8 \neq 8$，因此只可能与 2 代表的 $x = x_{max}$ 这条边界相交，求出交点后即可裁剪掉 CD 中交点到 D 的部分。

对于线段 CL，在 $o_L \& 1$、$o_L \& 2$、$o_L \& 4$ 和 $o_L \& 8$ 的结果中，$o_L \& 1 \neq 1$、$o_D \& 2 = 2$、$o_D \& 4 \neq 4$、$o_L \& 8 = 8$，因此可能与 $x = x_{max}$ 和 $y = y_{max}$ 和这两条边界相交。若先计算 CL 和 $x = x_{max}$ 这条边的交点，则由交点坐标不难得到其编码为 0000，因此无须再计算 CL 和 $y = y_{max}$ 的交点。但是如果先计算的是 CL 和 $y = y_{max}$ 这条边的交点，由于交点编码为 0010，因此还是在裁剪窗口之外，还需要计算 CL 和 $x = x_{max}$ 这条边的交点。

（3）$(o_1 \neq 0, o_2 \neq 0, o_1 \& o_2 \neq 0)$ 通过对线段的两个端点编码进行按位与运算，可以确定这两个端点是否位于裁剪窗口某条裁剪边的同一侧。如果 $o_1 \& o_2 \neq 0$，那么这两个端点位于裁剪窗口某条裁剪边的同一侧，因此可以丢弃该线段。图 5.19 中的线段 EF 就是这种情况。

（4）$(o_1 \neq 0, o_2 \neq 0, o_1 \& o_2 = 0)$ 此时线段的两个端点都位于裁剪窗口之外，但是它们分别位于裁剪窗口的两条不同裁剪边的外侧。从如图 5.19 所示的线段 GH 和线段 IJ 可以看出，仅仅从端点的编码无法区分是应该丢弃该线段还是把该线段的一部分裁剪掉。在这种情况下必须计算该线段与裁剪窗口某边的交点，舍弃掉交点到同侧端点的部分，并根据交点的编码重新进行上述判断。可以验证，最多只需要重复进行三次判断，剩下的线段或者全部在裁剪窗口之内，或者全部在裁剪窗口之外，从而完成对线段的裁剪。

上面所有对端点间编码关系的判断只需要用到布尔运算。该算法仅在必要的时候才执行求交运算，如上述第 2 种情况或第 4 种情况。对于第 4 种情况，端点的编码没有提供足够的判断信息。

当要处理的线段非常多而实际显示的线段又很少时，Cohen-Sutherland 算法非常有效。在这种情况下，大部分的线段完全位于裁剪窗口一条边或两条边所在直线的外侧，因此可以根据它们的端点编码裁剪掉这些线段。该算法的另一个优点是可以扩展到三维裁剪。

求交点的运算取决于对线段的表示形式，但是无论采用什么表示形式，只需要执行一次除法运算。如果使用显示表示法来表示直线，即 $y = mx + h$，其中 m 表示线段的斜率，h 是线段在 y 轴的截距，那么可以根据线段的两个端点来计算 m 和 h。然而，无法用这种形式表示垂直于 x 轴的线段，这是显式表示法的最大缺陷。

2. Liang−Barsky 裁剪算法

本算法使用直线的参数化方程对线段进行裁剪。假定线段 P_1P_2 的两个端点的位置分别为 $P_1 = [x_1, y_1]^T$ 和 $P_2 = [x_2, y_2]^T$。经过该线段的直线的参数方程表示为

$$P(\alpha) = P_1 + \alpha(P_2 - P_1)$$

也可表示为两个标量方程

$$x(\alpha) = x_1 + \alpha(x_2 - x_1) = x_1 + \alpha\Delta x$$
$$y(\alpha) = y_1 + \alpha(y_2 - y_1) = y_1 + \alpha\Delta y$$

直线的参数化表示方法具有很好的稳健性。对于垂直于 x 轴或 y 轴的直线表示都不用修改方程。当参数 α 从 0 变化到 1 时，线段从 P_1 移动到 P_2。如果 α 的值为负数，那么生成的点位于从 P_2 到 P_1 方向的延长线上。同理，当 α 的值大于 1，那么生成的点位于从 P_1 到 P_2 方向的延长线上。

（1）线段 P_1P_2 不平行于裁剪窗口任意一条边

位于裁剪窗口内部的线段应满足如下条件。

$$x_{\min} \leqslant x_1 + \alpha\Delta x \leqslant x_{\max}$$
$$y_{\min} \leqslant y_1 + \alpha\Delta x \leqslant y_{\max}$$

定义

$$p_1 = -\Delta x, \quad q_1 = x_1 - x_{\min}; \quad p_2 = \Delta x, \quad q_2 = x_{\max} - x_1$$
$$p_3 = -\Delta y, \quad q_3 = y_1 - y_{\min}; \quad p_4 = \Delta y, \quad q_4 = y_{\max} - y_1$$

则上述不等式可写为 $\alpha p_k \leqslant q_k$，$k \in \{1,2,3,4\}$。

规定 p_1、p_2、p_3 和 p_4 分别对应于裁剪窗口边界 $x_{\min}$、$x_{\max}$、$y_{\min}$ 和 $y_{\max}$ 所在的直线。

如果以裁剪边界所在直线为基准，将裁剪窗口所在侧定义为内侧，则易知当 $p_k < 0$ 时，线段的指向为从裁剪边所在的直线外侧指向内侧；当 $p_k > 0$ 时，线段的指向为从裁剪边所在的直线内侧指向外侧。

例如，在图 5.20 中，线段 AB 有 $p_1 = -(x_B - x_A) < 0$，故线段 AB 从 $x_{\min}$ 的外侧指向内侧。类似地，线段 AB 从 $x_{\max}$ 的内侧指向外侧，从 $y_{\max}$ 的内侧指向外侧，从 $y_{\min}$ 的外侧指向内侧。线段 CD 的情况请读者自行分析，此处不赘述。

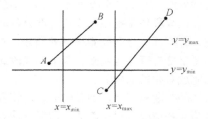

图 5.20　Liang-Barsky 算法中指向的规定

在 $p_k \neq 0$ 时，线段（或其延长线）与边界 p_k 的交点对应的参数值为

$$\alpha_k = \frac{q_k}{p_k}$$

对于每条线段，按如下方法计算 u_1 和 u_2。

$u_1 = \max(0, \alpha_k)$，k 为所有线段由外侧指向内侧的裁剪边界的序号。$u_2 = \min(1, \alpha_k)$，k 为所有线段由内侧指向外侧的裁剪边界的序号。如果 $u_1 > u_2$，则线段完全落在裁剪窗口之外，应全部裁剪；否则保留由 u_1 和 u_2 确定的线段。对于图 5.20 所示的情况，有图 5.21 所示的结果。

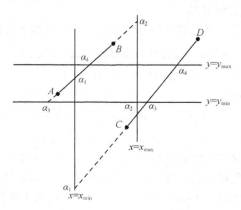

图 5.21　Liang-Barsky 算法的示例

对于线段 AB，其由外侧指向内侧的裁剪边界为 x_{min} 和 y_{min}，因此 k 为 1 和 3。可计算得到交点对应的参数值为

$$\alpha_1 = \frac{q_1}{p_1} = \frac{x_A - x_{min}}{-(x_B - x_A)} > 0$$

$$\alpha_3 = \frac{q_3}{p_3} = \frac{y_A - y_{min}}{-(y_B - y_A)} < 0$$

则 $u_1 = \max(0, \alpha_1, \alpha_3) = \alpha_1$。类似地，可以求得 $u_2 = \min(1, \alpha_2, \alpha_4) = \alpha_4$。而 $\alpha_1 < \alpha_4$，则线段 AB 裁剪后的结果为参数 α_1 和 α_4 之间的部分。

对于图 5.21 中所示的线段 CD，$u_1 = \alpha_3$，$u_2 = \alpha_2$。但 $\alpha_3 > \alpha_2$，因此线段 CD 全部落在裁剪窗口外，被舍弃。

（2） P_1P_2 平行于裁剪窗口某一条边

当线段 $p_k = 0$ 时（ $k \in \{1,2,3,4\}$ ），若此时 $q_k < 0$，则该线段在裁剪窗口之外；若此时 $q_k \geq 0$，则该线段在相应的两条平行的裁剪边界之内的部分为裁剪结果。

5.5.2　多边形裁剪

在绘制流水线的许多地方都会用到多边形的裁剪。最常见的是用矩形窗口裁剪多边形，然而也有很多场合下需要使用非矩形窗口裁剪多边形。在图形绘制系统中，像阴影生成和隐藏面消除等计算都需要使用某些多边形裁剪其他的多边形。

多边形可分为凸多边形和凹多边形（concave polygon）两大类。凸多边形内部的任一条线段与其边界没有交点，凹多边形则没有这个特点。因此，如果用一个矩形裁剪凹多边形，可能得到如图 5.22 所示的裁剪结果。

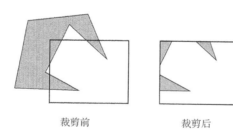

裁剪前　　　　　　　　　裁剪后

图 5.22　凹多边形裁剪示例

由图 5.22 可见，原本一个多边形经裁剪后生成了三个多边形。实现在裁剪后能增加多边形数量的裁剪算法是一个比较麻烦的问题。虽然也可以把图 5.22 中的裁剪结果视为一个多边形，但这样不可避免地导致该多边形的一些边与裁剪窗口的某些边重合，这样会给图形绘制系统其他部分的实现带来麻烦。而凸多边形不存在上面的问题，用矩形窗口裁剪一个凸多边形，最多只能生成一个凸多边形。因此，图形绘制系统或者禁止使用凹多边形，或者把一个凹多边形剖分为一组凸多边形（详见 6.1.3 小节的内容）后进行处理。

对于多边形裁剪问题，可以直接应用线段的裁剪算法。通过对多边形的每条边依次进行裁剪处理，例如使用 Cohen-Sutherland 算法或 Liang-Barsky 算法，逐边对多边形进行裁剪。

对于矩形裁剪窗口，Sutherland 和 Hodgeman 提出了一种高效的多边形裁剪算法，它非常适合于流水线绘制结构。该算法将多边形顶点依次传递给每一个裁剪阶段，每个裁剪后的顶点可立即传递给下一阶段。如果直接应用线段的裁剪算法，则必须使用线段的起点和终点。Sutherland-Hodgeman 算法则取消了这个限制，因此允许边界裁剪子程序并行地执行，最终的输

出是描述裁剪后的多边形填充区域边界的顶点队列。

　　该算法的总体策略是顺序地将多边形线段的每一对顶点送给一组裁剪器（左、右、下、上），一个裁剪器完成一对顶点的处理后，该边裁剪后得到的结果立即送给下一个裁剪器。然后上一个裁剪器处理下一对端点。这样，各个裁剪器就可以并行地工作。

　　在该算法中，每个裁剪器按如下规则接受输入和产生输出。

　　（1）如果第 1 个输入顶点在某个裁剪窗口边界的外部，而第 2 个顶点在其内部，则将多边形的边与窗口边的交点和第 2 个顶点一起送给下一个裁剪器。

　　（2）如果两个输入顶点都在某个裁剪窗口边界的内部，则仅将第 2 个顶点送给下一个裁剪器。

　　（3）如果第 1 个输入顶点在某个裁剪窗口边界的内部，而第 2 个顶点在其外部，则仅将多边形的边与窗口边的交点送给下一个裁剪器。

　　（4）如果两个输入顶点都在某个裁剪窗口边界的外部，则不向下一个裁剪器传递顶点。

　　这样，经过 4 个裁剪器的处理后，最后生成一个顶点队列，用其描述最终裁剪后的填充区域。

　　图 5.23 给出了左裁剪器的输入和输出。对于右、下和上裁剪器可以类似地给出结果，不再赘述。

　　对于图 5.24 所示的裁剪问题，使用 Sutherland-Hodgeman 算法处理的过程如图 5.25 所示。

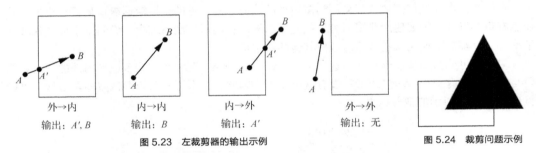

图 5.23　左裁剪器的输出示例　　　　　　　　　　　　图 5.24　裁剪问题示例

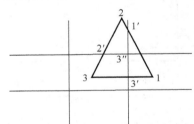

输入	左裁剪器	右裁剪器	下裁剪器	上裁剪器
{1, 2}	(内-内)→{2}			
{2, 3}	(内-内)→{3}	{2,3}:(内-内)→{3}		
{3, 1}	(内-内)→{1}	{3,1}:(内-外)→{3'}	{3,3'}: (内-内)→{3'}	
		{1,2}:(外-内)→{1',2}	{3',1'}: (内-内)→{1'}	{3',1'}: (内-外)→{3''}
			{1',2}: (内-内)→{2}	{1',2}: (外-外)→无
			{2,3}: (内-内)→{3}	{2,3}: (外-内)→{2',3}
				{3,3'}: (内-内)→{3'}

图 5.25　使用 Sutherland-Hodgeman 算法处理的过程

　　经过左、右、下和上 4 个裁剪器的流水线处理后，得到输出点集{3",2',3,3'}，依次连接这些顶点并对结果进行填充绘制，就得到最终的裁剪结果，如图 5.26 所示。

图 5.26　图 5.24 所示裁剪问题的结果

5.5.3　三维裁剪

三维裁剪使用包围体而不是平面上的包围区域来裁剪对象。把二维裁剪扩展到三维裁剪，最简单的方法就是使用正六面体作为裁剪体，如图 5.27 所示。

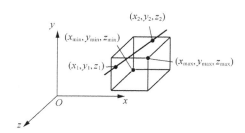

图 5.27　使用正六边体进行三维裁剪

被裁剪几何体满足下列条件的部分被保留下来。

$$x_{\min} \leqslant x \leqslant x_{\max}$$
$$y_{\min} \leqslant y \leqslant y_{\max}$$
$$z_{\min} \leqslant z \leqslant z_{\max}$$

前面介绍的 Cohen-Sutherland 裁剪算法、Liang-Barsky 裁剪算法和 Sutherland-Hodgeman 裁剪算法都可以扩展到三维裁剪的情形。

对于 Cohen-Sutherland 裁剪算法，可以使用 6 位二进制端点编码代替 4 位二进制端点编码，增加的 2 位表示线段的端点位于裁剪体的前面和后面的情形，如图 5.28 所示。二维裁剪中判断线段与裁剪窗口位置关系的方法与三维裁剪中判断线段与裁剪体位置关系的方法实际上是完全相同的。

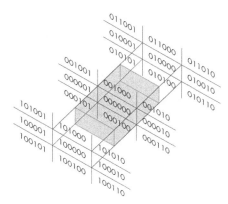

图 5.28　Cohen–Sutherland 算法在三维空间中的区域划分及其编码

对于 Liang-Barsky 算法，可以在二维的情形下增加下面的等式，从而得到线段的三维参数表示。

$$z\left(\alpha\right) = z_1 + \alpha\left(z_2 - z_1\right) = z_1 + \alpha\Delta z$$

在三维裁剪中，必须考虑线段与裁剪体表面的 6 种相交情况，但是仍可以使用二维裁剪所使用的方法。裁剪模块的流水线结构增加两个裁剪器，分别使用裁剪体的前面和后面进行裁剪处理。

二维裁剪和三维裁剪的主要区别在于：二维裁剪使用直线裁剪其他的线段，而三维裁剪使用平面裁剪直线或多边形。因此必须修改二维裁剪中的求交计算公式。下面分析三维裁剪中直线与某个平面相交的情形，如图 5.29 所示。

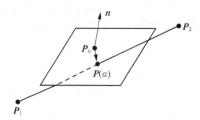

图 5.29 直线与平面相交

直线和平面的方程表示如下。其中平面采用点法式表示，$\boldsymbol{n}$ 是平面的法向量，$\boldsymbol{P}_0$ 是平面上的某一点。

$$P(\alpha) = P_1 + \alpha(P_2 - P_1)$$
$$\boldsymbol{n} \cdot (P(\alpha) - P_0) = 0$$

求解可得

$$\alpha = \frac{\boldsymbol{n} \cdot (P_0 - P_1)}{\boldsymbol{n} \cdot (P_2 - P_1)}$$

对于一般情况，计算一个交点需要用到 6 次乘法运算和 1 次除法运算。但对于正平行投影观察而言，由于视景体是一个正六面体，利用 $\boldsymbol{n}$ 的性质，类似二维裁剪的处理情形，每次求交运算可以简化为单个除法运算。

当考虑一个斜平行投影观察（参见图 5.30）时，由于视景体不再是一个正六面体，如果直接使用视景体的表面裁剪对象，则不可避免地需要执行点积计算。但是如果采用 5.4.1 节中所述的处理方式，将斜平行投影处理为错切变换和正平行投影变换的复合变换，则尽管错切变换使对象发生了变形，但正是这个变形的对象使得它经过正平行投影后得到了正确的投影图。错切变换也使视景体发生了变形，从一般的平行六面体变成了正六面体。

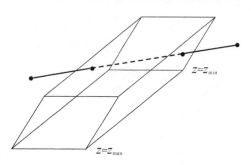

图 5.30 使用斜平行投影观察的裁剪

就投影而言，直接进行斜平行投影变换所需的计算量与使用错切变换和正平行投影变换的复合变换所需的计算量是相同的，但如果考虑到裁剪操作时，由于后一种方法使用了正六面体裁剪对象，因此可以大大减少裁剪时的计算量。

5.6 实例分析

5.6.1 基本概念

1. 标架

在计算机图形学中，通常将某个特定的坐标系（coordinate system）称为"标架"（Frame）。对于三维空间，3个基向量 v_1、v_2 和 v_3，以及坐标系原点 P_0 构成了一个标架 (v_1, v_2, v_3, P_0)。于是三维空间中的点 P 表示为 $P = \alpha_1 v_1 + \alpha_2 v_2 + \alpha_3 v_3 + P_0$。

WebGL 中，与应用编程最为相关的标架有模型标架、世界标架和相机标架。模型标架是建立三维模型时采用的坐标系，采用便于建模的方式构建。世界标架是为描述场景中所有模型使用的统一坐标系。相机标架是与相机设置相关的坐标系（具体见 3.3.3 节的内容）。从模型坐标系转换到世界坐标系，继而转换到相机坐标系的变换通常称为模-视变换（model-view transformation）。该变换可以通过将相应的变换矩阵按顺序地组合起来实现。

2. 当前变换矩阵

WebGL 与大多数图形系统类似，使用了当前变换矩阵（current transformation matrix，CTM）的概念。CTM 是绘制流水线的一部分，参见图 5.31。图中并没有指出当前变换矩阵在绘制流水线中的位置。如果使用 CTM，可以认为它是系统状态的一部分。

图 5.31　当前变换矩阵

下文中用 C 代表 CTM。初始时，C 被设置成 4×4 的单位阵，可以表示为

$$C \leftarrow I$$

也可以将 CTM 直接设置成任意矩阵 M，即

$$C \leftarrow M$$

除了设置操作外，可以对 C 进行的基本操作包括平移、以原点为基准点的缩放和以原点为基准点的旋转，表示为

$$C \leftarrow CT \quad C \leftarrow CS \quad C \leftarrow CR$$

在 WebGL 应用程序中，应用于所有顶点的变换矩阵通常是模-视变换矩阵和投影变换矩阵的乘积，所以我们可以把这两个矩阵的乘积看成 CTM，如图 5.32 所示，并且可以选择相应的矩阵然后单独对其进行设置或修改。

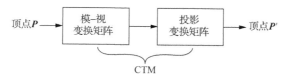

图 5.32　由模-视变换矩阵和投影变换矩阵构造 CTM

5.6.2 基本矩阵函数

1. 创建矩阵

（1）创建单位阵

下面的代码创建了一个 4×4 单位阵。

```
var a=mat4();
```

（2）通过指定矩阵的每个分量创建矩阵

```
var a=mat4(0,1,2,3,4,5,6,7,8,9,10,11,12,13,14,15);
```

（3）通过指定矩阵向量创建矩阵

```
var a=mat4(
vec4(0,1,2,3),
vec4(4,5,6,7),
vec4(8,9,10,11),
vec4(12,13,14,15)
);
```

2．复制矩阵

下面的代码复制一个已经存在的矩阵。

```
b=mat4(a);
```

3．矩阵的行列式、矩阵的逆和矩阵的转置

```
var det=determinant(a);
b=inverse(a);      // b 为 a 的逆
b=transpose(a);    // b 为 a 的转置
```

4．矩阵的乘积

```
c=mult(a,b);       // c=a*b
```

5．修改矩阵元素

可以通过索引修改矩阵的元素，例如：

```
a[1][2]=0;
```

6．引用矩阵元素

可以通过索引引用矩阵的元素，例如：

```
var d=vec4(a[2]);
```

5.6.3　旋转、平移和缩放

利用矩阵和向量类型，可以通过下面的函数生成旋转、平移和缩放的仿射变换矩阵。

```
var a=rotate(angle,direction);
var b=rotateX(angle);
var c=rotateY(angle);
var d=rotateZ(angle);
var e=Scale(scaleVector);
var f=translate(translateVector);
```

对于旋转变换函数，其参数指定的是旋转角度，单位是度数，并且旋转的基准点位于坐标原点。对于平移变换函数，其参数是一个平移向量的 3 个分量，对应于沿 x、y 和 z 方向的平移量；对于缩放变换函数，其参数是沿 x、y 和 z 方向的缩放因子，并且缩放的基准点位于坐标原点。

5.6.4　绕任意点的旋转

下面的代码先设置矩阵模式，然后实现了一个沿着转轴顺时针 45° 的旋转，其旋转轴的方向向量从原点指向点(1,2,3)，(4,5,6)是不动点（即转轴通过的基准点）。

```
var R=mat4();
var ctm=mat4();

var thetaX=Math.acos(3.0/Math.sqrt(13.0));
var thetaY=-1.0*Math.acos(Math.sqrt(13.0/14.0));
var d=vec3(4.0,5.0,6.0);

R=mult(R,rotateX(thetaX));
R=mult(R,rotateY(thetayY));
R=mult(R,rotateZ(-45.0));
R=mult(R,rotateY(-thetaY));
R=mult(R,rotateX(-thetaX));

ctm=translate(ctm,d);
ctm=mult(ctm,R);
ctm=translate(ctm,negate(d));
```

从 CTM 的构造可以看出，对于旋转轴不经过原点的旋转，可以先把坐标系平移到不动点，然后绕着经过原点的旋转轴旋转，最后把坐标系移回初始位置。

对于以经过原点的任意直线为旋转轴的三维旋转变换，上述代码通过一些绕坐标轴的旋转实现，如图 5.33 所示。

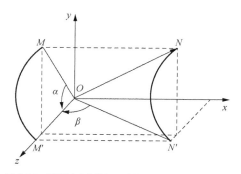

图 5.33　以经过原点的任意直线为转轴的三维旋转变换

图中，$\overrightarrow{ON} = (1,2,3)$ 为旋转轴的方向向量，首先将 $\overrightarrow{ON}$ 绕 x 轴旋转 α 角置于 xOz 平面上，变为 $\overrightarrow{ON'}$。$\alpha = \arccos \dfrac{3}{\sqrt{3^2+2^2}}$。然后将 $\overrightarrow{ON'}$ 绕 y 轴旋转 β 角，使其与 z 轴重合。注意到此时的 β 角从 y 轴的正方向看过去是顺时针方向，因此 $\beta = -\arccos \dfrac{\overrightarrow{OM'}}{\overrightarrow{ON'}} = -\dfrac{\sqrt{3^2+2^2}}{\sqrt{1^2+3^2+2^2}}$。至此，已经实现将旋转轴与 z 轴重合。下面沿着 z 轴旋转-45°后，再依次执行绕 y 轴旋转 β 角的逆变换和绕 x 轴旋转 α 角的逆变换，即完成绕 $\overrightarrow{ON}$ 的旋转。

5.6.5　三维模型示例

下面结合 three.js 的相关知识进行简单的三维模型构建。整个场景如图 5.34 所示。其中，底座由圆柱体构成，树由圆柱体和圆锥体组合而成，汽车的结构如图 5.35 所示，包括车身和车轴。下面讨论场景中部分物体的建模。其余物体的建模可以类推，不再赘述。

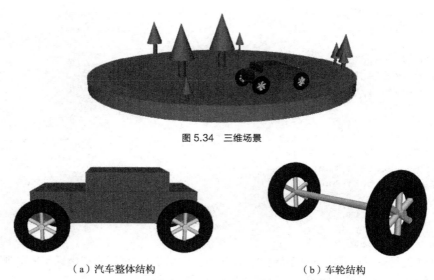

图 5.34　三维场景

（a）汽车整体结构　　　　　　　　　　（b）车轮结构

图 5.35　汽车模型

1. 场景中的树模型

使用 Object3D 表示整个树，以便可以将它视为一个单元。将两个几何对象添加为 Object3D 的子对象。

```
var tree=newTHREE.Object3D();
var trunk=newTHREE.Mesh(
    new THREE.CylinderGeometry(0.2, 0.2, 1, 16, 1), //使用圆柱体表示树干
    new THREE.MeshLambertMaterial({
        color:0x885522
    })
);
trunk.position.y=0.5; //进行平移变换，将树干的底部移到 xz 平面
var leaves=newTHREE.Mesh(
    new THREE.ConeGeometry(0.7, 2, 16, 3), //使用圆锥体表示树叶
    new THREE.MeshPhongMaterial({
        color:0x00BB00,
        specular:0x002000,
        shininess:5
    })
);
leaves.position.y=2;//进行平移变换，将圆锥体移到树干顶端
tree.add(trunk);
tree.add(leaves);
```

树干用一个高度等于 1 的圆柱体表示，其中心位于原点，其轴与 y 轴重合。整个场景的基准面为 xz 平面。通过设置 trunk.position.y 的值将树干的底部移动到基准平面上。在建模阶段，对象具有自己的建模坐标系。指定对象的定义变换的属性（如 trunk.position）会转换该坐标系中的对象。

构建了一个树对象后，就可以将其添加到场景中。在程序中，场景的模型是一个名为 diskworldModel 的 Object3D 类型的对象。该模型包含多棵树，但没有必要单独构建，可以通过克隆已经创建的树来生成。例如：

```
tree.position.set(-1.5, 0, 2);//进行平移变换，改变树对象的位置
tree.scale.set(0.7, 0.7, 0.7);//进行缩放变换，改变树对象的大小
diskworldModel.add(tree.clone());
tree.position.set(-1, 0, 5.2);
tree.scale.set(0.25, 0.25, 0.25);
diskworldModel.add(tree.clone());
```

上述代码在模型中添加了两棵树，具有不同的大小和位置。当克隆树时，克隆会获得自己的建模变换属性，以及位置和比例的副本。在原始树对象中更改这些属性的值不会影响克隆的对象。

2. 轴和车轮

首先创建一个轮子，轮胎使用圆环创建，并使用三个圆柱体作为辐条。在这里，不是创建一个新的 Object3D 保存轮子的所有组件，而是添加圆柱体作为圆环的子对象。three.js 中的任何屏幕图节点都可以有子节点。

```
var wheel=new THREE.Mesh(
    new THREE.TorusGeometry(0.75, 0.25, 16, 32),
    new THREE.MeshLambertMaterial({color:0x0000A0})
);
var yellow=new THREE.MeshPhongMaterial({
    color:0xffff00,
    specular:0x101010,
    shininess:16
});
var cylinder=new THREE.Mesh(//黄色柱体，高度和直径均为1
    new THREE.CylinderGeometry(0.5, 0.5, 1, 32, 1),
    yellow
);
cylinder.scale.set(0.15, 1.2, 0.15);//进行缩放变换，构造第一根辐条
wheel.add(cylinder.clone());
cylinder.rotation.z=Math.PI/3;//进行旋转变换，构造第二根辐条
wheel.add(cylinder.clone());
cylinder.rotation.z=-Math.PI/3;//进行旋转变换，构造第三根辐条
wheel.add(cylinder.clone());
```

车轮模型与另一个表示车轴的圆柱体一起构成轮子的模型。使用沿 z 轴放置的圆柱体制作车轴，而轮子置于 xy 平面内。为了使其处于轴的末端的正确的位置，它必须沿着 z 轴平移。

```
axleModel=new THREE.Object3D();//车轮模型
cylinder.scale.set(0.2, 4.3, 0.2);//进行缩放变换，构造车轴
cylinder.rotation.set(Math.PI/2, 0, 0);//进行旋转变换，轴线与z轴重合
axleModel.add(cylinder);
wheel.position.z=2;//进行平移变换，将车轴放置到合适位置
axleModel.add(wheel.clone());
wheel.position.z=-2;//进行平移变换，将另一个车轮放置到合适位置
axleModel.add(wheel);
```

请注意，对于第二个轮子添加原始轮子模型，无须额外复制。有了轴模型，可以用两副轴和一些其他部件制造汽车。

若需要基于场景模型实现动画，则可以在渲染动画的每帧之前修改适当的场景图节点的属性。例如，为了使汽车上的车轮旋转，在每帧中增加每个轴绕其 z 轴的转动。

```
carAxle1.rotation.z+=0.05;
carAxle2.rotation.z+=0.05;
```

上述代码在渲染时，将实现轮子在自己的建模坐标系中沿着 z 轴（其轴线）旋转。

5.7　本章小结

本章重点介绍了图形管线处理中的几类变换。读者一方面需要理解在图形处理管线中分别以 model-view 和 projection 两种形式，分别实现了物体和视点变换的矩阵处理及投影矩阵处理；另一方面需要掌握通过构造复合矩阵的方式实现任意的空间变换。本章是本书的一个难点，构造运动变换也是在三维程序设计会遇到的一个难题。理解后台管线的处理方式，掌握复合矩阵的构造思维，将为三维程序设计打下坚实的基础。

习　　题

1．四面体的 4 个顶点为 $A(x_1,y_1,z_1)$、$B(x_2,y_2,z_2)$、$C(x_3,y_3,z_3)$ 和 $D(x_4,y_4,z_4)$，求四面体 $ABCD$ 的体积。

2．设 $f(x)=x^2-x-1$，$A=\begin{bmatrix} 3 & 1 & 1 \\ 3 & 1 & 2 \\ 1 & -1 & 0 \end{bmatrix}$，求 $f(A)$。

3．证明对于下列每个操作序列是可交换的。

（1）两个连续的相对于同一个坐标轴的旋转。

（2）两个连续的平移。

（3）两个连续的缩放。

4．绕 z 轴的增量式旋转可以由下面的矩阵近似。

$$\begin{bmatrix} 1 & -\theta & 0 & 0 \\ \theta & 1 & 0 & 0 \\ 0 & 0 & 1 & 0 \\ 0 & 0 & 0 & 1 \end{bmatrix}$$

考虑到每次的增量很小，请说明为什么可以用上述的矩阵表示绕 z 轴的增量式旋转？若用这个矩阵进行许多次旋转以后，会产生什么副作用？请分析如何对这些副作用进行补救。提示：考虑距离原点为 1 的点。

5．确定旋转矩阵 $\boldsymbol{R}=R(\theta_x)R(\theta_y)R(\theta_z)$ 的表达式并找出与之对应的四元数。

6．编写一个函数 rotate(float theta,vec3d)，要求实现不动点在原点，旋转角度为 theta 且绕向量 $\boldsymbol{d}$ 的旋转。

7．定义一个或者多个函数来实现斜平行投影。不用编写函数的代码，只需确定用户必须指定哪些参数。

8．已知斜平行投影裁剪体的近平面和远平面，以及近平面与各侧面相交的右上角和左下角，求斜平行投影变换矩阵。

9．如果把 x 和 y 轴之间的夹角画成 90°，z 轴与 x 轴之间的夹角画成-135°，求出获得这样的投影图所对应的投影变换矩阵。

10. 假定投影中心位于任意点并且投影平面的方向也是任意的，推导透视投影变换矩阵。

11. 由图 5.14 可以看出，线段 AD 和 BC 尽管在投影后长度不再相等，但仍保持平行，请证明这一结论。

12. 试编写实现输出一个单位立方体的正平行投影、斜平行投影和透视投影的程序。

13. 对于一条线段，请绘图说明 Sutherland-Hodgeman 算法中右、下和上裁剪器的输出结果。

14. Cohen-Sutherland 裁剪算法中，在线段的两个端点都位于裁剪窗口之外且分别位于裁剪窗口的两条不同裁剪边的外侧时，证明最多只需要重复进行 3 次判断即可完成对线段的裁剪。

15. 证明：在 Liang-Barsky 裁剪算法中，当 $p_k < 0$ 时，线段的指向为从裁剪边所在的直线外侧指向内侧，而当 $p_k > 0$ 时，线段的指向为从裁剪边所在的直线内侧指向外侧。

16. Cohen-Sutherland 裁剪算法有何缺点？Liang-Barsky 裁剪算法是如何改进它的？

第 6 章　三维模型表示

本章导读

三维物体的几何建模是计算机图形学的核心问题之一，而几何建模的关键在于如何在计算机中表示三维物体的几何结构。从数据的获取方式、对不同任务的适应性等方面，可以把三维物体的表示方法大致分为点表示、面表示、实体表示三大类。对于由大量三维物体组成的复杂场景，还可以将物体的几何表示、模型变换、父子关系等组织成层次节点，并构成树状结构的场景图（scene graph）进行表示。本章主要介绍几种常见的面表示方法，对其他表示方法仅做简要介绍。面表示通过表示物体表面的几何形状实现三维建模，这种表示不包含物体的内部结构和属性。常见的面表示方法有多边形网格表示、参数曲面表示和细分表示。

6.1　多边形网格表示

多边形网格表示的主要思想是使用大量小平面逼近复杂曲面。用多边形网格表示三维物体时，具有一些重要的优点。首先是获取方便。现有三维建模软件如 Maya、3ds Max 等都支持多边形网格建模，并提供基本几何体的参数化多边形网格模型（如图 6.1 所示）。利用结构光扫描等技术也能够方便地获得三维物体的多边形网格表示。其次，多边形网格表示的数据结构简单，光照计算和显示速度快且适合硬件并行处理。

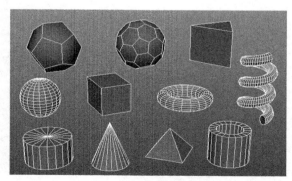

图 6.1　Maya 中的多边形基本体

问题是时代的声音，回答并指导解决问题是理论的根本任务。

多边形网格表示方法采用分段线性平面逼近曲面，虽然从理论上讲不能精确地表达复杂的解析曲面，但如果采用足够多的小平面，仍然能够较为逼真地对三维物体进行建模，如图 6.2 所示。

多边形数2812　　　　　　　　多边形数5804　　　　　　　　多边形数2384

图 6.2　利用大量的小平面逼近复杂的三维形状

6.1.1　基本概念

多边形网格即嵌入三维物体的二维平面多边形所组成的集合。多边形是由 3 条以上的直边构成的封闭区域，每一条直边由顶点（vertex）和连接顶点的直线（也称为边，edge）构成，多边形的内部区域称为面（face）。顶点、边和面是多边形的基本元素，如图 6.3 所示。通过上述 3 个基本元素可以选择或者修改多边形。当多个面连接起来时，就构成了由面组成的网格，即多边形网格（mesh）。

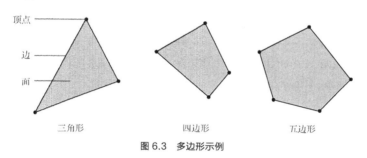

三角形　　　　　　　四边形　　　　　　　五边形

图 6.3　多边形示例

由于三角形网格是最常见的，因此下文中若无特别指出均为三角形网格。

6.1.2　多边形网格的数据结构

1．面表数据结构

用于存储多边形网格的最简单的数据结构是面表。面表记录每个面的顶点坐标。如图 6.4 所示的多边形网格，有表 6.1 所示的面表。

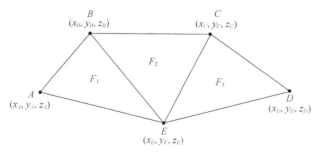

图 6.4　多边形网格示例

表 6.1　面表示例

面	顶点坐标		
F_1	(x_A, y_A, z_A)	(x_B, y_B, z_B)	(x_E, y_E, z_E)
F_2	(x_B, y_B, z_B)	(x_C, y_C, z_C)	(x_E, y_E, z_E)
F_3	(x_C, y_C, z_C)	(x_D, y_D, z_D)	(x_E, y_E, z_E)

　　面表数据结构的优点是简单，缺点是有冗余信息（多个点重复存储），并且没有邻接关系。这就为多边形网格的处理带来了一些困难。

2. 顶点及面表数据结构

　　这种数据结构在面表的基础上存储了顶点信息，如表 6.2 所示。

表 6.2　顶点与面表示例

顶点与面	相关数据		
A	x_A	y_A	z_A
B	x_B	y_B	z_B
C	x_C	y_C	z_C
D	x_D	y_D	z_D
E	x_E	y_E	z_E
F_1	A	B	E
F_2	B	C	E
F_3	C	D	E

　　常见的 Alias/WaveFront OBJ 文件就采用了这种格式。表 6.2 的内容在该格式下表示为

```
# Alias/WaveFront OBJ 文件示例
v xA yA zA
v xB yB zB
v xC yC zC
v xD yD zD
v xE yE zE
f 1 5 2
f 2 5 3
f 3 5 4
```

　　在该文件格式下，以"#"开头的行为注释行，读取时将被忽略。以"v"开头的行记录各个顶点的坐标（浮点数），以"f"开头的行表示构成面的各个顶点序号（行号），顶点通常采用逆时针顺序。

　　这种数据结构共享顶点信息，冗余度减少，但没有邻接关系，仅适用于网格的绘制。

3. 翼边数据结构

　　翼边数据结构是基于边的多边形表示方法，由 Bruce G. Baumgart 于 1975 年提出，是最早的能够进行复杂查询的网格数据结构之一。

　　在需要对网格数据进行诸如按逆时针遍历与某个顶点相邻的各个顶点的处理时，使用顶点及面表这样的数据结构将遇到困难。翼边数据结构和下文介绍的半边数据结构就是为解决此类问题而设计的，二者均增加了一定的存储量以提供访问上的便利性。

　　在翼边数据结构中，每条边存储的信息包括：①该边的顶点（指定其起点和终点）；②沿着起点走到终点时的左边面和右边面；③对其左边面，该边的前驱边和后续边；④对其右边面，该边的前驱边和后续边。

此外，规定从实体的外侧看过去，边构成面的次序都是顺时针。

考虑图 6.5 所示的例子，可以得到表 6.3 所示的结果。其中，面 1 和 2 也被形象地称为边 a 的"翼"。

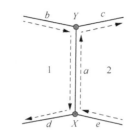

图 6.5　翼边数据结构示意图

表 6.3　翼边数据结构

边	顶点		面		左环绕		右环绕	
名称	起点	终点	左面	右面	前驱边	后续边	前驱边	后续边
a	X	Y	1	2	b	d	e	c

将左环绕的前驱边记为 11，左环绕的后续边记为 21，右环绕的前驱边记为 12，右环绕的后续边记为 22，将表 6.3 改写为翼边表，如表 6.4 所示。

表 6.4　翼边表

边	顶点		面		前驱边与后续边			
名称	起点	终点	左面	右面	前驱边（11）	前驱边（12）	后续边（21）	后续边（22）
a	X	Y	1	2	b	e	d	c

除了每条边的信息外，翼边数据结构还需要存储两类额外信息：①顶点表，每个顶点有一个表项，记录以其为顶点的任意一条边；②面表，每个面有一个表项，记录该面的任意一条边。以上两个表都不是唯一的。

由于翼边数据结构可以通过共享的顶点从一条边跳转到另一条边，因此可以有效地回答每个顶点、边、面临接了哪些顶点、边、面这类问题。

对于图 6.4 所示的多边形网格，可以列出完整的翼边数据结构，如表 6.5 至表 6.7 所示。

表 6.5　翼边表

边	顶点		面		11	12	21	22
e_1	A	B		F_1	e_2	e_2	e_4	e_3
e_2	A	E	F_1		e_3	e_6	e_1	e_1
e_3	E	B	F_1	F_2	e_1	e_5	e_2	e_4
e_4	B	C		F_2	e_1	e_3	e_7	e_5
e_5	E	C	F_2	F_3	e_4	e_6	e_3	e_7
e_6	E	D	F_3		e_7	e_7	e_5	e_2
e_7	C	D		F_3	e_4	e_5	e_6	e_6

表 6.6　顶点表

顶点	坐标			隶属边
A	x_A	y_A	z_A	e_1
B	x_B	y_B	z_B	e_3
C	x_C	y_C	z_C	e_5
D	x_D	y_D	z_D	e_6
E	x_E	y_E	z_E	e_6

表 6.7　面表

面	关联边
F_1	e_1
F_2	e_3
F_3	e_5

请注意，表 6.5 中的空白表项，均指封闭多边形 $ABCDE$ 外侧的开平面。对应的各前驱边和后续边也是相对该平面而言的。

4. 半边数据结构

半边数据结构也称为双向链接表（doubly connected edge list）。这种数据结构简化了翼边数据结构而保留了其灵活性。其基本思想是把一条无向边拆分为两条相反方向的半边（half-edge）。因此，半边 e 和半边 opposite(e) 对应的是同一条边。

半边数据结构做如下约定。

（1）半边的方向：沿着半边的方向行走时，该边包围的面位于其左侧。

（2）在每一条半边的方向确定后，对于半边 e，可以按 e 的方向确定其前一条半边 prev(e) 和后一条半边 next(e)。

在半边数据结构中，半边 e 存储如下信息：①该半边指向的点 target(e)；②该半边在同一个面中的下一条半边 next(e)；③与半边同属一条边的对边 opposite(e)；④该半边所隶属的面 IncFace(e)，若 e 为边界上的半边，则本项置为空。

按上述规定，图 6.6 所示的边 a，应存储表 6.8 中所列的信息。

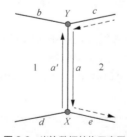

图 6.6　半边数据结构示意图

表 6.8　半边数据结构

边	终点 target(a)	下一半边 next(a)	对半边 opposite(a)	隶属面 IncFace(a)
a	X	e	a'	2

对比表 6.8 和表 6.3 可见，半边数据结构是对翼边数据结构的简化。

与翼边数据结构类似，半边数据结构也需要存储顶点表和面表。在顶点表中，顶点 A 需要保存该点的几何信息（空间坐标），以及从该顶点出发的任一条半边 outgoing_halfedge(A)。在面表中，需要保存组成该面的一条半边。

对于图 6.4 所示的多边形网格，可得其半边数据结构对应的图形，如图 6.7 所示。据此即可列出完整的半边数据结构，如表 6.9 至表 6.11 所示。

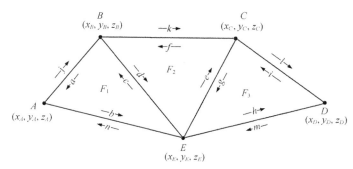

图 6.7　图 6.4 所示多边形网格的各条半边

表 6.9　半边表

边	终点	下一半边	对半边	隶属面
a	A	b	j	F_1
b	E	c	n	F_1
c	B	a	d	F_1
d	E	e	c	F_2
e	C	f	g	F_2
f	B	d	k	F_2
g	E	h	e	F_3
h	D	i	m	F_3
i	C	g	l	F_3
j	B	k	a	
k	C	l	f	
l	D	m	i	
m	E	n	h	
n	A	j	b	

表 6.10　顶点表

顶点	坐标			出发边
A	x_A	y_A	z_A	j
B	x_B	y_B	z_B	k
C	x_C	y_C	z_C	l
D	x_D	y_D	z_D	m
E	x_E	y_E	z_E	c

表 6.11　面表

面	关联边
F_1	a
F_2	e
F_3	h

在上述信息的基础上，就可以方便地进行多边形网格的各种遍历操作。例如，可以采用如下过程遍历与 E 点相邻的顶点。①从顶点表中获得以 E 为起点的半边（从表 6.10 中查得半边为 c），以其作为当前半边 H 和终止条件 H_stop；②获取当前半边的终点；③置 H 为当前半边的对半边的下一半边，依次获取 H 的终点；④当 H 为 H_stop 时终止。上述过程如图 6.8 所示。其中，实线箭头代表访问，虚线箭头代表获取半边的终点。

图 6.8　利用半边数据结构遍历与 E 点相邻的顶点的过程

上述过程的伪代码如下所示。

```
HalfedgeRef H = outgoing_halfedge(p); //获取当前点 p 为起点的半边，作为当前半边
HalfedgeRef H_stop = H; //终止条件
do {
    VertexRef v = target(H); // 获取 H 的终点 v
    //对 v 进行必要的处理
    H = next(opposite(H));
} while ( H != H_stop );
```

6.1.3　三角化算法

由于多边形网格的获取方式多样，因此构成网格的多边形的形状并不一定便于处理，通常需要将其进一步划分为易处理的凸多边形。若将多边形划分为三角形，则该过程通常称为三角化（triangulation）。在多边形网格中存在孔洞时，也常用三角化算法填补。可以证明，任何简单多边形，若其顶点数为 n，则可三角化为 $n-2$ 个三角形。这里的简单多边形指边界线不与自身相交且无孔洞的多边形。

下面介绍一种简单的三角化算法，即 ear clipping 算法。

简单多边形的耳朵（ear），是指由按顺序相邻的顶点组成的内部不包含其他顶点的三角形。假定多边形有 n 个顶点，该算法的步骤如下。

（1）在多边形内寻找 ear。具体而言，寻找由序号为 i、$i+1$、$i+2$（均为 mod n 计算后的结果，若无相关序号则顺延）的顶点在多边形内部构成的三角形，检查线段 $(i, i+2)$ 是否没有与任何多边形的边相交。若是，则该三角形构成一个 ear。

（2）从多边形里剪除（clip）该 ear，连接顶点 i 和 $i+2$。

（3）按上述规则依次检查是否有三角形构成 ear，若无，则移动到下一个顶点。

（4）如果多边形只剩下一个三角形，算法终止；否则转（1）。

假设要用 ear clipping 算法对图 6.9 所示的凹多边形进行三角化，步骤如下。

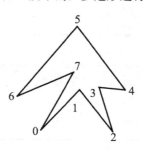

图 6.9　待三角化的凹多边形

（1）$i=0$，连接顶点 0、1、2，由于其构成的三角形在多边形外，不进行处理，因此转到下一个顶点。

（2）$i=1$，连接顶点 1、2、3，其构成的三角形在多边形内，且连接顶点 1、3 不与任何多边形的边相交，则△123 构成 ear，将其剪除。处理后的多边形如图 6.10 所示。

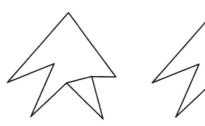

图 6.10　第 1 次剪除后的结果

（3）$i=1$，连接顶点 1、3、4，由于其构成的三角形在多边形外，不进行处理，转到下一个顶点。

（4）$i=3$，连接顶点 3、4、5，可判断△345 构成 ear，将其剪除。处理后的多边形如图 6.11 所示。

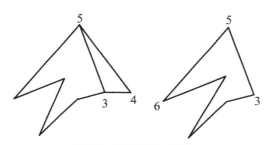

图 6.11　第 2 次剪除后的结果

（5）$i=3$，连接顶点 3、5、6，可判断△356 不构成 ear，不进行处理，转到下一个顶点。

（6）$i=5$，连接顶点 5、6、7，可判断△567 构成 ear，将其剪除。处理后的多边形如图 6.12 所示。

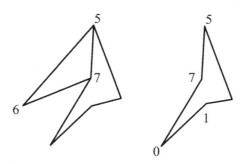

图 6.12　第 3 次剪除后的结果

（7）$i=5$，连接顶点 5、7、0，可判断△570 不构成 ear，不进行处理，转到下一个顶点。

（8）$i=7$，连接顶点 7、0、1，可判断△701 构成 ear，将其剪除。处理后的多边形如图 6.13 所示。

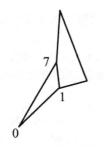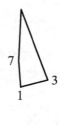

图 6.13　第 4 次剪除后的结果

（9）$i=7$，连接顶点 7、1、3，可判断 △713 构成 ear，将其剪除。处理后的多边形如图 6.14 所示。

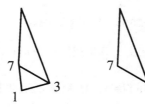

图 6.14　第 5 次剪除后的结果

（10）因为多边形只剩下一个三角形，算法终止。最终三角化的结果如图 6.15 所示。

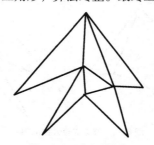

图 6.15　三角化的结果

ear clipping 算法的时间复杂度为 $O(n^2)$。该算法只能处理多边形内部无孔洞的情形，如果存在孔洞则需修改算法。

6.1.4　网格简化

在建立起三维物体的多边形网格表示后，通常还需要进行网格简化。网格简化指用复杂性低且几何形状上更可靠的表示来近似原多边形网格。其目的包括：①去除多余几何体；②减少模型的存储空间，以便于存储或传递；③改善运行时的性能。

下面介绍两种常用的网格简化方法：顶点去除（vertex decimation）和边收缩（edge contraction）。

1.　顶点去除

顶点去除方法按一定的准则逐次将顶点由模型中去除，然后用三角化方法填补去除顶点后形成的孔洞。

顶点去除方法通常包括如下步骤。

（1）以某种度量选择一个顶点进行删除操作。

首先，假定以 V 为顶点的三角形有 k 个，基于这些三角形的法线、中心、面积，以面积加权平均计算近似平面。

$$n = \frac{\sum_k A_k \boldsymbol{n}_k}{\sum_k A_k}, \quad \hat{\boldsymbol{n}} = \frac{\boldsymbol{n}}{|\boldsymbol{n}|}$$

$$x = \frac{\sum_k A_k x_k}{\sum_k A_k}$$

其中，A_k 为第 k 个三角形的面积，$\boldsymbol{n}_k$ 为该三角形的法向量，x_k 为该三角形的中点。由 $\hat{\boldsymbol{n}}$ 和 x 确定近似平面。

其次，计算 V 到此近似平面的距离，作为差错度量（error metric）。

最后，计算所有顶点的差错度量，去除差错度量数值最小的顶点 $V_{\min}$。

（2）基于 $V_{\min}$ 的临接信息，对删除该顶点后产生的孔洞进行三角化。

（3）使用以上两步递归地删除顶点。

容易验证，若以 V 为顶点的 k 个三角形共面，则其差错度量为 0，因此 V 应被去除。然后对产生的孔洞进行三角化，如图 6.16 所示。

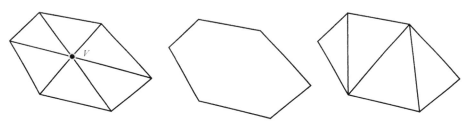

图 6.16　顶点去除示例

使用上述差错度量方法，产生的实际效果是使得平缓区域内的顶点优先于定义尖锐形状的顶点被去除，从而尽量保证局部的形状。

2. 边收缩

边收缩方法每一次简化操作的目标是边。边收缩操作如图 6.17 所示。边 (i, j) 收缩后形成一个新的顶点 k，同时以 (i, j) 为公共边的两个三角形被删除，顶点 i 和 j 的邻接三角形成为新顶点 k 的邻接三角形。

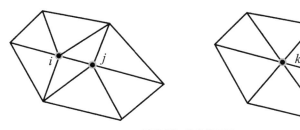

图 6.17　边收缩示例

在执行边收缩时，需要考虑两个问题：①选择哪一条边进行收缩；②收缩后新顶点（即图 6.17 中顶点 k）的位置。

对于第一个问题，可以基于边长选择，优先收缩边长小于阈值的短边。

对于第二个问题，则有多种选择方式。例如，k 点置于 i 点、j 点或边 (i, j) 的中点上。

此外，Garland 和 Heckbert 提出了一种基于误差度量的新顶点位置的确定方法，概述如下。

首先，对某节点 $V=\begin{bmatrix}v_x,v_y,v_z,1\end{bmatrix}^{\mathrm{T}}$，找到所有以其为顶点的平面并构成一个集合，记为 $plans(V)$。假设其中某个平面的方程为 $ax+by+cz+d=0$（其中，$a^2+b^2+c^2=1$），计算 V 到该平面的距离。易知此距离为 $P^{\mathrm{T}}V$，其中 $P=\begin{bmatrix}a,b,c,d\end{bmatrix}^{\mathrm{T}}$。

其次，V 关于平面集合 $plans(V)$ 的误差定义为

$$\Delta(V)=\sum\nolimits_{P\in plans(V)}\left(P^{\mathrm{T}}V\right)^2$$

由上述误差定义可得

$$\Delta(V)=\sum\nolimits_{P\in plans(V)}\left(V^{\mathrm{T}}P\right)\left(P^{\mathrm{T}}V\right)=\sum\nolimits_{P\in plans(V)}V^{\mathrm{T}}\left(PP^{\mathrm{T}}\right)V=V^{\mathrm{T}}\left(\sum\nolimits_{P\in plans(V)}PP^{\mathrm{T}}\right)V=V^{\mathrm{T}}QV$$

对于一个边收缩操作 $(V_1,V_2)\to\overline{V}$，对应 $\overline{V}$ 构造新的矩阵 $\overline{Q}=Q_1+Q_2$，Q_1 和 Q_2 分别由 V_1 和 V_2 获得，因此 $\Delta(\overline{V})=\overline{V}^{\mathrm{T}}\overline{Q}\overline{V}$。

假定 $\overline{Q}=\begin{bmatrix}q_{11}&q_{12}&q_{13}&q_{14}\\q_{21}&q_{22}&q_{23}&q_{24}\\q_{31}&q_{32}&q_{34}&q_{34}\\q_{41}&q_{41}&q_{43}&q_{44}\end{bmatrix}$，以及 $\overline{V}=\begin{bmatrix}x,y,z,1\end{bmatrix}^{\mathrm{T}}$，则有

$$\Delta(\overline{V})=\overline{V}^{\mathrm{T}}\overline{Q}\overline{V}=q_{11}x^2+2q_{12}xy+2q_{13}xz+2q_{14}x+q_{22}y^2+2q_{23}yz+2q_{24}y+q_{33}z^2+2q_{34}z+q_{44}$$

我们希望 $\overline{V}$ 选取的结果使得 $\Delta(\overline{V})$ 最小化，则有 $\dfrac{\partial\Delta}{\partial x}=\dfrac{\partial\Delta}{\partial y}=\dfrac{\partial\Delta}{\partial z}=0$。求解这 3 个方程，可得

$$\begin{bmatrix}q_{11}&q_{12}&q_{13}&q_{14}\\q_{12}&q_{22}&q_{23}&q_{24}\\q_{13}&q_{23}&q_{33}&q_{34}\\0&0&0&1\end{bmatrix}\overline{V}=\begin{bmatrix}0\\0\\0\\1\end{bmatrix}$$

假设上述等式最左侧的矩阵可逆，则可求得

$$\overline{V}=\begin{bmatrix}q_{11}&q_{12}&q_{13}&q_{14}\\q_{12}&q_{22}&q_{23}&q_{24}\\q_{13}&q_{23}&q_{33}&q_{34}\\0&0&0&1\end{bmatrix}^{-1}\begin{bmatrix}0\\0\\0\\1\end{bmatrix}$$

若该矩阵不可逆，则 $\overline{V}$ 可以简单地选择 V_1、V_2 或二者的中点。

请注意，采用这种方法时，选择边的依据不再局限于边长，应考察所有可能进行收缩的边，选取收缩后导致误差度量（即 $\Delta(\overline{V})$）最小的边进行收缩。

图 6.18 给出了一个网格简化的示例。

图 6.18　网格简化的示例

多边形网格其他常用的处理还包括变形、平滑、锐化和填补孔洞等，限于篇幅本书不再介绍。

6.2 参数曲面表示

我们可以直接对三维物体的表面进行建模，而无须借助多边形进行近似处理。对于三维物体表面的曲线与曲面，可以用参数方程和非参数方程进行表示。其中的非参数方程又有显式方程和隐式方程两种表示方法。以二维平面曲线为例，其显式方程表示为 $y = f(x)$，隐式方程表示为 $f(x, y) = 0$。

曲线和曲面的非参数方程表示比显式方程或隐式方程表示有更多的优越性，特别是具有更大的自由度控制曲线与曲面的形状（详见文献[6]），因此在计算机图形学中得到了广泛应用。本章主要介绍这种表达方式。

6.2.1 Bézier 曲线

Bézier 曲线是 1962 年由当时任职于雷诺汽车公司的 Pierre Bézier 提出的。在此基础上于 1972 年研发了 UNISURF 系统，用于汽车外形的设计。

1. Bézier 曲线的定义和性质

给定空间 $n+1$ 个控制顶点的位置矢量 $\boldsymbol{P}_i$（$i = 0, 1, \cdots, n$），Bézier 曲线可定义为：

$$P(t) = \sum_{i=0}^{n} \boldsymbol{P}_i B_{i,n}(t), \quad t \in [0, 1]$$

其中，顺次连接 P_i 构成该 Bézier 曲线的特征多边形，$B_{i,n}(t)$ 是 n 次 Bernstein 基函数，t 为参数。

Bézier 曲线的次数由 Bernstein 基函数的次数决定，曲线的控制顶点数等于 Bernstein 基函数的次数加 1。

Bernstein 基函数的定义如下。

$$B_{i,n}(t) = \mathrm{C}_n^i t^i (1-t)^{n-i} = \frac{n!}{i!(n-i)!} t^i (1-t)^{n-i}, \quad i = 0, 1, 2, \cdots, n$$

其中，定义 $0^0 = 1$，$0! = 1$。

Bernstein 基函数的性质如下。

（1）非负性

$$B_{i,n}(t) = \begin{cases} 0, & t = 0, 1 \\ > 0, & t \in (0, 1) \end{cases}, \quad i = 1, 2, \cdots, n-1$$

（2）端点性质

$$B_{i,n}(0) = \begin{cases} 1, & i = 0 \\ 0, & \text{其他} \end{cases}, \quad B_{i,n}(1) = \begin{cases} 1, & i = n \\ 0, & \text{其他} \end{cases}$$

（3）权性/规范性

$$\sum_{i=0}^{n} B_{i,n}(t) = 1, \quad t \in (0, 1)$$

该性质由二项式定理易证。

（4）对称性

$$B_{i,n}(t) = B_{n-i,n}(1-t)$$

证明：由组合数的性质可得

$$B_{n-i,n}(1-t) = \mathrm{C}_n^{n-i} \big[1 - (1-t) \big]^{n-(n-i)} (1-t)^{n-i}$$

$$= \mathrm{C}_n^{n-i} t^i (1-t)^{n-i} = \mathrm{C}_n^i t^i (1-t)^{n-i} = B_{i,n}(t)$$

（5）递推性

$$B_{i,n}(t)=(1-t)B_{i,n-1}(t)+tB_{i-1,n-1}(t), \quad i=0,1,\cdots,n, \quad B_{0,0}(t)=1$$

证明：由组合数的性质可得

$$B_{i,n}(t)=\mathrm{C}_n^i t^i (1-t)^{n-i}=(\mathrm{C}_{n-1}^i+\mathrm{C}_{n-1}^{i-1})t^i(1-t)^{n-i}$$

$$=\mathrm{C}_{n-1}^i t^i (1-t)^{n-i}+\mathrm{C}_{n-1}^{i-1} t^i (1-t)^{n-i}$$

$$=(1-t)\mathrm{C}_{n-1}^i t^i (1-t)^{(n-1)-i}+t\mathrm{C}_{n-1}^{i-1} t^{i-1}(1-t)^{(n-1)-(i-1)}$$

$$=(1-t)B_{i,n-1}(t)+tB_{i-1,n-1}(t)$$

（6）导函数

$$\frac{\mathrm{d}B_{i,n}(t)}{\mathrm{d}t}=n[B_{i-1,n-1}(t)-B_{i,n-1}(t)]$$

Bézier 曲线的性质概括如下。

（1）0 次 Bernstein 基函数 $B_{0,0}(t)=1$，故 0 次 Bézier 曲线就是一个顶点。

（2）1 次 Bernstein 基函数 $B_{0,1}(t)=1-t$，$B_{1,1}(t)=t$，故 1 次 Bézier 曲线就是两个顶点的线性插值，即连接这两个顶点的直线。

（3）2 次及 2 次以上 Bézier 曲线的起点、终点与相应的特征多边形的起点、终点重合，即 Bézier 曲线插值（通过）首、末两个控制顶点。

此性质由 Bernstein 基函数的端点性质不难得到。$t=0$ 时，$P(0)=P_0$；$t=1$ 时，$P(1)=P_n$，如图 6.19（a）所示。

（4）2 次及 2 次以上 Bézier 曲线的切矢量如下。

$$P'(t)=n\sum_{i=0}^{n}P_i[B_{i-1,n-1}(t)-B_{i,n-1}(t)]$$

由上式易得

当 $t=0$ 时，$P'(0)=n(P_1-P_0)$；

当 $t=1$ 时，$P'(1)=n(P_n-P_{n-1})$。

这说明 Bézier 曲线的起点和终点处的切线方向和特征多边形的第一条边及最后一条边的走向一致，如图 6.19（b）和图 6.19（c）所示。

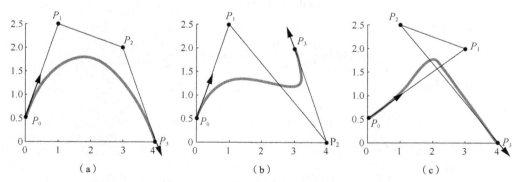

图 6.19　Bézier 曲线插值首、末控制顶点及曲线在起点和终点处的切线方向

（5）2 次及 2 次以上 Bézier 曲线的二阶导矢如下。

$$P''(t)=n(n-1)\sum_{i=0}^{n-2}(P_{i+2}-2P_{i+1}+P_i)B_{i,n-2}(t)$$

当 $t=0$ 时， $P''(0)=n(n-1)(P_2-2P_1+P_0)$ ；

当 $t=1$ 时， $P''(1)=n(n-1)(P_n-2P_{n-1}+P_{n-2})$ 。

这说明 Bezier 曲线的起点和终点处的 2 阶导矢只与相邻的 3 个控制顶点有关。事实上， r 阶导矢只与 $r+1$ 个相邻控制顶点有关，与更远点无关。

2．Bézier 曲线的递推算法

计算 Bezier 曲线上的点，可以直接用 Bézier 曲线的定义式计算，但使用 de Casteljau 提出的递推算法则更为简单方便。

由 $n+1$ 个控制点 P_i $(i=0,\ldots,n)$ 定义的 n 次 Bézier 曲线 P_0^n 可被定义为分别由前、后 n 个控制点所定义的两条 $n-1$ 次 Bézier 曲线 P_0^{n-1} 与 P_1^{n-1} 的线性组合，即

$$P_0^n=(1-t)P_0^{n-1}+tP_1^{n-1}$$

证明： $P(t)=\displaystyle\sum_{i=0}^{n}P_iB_{i,n}(t)=\sum_{i=0}^{n}P_i\left[(1-t)B_{i,n-1}(t)+tB_{i-1,n-1}(t)\right]$

$\qquad=(1-t)\displaystyle\sum_{i=0}^{n}P_iB_{i,n-1}(t)+t\sum_{i=0}^{n}P_iB_{i-1,n-1}(t)=(1-t)\sum_{i=0}^{n-1}P_iB_{i,n-1}(t)+t\sum_{i=1}^{n}P_iB_{i-1,n-1}(t)$

$\qquad=(1-t)\displaystyle\sum_{i=0}^{n-1}P_iB_{i,n-1}(t)+t\sum_{i=0}^{n-1}P_{i+1}B_{i,n-1}(t)=(1-t)P_0^{n-1}+tP_1^{n-1}$

上述推导的第一步用到了 Bernstein 基函数的递推性。

由此可得 Bezier 曲线的递推计算公式如下。

$$P_i^k=\begin{cases}P_i, & k=0 \\ (1-t)P_i^{k-1}+tP_{i+1}^{k-1}, & k=1,2,\cdots,n;\ i=0,1,\cdots,n-k\end{cases}$$

利用上述递推公式可以得到著名的 de Casteljau 算法。使用该算法在给定参数 t 下求 Bézier 曲线上的点 $P(t)$ 非常高效。上式中： $P_i^0=P_i$ 是定义 Bezier 曲线的控制点， P_0^n 即为曲线 $P(t)$ 上具有参数 t 的点。

该算法的递推过程图示如图 6.20 所示。

de Casteljau 算法稳定可靠，直观简便，易于编程实现，是计算 Bézier 曲线的标准算法。这一算法可用简单的几何作图来实现，其步骤如下。

（1）给定参数 $t\in[0,1]$ ，把定义域分成长度为 $t:(1-t)$ 的两段。

（2）依次对原始控制多边形每一边执行同样的定比分割，所得分点就是由第一级递推生成的中间顶点 P_i^1 。

（3）对这些中间顶点构成的控制多边形再执行同样的定比分割，得第二级中间顶点 P_i^2 。

（4）重复进行下去，直到 n 级递推得到一个中间顶点 P_0^n ，即为所求曲线上的点 $P(t)$ 。

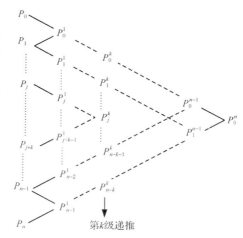

图 6.20　递推过程图示

t 从 $0\to1$ 时，第 k 级递推的每个中间顶点都各自扫掠出一条从最初的 $k+1$ 个控制顶点所定义的 k 次中间 Bezier 曲线（如图 6.20 中的 P_j^k ）。图 6.21 给出了求图 6.19 中的 3 次 Bézier 曲线

上对应 $t = \dfrac{1}{3}$ 的点的过程。

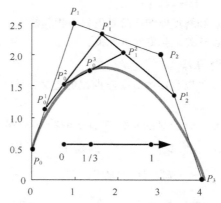

图 6.21　利用 de Casteljau 算法计算 Bézier 曲线上某点的过程

3. Bézier 曲线的分割

给定控制顶点 $P_i, i = 0, 1, \cdots, n$，及参数 t^*，将一条 Bézier 曲线从该处分开，构成两条 Bézier 曲线的过程，称为 Bézier 曲线的分割。

在执行 de Casteljau 算法计算 $P(t^*)$ 的过程中，递推三角形的上边所含的顶点即为左侧 Bézier 曲线的控制顶点，递推三角形的下边所含的顶点即为右侧 Bézier 曲线的控制顶点。t^* 对应于分割点的参数值。

例如，图 6.21 中的 Bézier 曲线在 $t = \dfrac{1}{3}$ 处分割为两段，则 P_0、P_0^1、P_0^2、P_0^3 即为左侧 Bézier 曲线的控制顶点，P_0^3、P_1^2、P_2^1、P_3 即为右侧 Bézier 曲线的控制顶点。

4. Bézier 曲线的导矢

Bézier 曲线上某点的一阶导矢的计算如下。

$$P'(t) = \left(\sum_{i=0}^{n} P_i B_{i,n}(t) \right)' = \sum_{i=0}^{n} P_i \left(B_{i,n}(t) \right)' = n \sum_{i=0}^{n} P_i \left[B_{i-1,n-1}(t) - B_{i,n-1}(t) \right]$$

$$= n \left(\sum_{i=0}^{n} P_i B_{i-1,n-1}(t) - \sum_{i=0}^{n} P_i B_{i,n-1}(t) \right) = n \left(\sum_{i=0}^{n-1} P_{i+1} B_{i,n-1}(t) - \sum_{i=0}^{n-1} P_i B_{i,n-1}(t) \right)$$

$$= n (P_1^{n-1} - P_0^{n-1})$$

P_1^{n-1} 和 P_0^{n-1} 均可以从 de Casteljau 算法的递推过程中得到，如图 6.22 所示。

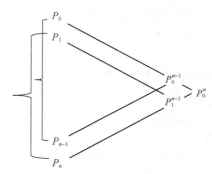

图 6.22　计算一阶导矢的过程

Bézier 曲线上某点的二阶导矢的计算如下。

$$P''(t) = \left[n\left(\sum_{i=0}^{n-1} \boldsymbol{P}_{i+1}B_{i,n-1}(t) - \sum_{i=0}^{n-1} \boldsymbol{P}_i B_{i,n-1}(t) \right) \right]'$$

$$= n\left(\sum_{i=0}^{n-1} \boldsymbol{P}_{i+1}(n-1)\left[B_{i-1,n-2}(t) - B_{i,n-2}(t) \right] \right) - n\left(\sum_{i=0}^{n-1} \boldsymbol{P}_i (n-1)\left[B_{i-1,n-2}(t) - B_{i,n-2}(t) \right] \right)$$

$$= n(n-1)\left\{ \left[\sum_{i=0}^{n-2} \boldsymbol{P}_{i+2}B_{i,n-2}(t) - \sum_{i=0}^{n-2} \boldsymbol{P}_{i+1}B_{i,n-2}(t) \right] - \left[\sum_{i=0}^{n-2} \boldsymbol{P}_{i+1}B_{i,n-2}(t) - \sum_{i=0}^{n-2} \boldsymbol{P}_i B_{i,n-2}(t) \right] \right\}$$

$$= n(n-1)\left(P_2^{n-2} - P_1^{n-2} - P_1^{n-2} + P_0^{n-2} \right)$$

$$= n(n-1)\left[\left(P_2^{n-2} - P_1^{n-2} \right) - \left(P_1^{n-2} - P_0^{n-2} \right) \right]$$

P_2^{n-2}、P_1^{n-2} 和 P_0^{n-2} 均可以从 de Casteljau 算法的递推过程中得到，如图 6.23 所示。

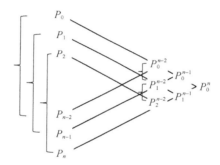

图 6.23　计算二阶导矢的过程

如此进行可得 Bézier 曲线上一点的 k 阶导矢。

$$P^{(k)}(t) = \frac{n!}{(n-k)!} \Delta^k P_0^{n-k}$$

其中，$\Delta^k P_0^{n-k}$ 表示中间点 $P_0^{n-k}, P_1^{n-k}, \cdots, P_k^{n-k}$ 的 k 阶差分，上标 k 代表递推的级数，如 $\Delta^2 P_0^{n-2} = \left(P_2^{n-2} - P_1^{n-2} \right) - \left(P_1^{n-2} - P_0^{n-2} \right)$。

由上述推导可以得到如下结论。

（1）计算 Bézier 曲线上一点的 k 阶导矢，可以作为 de Casteljau 算法的副产品被快速计算出来。

（2）在 de Casteljau 算法的三角阵列中，第 $n-k$ 列顶点，即第 $n-k$ 级递推（从 P_0^n 向左算）生成的中间顶点的 k 阶差分矢量乘以 $\dfrac{n!}{(n-k)!}$ 就是 k 阶导矢。

6.2.2　Bézier 曲面

可以按"线动成面"的方式构造 Bézier 曲面。如图 6.24 所示，在图 6.24（a）所示的控制顶点下，沿着 u 参数方向可以生成 4 条 v 参数方向的 Bézier 曲线，如图 6.24（b）所示。每条曲线上的点均进一步构成 Bézier 曲线的控制顶点，于是沿着 v 参数方向可以生成若干控制多边形，由这些控制多边形定义的 u 参数方向的 Bézier 曲线上的每一点均是 Bézier 曲面上的点，如图 6.24（c）所示。图 6.24（d）给出了完整过程。

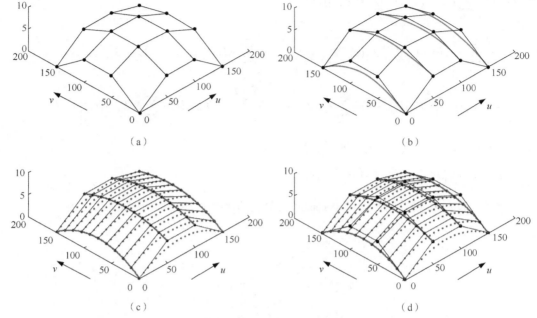

（a）　　　　　　　　　　　　（b）

（c）　　　　　　　　　　　　（d）

图 6.24　Bézier 曲面的构造过程

根据上述构造过程，可以对 Bézier 曲面做如下的定义。

1. Bézier 曲面的定义

假设运动的曲线是以 u 为参数的 m 次 Bézier 曲线，即

$$P = \sum_{i=0}^{m} \boldsymbol{P}_i B_{i,m}(u), \quad u \in [0,1]$$

定义该 Bézier 曲线的 $m+1$ 个控制顶点分别沿着在空间的 $m+1$ 条以 v 为参数的 n 次 Bézier 曲线运动，即

$$\boldsymbol{P}_i = \sum_{j=0}^{n} \boldsymbol{P}_{i,j} B_{j,n}(v), \quad v \in [0,1]$$

组合这两个方程，有

$$P = P(u,v) = \sum_{i=0}^{m} \sum_{j=0}^{n} \boldsymbol{P}_{i,j} B_{i,m}(u) B_{j,n}(v), \quad u,v \in [0,1]$$

$$B_{i,m}(u) = C_m^i u^i (1-u)^{m-i}$$
$$B_{j,n}(v) = C_n^j v^j (1-v)^{n-j}$$

$\boldsymbol{P}_{i,j}(i=0,1,\cdots,m; j=0,1,\cdots,n)$ 称为曲面的控制顶点。控制顶点沿 v 方向和 u 方向分别构成 $m+1$ 个和 $n+1$ 个控制多边形，共同组成曲面的控制顶点网格。上式即定义了 $m \times n$ 次的张量积 Bézier 曲面。图 6.25 给出了双三次 Bézier 曲面及其 4×4 控制顶点。

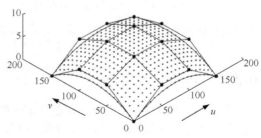

图 6.25　双三次 Bézier 曲面

由 Bézier 曲面的定义可以得到下面的结论。

（1）曲面上所有以 v 为常数的等参线（u 线）都是 m 次 Bézier 曲线；所有以 u 为常数的等参线（v 线）都是 n 次 Bézier 曲线。

（2）控制网格沿 u 方向的 $m+1$ 个多边形定义了 $m+1$ 条以 v 为参数的 n 次 Bézier 曲线，仅有首、末两个多边形定义的两条在曲面上，作为曲面的两条 v 参数的边界线。

（3）任意一条 v 为常数的 u 线的 Bézier 点（控制顶点），可以由此 v 参数值计算这 $m+1$ 条 Bézier 曲线上的点得到。

（4）控制网格沿 v 方向的 $n+1$ 个多边形定义了 $n+1$ 条以 u 为参数的 m 次 Bézier 曲线，但仅有首、末两个多边形定义的两条在曲面上，作为曲面的两条 u 参数的边界线。

2．Bézier 曲面的递推算法

与 Bezier 曲线可以用一系列线性插值定义类似，Bézier 曲面也可以用一系列线性插值定义，从而使用 de Casteljau 递推算法求曲面上的任意点。

$$P(u,v) = \sum_{i=0}^{m-k}\sum_{j=0}^{n-l} P_{i,j}^{k,l} B_{i,m-k}(u) B_{j,n-l}(v) = \cdots = P_{0,0}^{m,n}, \quad u,v \in [0,1]$$

其中，

$$P_{i,j}^{k,l} = \begin{cases} \boldsymbol{P}_{i,j}, & k=l=0 \\ (1-u)P_{i,j}^{k-1,0} + uP_{i+1,j}^{k-1,0}, & k=1,\cdots,m; \ l=0 \\ (1-v)P_{0,j}^{m,l-1} + vP_{0,j+1}^{m,l-1}, & k=m; \ l=1,\cdots,n \end{cases}$$

或者

$$P_{i,j}^{k,l} = \begin{cases} \boldsymbol{P}_{i,j}, & k=l=0 \\ (1-v)P_{i,j}^{0,l-1} + vP_{i,j+1}^{0,l-1}, & k=0; \ l=1,\cdots,n \\ (1-u)P_{i,0}^{k-1,n} + uP_{i+1,0}^{k-1,n}, & k=1,\cdots,m; \ l=n \end{cases}$$

上述过程可以表示为图 6.26 所示的递推过程。

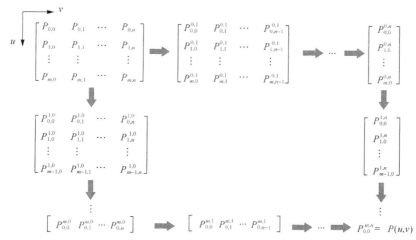

图 6.26　使用 de Casteljau 递推算法求曲面上点的过程

如图 6.26 所示，求 $m \times n$ 次 Bézier 曲面上的点 $P(u,v)$，既可以通过先沿 u 参数方向递推 m 次，后沿 v 参数方向递推 n 次获得，也可以先沿 v 参数方向递推 n 次，然后沿 u 参数方向递推 m 次获得，甚至可以二者交替进行。无论采用哪种顺序，最后得到结果都完全相同。请读者自行验证。比较而言，按单参数递推更简便易行。

6.2.3　B 样条曲线

Bézier 曲线和曲面有许多优越性，但其整体性表示导致了无法做局部性修改，改变任何一个控制顶点的位置都将对曲线或曲面的整体形状产生影响，这就为三维物体的几何建模带来了一些麻烦。此外，在描述复杂形状时经常会遇到曲线和曲面的连接问题，对此 Bézier 曲线或曲面的处理也很复杂。针对上述问题，Gordon、Riesenfeld 等发展了 1946 年 Schoenberg 提出的样条方法，在 1974 年提出了利用 B 样条描述形状的方法，在保留 Bézier 曲线和曲面表示的优点的同时，克服了该方法的弱点。

1. B 样条曲线的定义

B 样条曲线的参数方程定义为

$$P(u) = \sum_{i=0}^{n} P_i N_{i,k}(u)$$

其中，P_i 为控制顶点（德布尔点），顺序连成控制多边形，$N_{i,k}(u)$（$i = 0, 1, 2, \cdots, n$）为 k 次规范 B 样条基函数，简称 B 样条，u 为参数。

$N_{i,k}(u)$ 为由 $u_0 \leqslant u_1 \leqslant \cdots \leqslant u_{n+k-1}$ 所决定的 k 次分段多项式，$U = [u_0, u_1, \cdots, u_{n+k-1}]$ 称为节点矢量。由 B 样条曲线的定义式可见 $n+1$ 个控制顶点共用到 $n+1$ 个 $N_{i,k}(u)$。

B 样条曲线与 Bézier 曲线的差别在于：

（1）对于 Bézier 曲线，基函数的次数等于控制顶点数减 1。对于 B 样条曲线，基函数的次数 k 与控制顶点的个数无关。

（2）Bézier 曲线的基函数（即伯恩斯坦基函数）是多项式函数。B 样条曲线的基函数（B 样条基函数）是多项式样条。

（3）Bézier 曲线是一种特殊表示形式的参数多项式曲线。B 样条曲线是一种特殊表示形式的参数样条曲线。

（4）Bézier 曲线缺乏局部性质，B 样条曲线具有局部性质。局部性质是 B 样条曲线的最重要的性质之一。

2. B 样条的递推定义

$$N_{i,0}(u) = \begin{cases} 1, & u_i \leqslant u \leqslant u_{i+1} \\ 0, & \text{其他} \end{cases}$$

$$N_{i,k}(u) = \frac{u - u_i}{u_{i+k} - u_i} N_{i,k-1}(u) + \frac{u_{i+k+1} - u}{u_{i+k+1} - u_{i+1}} N_{i+1,k-1}(u)$$

上述定义中，规定 $\frac{0}{0} = 0$。$N_{i,k}(u)$ 中的 k 代表次数，i 代表序号。

为了确定第 i 个 k 次 B 样条 $N_{i,k}(u)$，需要 $u_i, u_{i+1}, \cdots, u_{i+k+1}$ 共 $k+2$ 个节点。请读者注意节点不同于控制顶点。$[u_i, u_{i+k+1}]$ 称为 $N_{i,k}(u)$ 的支承区间，在此区间上 $N_{i,k}(u)$ 的值非 0。$N_{i,k}(u)$ 的第 1 个下标为支承区间左端节点的下标，即在轴上的位置。图 6.27 给出了上述结论的直观图示。

在 $[u_i, u_{i+k+1}]$ 中存在重节点时，$N_{i,k}(u)$ 定义式的右侧两个系数均可能出现分子、分母均为 0 的情况，在此情况下规定为 0。

0 次 B 样条的解析式如下。

$$N_{i,0}(u) = \begin{cases} 1, & u_i \leqslant u \leqslant u_{i+1} \\ 0, & \text{其他} \end{cases} \quad , \quad N_{i+1,0}(u) = \begin{cases} 1, & u_{i+1} \leqslant u \leqslant u_{i+2} \\ 0, & \text{其他} \end{cases}$$

0 次 B 样条的函数图形如图 6.28 所示。

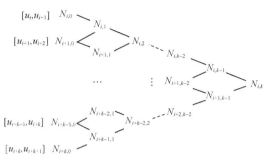

图 6.27 B 样条的递推关系

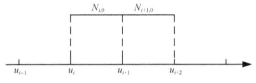

图 6.28 0 次 B 样条的函数图形

1 次 B 样条的解析式如下。

$$N_{i,1}(u) = \frac{u-u_i}{u_{i+1}-u_i} N_{i,0}(u) + \frac{u_{i+2}-u}{u_{i+2}-u_{i+1}} N_{i+1,0}(u) = \begin{cases} \dfrac{u-u_i}{u_{i+1}-u_i}, & u_i \leqslant u \leqslant u_{i+1} \\[2mm] \dfrac{u_{i+2}-u}{u_{i+2}-u_{i+1}}, & u_{i+1} \leqslant u \leqslant u_{i+2} \\[2mm] 0, & \text{其他} \end{cases}$$

用 $i+1$ 代替 i，即可得 $N_{i,1,1}(u)$ 的表达式为

$$N_{i+1,1}(u) = \begin{cases} \dfrac{u-u_{i+1}}{u_{i+2}-u_{i+1}}, & u_{i+1} \leqslant u \leqslant u_{i+2} \\[2mm] \dfrac{u_{i+3}-u}{u_{i+3}-u_{i+2}}, & u_{i+2} \leqslant u \leqslant u_{i+3} \\[2mm] 0, & \text{其他} \end{cases}$$

1 次 B 样条的函数图形如图 6.29 所示。

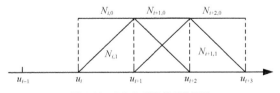

图 6.29 1 次 B 样条的函数图形

2 次 B 样条的解析式如下。

$$N_{i,2}(u) = \frac{u-u_i}{u_{i+2}-u_i} N_{i,1}(u) + \frac{u_{i+3}-u}{u_{i+3}-u_{i+1}} N_{i+1,1}(u)$$

$$
=\begin{cases}
\dfrac{(u-u_i)^2}{(u_{i+1}-u_i)(u_{i+2}-u_i)}, & u_i \leqslant u \leqslant u_{i+1} \\[3mm]
\dfrac{(u-u_i)(u_{i+2}-u)}{(u_{i+2}-u_i)(u_{i+2}-u_{i+1})}+\dfrac{(u-u_{i+1})(u_{i+3}-u)}{(u_{i+2}-u_{i+1})(u_{i+3}-u_{i+1})}, & u_{i+1} \leqslant u \leqslant u_{i+2} \\[3mm]
\dfrac{(u_{i+3}-u)^2}{(u_{i+3}-u_{i+1})(u_{i+3}-u_{i+2})}, & u_{i+2} \leqslant u \leqslant u_{i+3} \\[3mm]
0, & \text{其他}
\end{cases}
$$

2 次 B 样条的函数图形如图 6.30 所示。

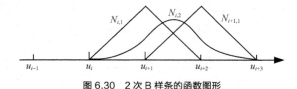

图 6.30　2 次 B 样条的函数图形

读者可按上面的步骤自己推导更高次 B 样条的解析式并绘出其函数图形。

3．B 样条的性质

（1）局部支集性

每个 B 样条只在局部区间非 0，而在其他部分为 0，即 $N_{i,k}(u)=0, u \notin [u_i, u_{i+k+1}]$。

区间 $[u_i, u_{i+k+1}]$ 称为 $N_{i,k}(u)$ 的支集或支承区间。这是 B 样条曲线局部可调性质的基础。请注意，左端节点 u_i 的下标与该 B 样条的次数 k 无关，右端节点 u_{i+k+1} 的下标与次数 k 有关；支承区间包含的节点区间数（在有重节点时应包含零长度区间）与次数 k 有关。k 次 B 样条的支承区间只包含 $k+1$ 个节点区间。

因此，在任意给定的 $u \in [u_i, u_{i+1}]$ 处，最多有 $k+1$ 个 k 次 B 样条非 0，分别为 $N_{i-k,k}, N_{i-k+1,k}, \cdots, N_{i,k}$。请读者根据 B 样条的递推关系（见图 6.27）自行验证。例如，$[u_3, u_4]$ 内非 0 的 0 次 B 样条仅有 $N_{3,0}$；$[u_3, u_4]$ 内非 0 的 3 次 B 样条为 $N_{0,3}$、$N_{1,3}$、$N_{2,3}$、$N_{3,3}$；$[u_i, u_{i+1}]$ 内非 0 的 2 次 B 样条为 $N_{i-2,2}$、$N_{i-1,2}$、$N_{i,2}$。

（2）非负性

$$
N_{i,k}(u) \geqslant 0
$$

对 k 用归纳法即可证明。

（3）单位分解性

$$
\sum_{j=i-k}^{i} N_{j,k}(u)=1, \quad u \in [u_i, u_{i+1}]
$$

利用 B 样条的递推式可证明。

例如，若 U=[0,0,0,1,2,3,3.5,4,4.5,5,6]，$k=2$，求 B 样条曲线在 $u=2.5$ 处的值。

首先，$k=2$，则该 B 样条曲线为 2 次。

其次，确定包含 u 的节点支撑，$u=2.5 \in [u_4, u_5]$。

最后，按公式计算非 0 基函数。显然非 0 基函数为 $N_{2,2}$、$N_{3,2}$、$N_{4,2}$。

$$
N_{2,2}(2.5)=\frac{(u_5-u)^2}{(u_5-u_3)(u_5-u_4)}=\frac{(3-2.5)^2}{(3-1)(3-2)}=\frac{1}{8}
$$

$$
N_{3,2}(2.5)=\frac{(u-u_3)(u_5-u)}{(u_5-u_3)(u_5-u_4)}+\frac{(u-u_4)(u_6-u)}{(u_5-u_4)(u_6-u_4)}=\frac{6}{8}
$$

$$N_{4,2}(2.5) = \frac{(u-u_4)^2}{(u_5-u_4)(u_6-u_4)} = \frac{(2.5-2)^2}{(3-2)(4-2)} = \frac{1}{8}$$

所以，该 2 次 B 样条曲线在 $u = 2.5$ 处的值为

$$P(2.5) = \frac{1}{8}\boldsymbol{P}_2 + \frac{6}{8}\boldsymbol{P}_3 + \frac{1}{8}\boldsymbol{P}_4$$

请注意，此时若移动 $\boldsymbol{P}_2$、$\boldsymbol{P}_3$、$\boldsymbol{P}_4$ 之外的其他控制顶点，均不改变曲线在 $u = 2.5$ 处的值，这体现了 B 样条曲线的局部性。下面对此进一步说明。

4. B 样条曲线的局部性

考察 B 样条曲线定义在区间 $u \in [u_i, u_{i+1}]$ 上的曲线段，略去基函数取 0 的项，有

$$P(u) = \sum_{j=i-k}^{i} \boldsymbol{P}_j N_{j,k}(u), \quad u \in [u_i, u_{i+1}]$$

上式说明定义在 $u \in [u_i, u_{i+1}]$ 上的 k 次 B 样条曲线，至多与 $k+1$ 个控制顶点（包括 $\boldsymbol{P}_{i-k}$，$\boldsymbol{P}_{i-k+1}$，…，$\boldsymbol{P}_i$），及其相应的 B 样条基函数相关。其他控制顶点的变化不会影响这段曲线。类似地，若移动 k 次 B 样条曲线的控制顶点 $\boldsymbol{P}_i$，则影响 $\boldsymbol{P}_i N_{i,k}(u)$。而 $N_{i,k}(u)$ 的支撑区间为 $[u_i, u_{i+k+1}]$，在此区间内的 $k+1$ 个节点区间内可能有非零值，故移动 $\boldsymbol{P}_i$ 将仅影响这些区间上曲线的形状。这就是 B 样条曲线的局部性。图 6.31 中给出了移动一个控制顶点对 Bézier 曲线与 B 样条曲线形状的不同影响的示例。

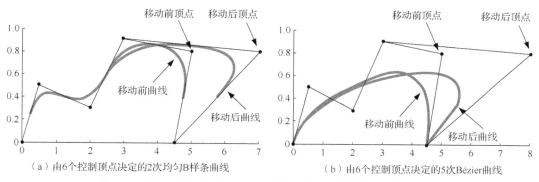

（a）由6个控制顶点决定的2次均匀B样条曲线 （b）由6个控制顶点决定的5次Bézier曲线

图 6.31　移动一个控制顶点对 Bézier 曲线与 B 样条曲线形状的不同影响的示例

由图 6.31 可见，移动一个控制顶点，Bézier 曲线的全局形状都将发生改变，而 B 样条曲线仅发生局部形状的改变。

5. B 样条曲线的段数与重节点

一段 k 次 B 样条曲线由 $k+1$ 个控制顶点确定。在没有重节点的情况下，每增加一个控制顶点，曲线的段数加 1。$n+1$ 个控制顶点定义的 k 次 B 样条曲线有 $n-k+1$ 段。

在确定了 $n+1$ 个控制顶点后，为确定 $\boldsymbol{U}$，首先要确定 $n-k+2$ 个节点以定义 $n-k+1$ 段节点区间，然后首、末再各延伸 k 个节点，共得到 $n+k+2$ 个节点，构成完整的 $\boldsymbol{U}$，用以定义 $n+1$ 个 B 样条基函数。

重节点指节点区间长度为 0 的节点。例如若 $u_{i+1} - u_i = 0$，则二者为重节点。顺序 r 个节点相重称为该节点有重复度 r。节点重复度每增加 1，B 样条的支承区间中减少一个非零节点区间，B 样条在该重节点处的可微性下降一次。定义域内的重节点（或零长度节点区间）映射到曲线上是同一个点。利用重节点可以实现曲线插值（而非逼近）某些点的效果。

6. B 样条曲线的类型

（1）均匀 B 样条曲线

节点矢量 $U = [u_0, u_1, \cdots, u_{n+k-1}]$ 中， $u_{i+1} - u_i = \text{const} > 0, i = 0, 1, \cdots, n+k$ 。

（2）准均匀 B 样条曲线

两端节点有重复度 $k+1$ ，所有内节点均匀分布且没有重节点。即 $u_0 = u_1 = \cdots = u_k$ ， $u_{n+1} = u_{n+2} = \cdots = u_{n+k+1}$ ， $u_{i+1} - u_i = \text{const} > 0$ ， $i = k, k+1, \cdots, n$ 。

引入准均匀 B 样条曲线的目的是实现 Bézier 曲线类似的性质，即插值首、末顶点。图 6.32 给出了 $n = 5$ 的 2 次准均匀 B 样条曲线与均匀 B 样条曲线的对比。

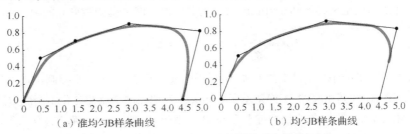

（a）准均匀B样条曲线　　　　　　　　（b）均匀B样条曲线

图 6.32　$n=5$ 的 2 次准均匀 B 样条曲线与均匀 B 样条曲线

（3）非均匀 B 样条

节点矢量 $U = [u_0, u_1, \cdots, u_{n+k-1}]$ 为满足下面约束条件的任意分布。

① 节点序列非减；

② 两端点重复度不大于 $k+1$ ；

③ 内节点重复度不大于 k ；

④ 节点个数仍为 $n+k+2$ 。

7. B 样条曲线的递推算法

已知 $u \in [u_i, u_{i+1}]$ ，则 $P(u)$ 可计算如下。

$$P(u) = \sum_{j=0}^{n} \boldsymbol{P}_j N_{j,k}(u) = \sum_{j=i-k}^{i} \boldsymbol{P}_j N_{j,k}(u)$$

$$= \sum_{j=i-k}^{i} \boldsymbol{P}_j \frac{u - u_j}{u_{j+k} - u_j} N_{j,k-1}(u) + \sum_{j=i-k}^{i} \boldsymbol{P}_j \frac{u_{j+k+1} - u}{u_{j+k+1} - u_{j+1}} N_{j+1,k-1}(u)$$

$$= \sum_{j=i-k+1}^{i} \boldsymbol{P}_j \frac{u - u_j}{u_{j+k} - u_j} N_{j,k-1}(u) + \sum_{j=i-k}^{i-1} \boldsymbol{P}_j \frac{u_{j+k+1} - u}{u_{j+k+1} - u_{j+1}} N_{j+1,k-1}(u)$$

$$= \sum_{j=i-k+1}^{i} \boldsymbol{P}_j \frac{u - u_j}{u_{j+k} - u_j} + \sum_{j=i-k+1}^{i} \boldsymbol{P}_{j-1} \frac{u_{j+k} - u}{u_{j+k} - u_j} N_{j,k-1}(u)$$

$$= \sum_{j=i-k+1}^{i} \left[\boldsymbol{P}_j \frac{u - u_j}{u_{j+k} - u_j} + \boldsymbol{P}_{j-1} \frac{u_{j+k} - u}{u_{j+k} - u_j} \right] N_{j,k-1}(u)$$

这样就可以得到

$$P(u) = \sum_{j=i-k+1}^{i} P_j^1 N_{j,k-1}(u)$$

$$P_j^1 = \begin{cases} \left(1 - \alpha_j^1\right) P_{j-1} + \alpha_j^1 P_j \\ \alpha_j^1 = \dfrac{u - u_j}{u_{j+k} - u_j} \end{cases}$$

重复这个过程，可得下述递推公式：

$$P(u) = \sum_{j=i-k+1}^{i} P_j^1 N_{j,k-1}(u) = \sum_{j=i-k+2}^{i} P_j^2 N_{j,k-2}(u) = \cdots = \sum_{j=i}^{i} P_j^k N_{j,0}(u) = P_i^k$$

$$P_j^l = \begin{cases} \left(1-\alpha_j^l\right)P_{j-1}^{l-1} + \alpha_j^l P_j^{l-1} \\ \alpha_j^l = \dfrac{u-u_j}{u_{j+k-(l-1)}-u_j} \end{cases}$$

上述递推过程如图 6.33 所示。

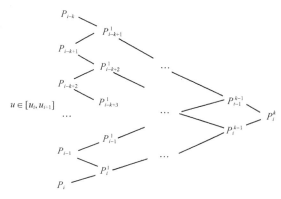

图 6.33　de Boor 算法的递推过程

上述递推算法就是著名的 de Boor 算法。类似于 de Casteljau 算法的几何含义，de Boor 算法从控制多边形 $\boldsymbol{P}_{i-k}\boldsymbol{P}_{i-k+1}\cdots\boldsymbol{P}_i$ 开始，每一次都用 $P_i^r P_{i-1}^r$ 来切割 P_{i-1}^{r-1}，最终 P_i^k 在曲线上（但每次分割不再是定比分割），如图 6.34 所示。

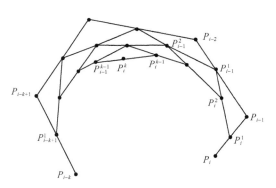

图 6.34　de Boor 算法的递推过程

6.2.4　B 样条曲面

　　仍然按"线动成面"的方式构造 B 样条曲面。如图 6.35 所示，在图 6.35（a）所示的控制顶点下，沿着 u 参数方向可以生成 4 条 v 参数方向的 B 样条曲线，如图 6.35（b）所示。每条曲线上的点均进一步构成 B 样条曲线的控制顶点，于是沿着 v 参数方向可以生成若干控制多边形。由这些控制多边形定义的 u 参数方向的 B 样条曲线上的每一点，均是 B 样条曲面上的点，如图 6.35（c）所示。图 6.35（d）给出了完整过程。

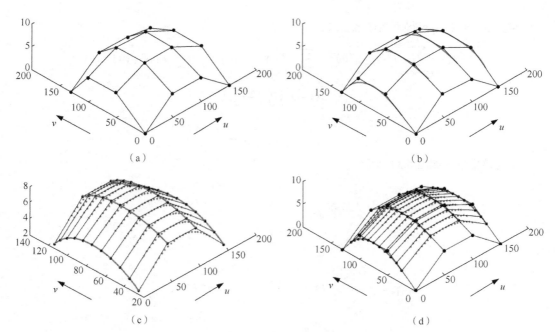

图 6.35　B 样条曲面的构造过程

根据上述构造过程，可以对 B 样条曲面做如下定义。

1．B 样条曲面的定义

给定 $(m+1)\times(n+1)$ 个控制顶点 $P_{i,j}(i=0,1,\cdots m;j=0,1,\cdots n)$ 可构成一张控制网格，分别给出参数 u,v 的次数 k,l，以及节点矢量 $U=[u_0,u_1,\cdots u_{m+k+1}]$，$V=[v_0,v_1,\cdots v_{n+l+1}]$，$k\times l$ 次张量积 B 样条曲面的定义为

$$P(u,v)=\sum_{i=0}^{m}\sum_{j=0}^{n}P_{i,j}N_{i,k}(u)N_{j,l}(v)$$

$$u_k\leqslant u\leqslant u_{m+1}$$

$$v_l\leqslant v\leqslant v_{n+1}$$

其中，$N_{i,k}(u)$ 由节点矢量 U 递归定义，$N_{j,l}(u)$ 由节点矢量 V 递归定义。

B 样条曲线的局部性质可以推广到曲面。定义在子矩形域 $u_e\leqslant u\leqslant u_{e+1}$，$v_f\leqslant v\leqslant v_{f+1}$ 上的 B 样条子曲面片仅和控制点阵中的部分顶点 $P_{i,j}(i=e-k,e-k+1,\cdots e;j=f-l,f-l+1,\cdots f)$ 有关，与其他顶点无关。

曲面方程可改写成为分片表示形式，即

$$P(u,v)=\sum_{i=e-k}^{e}\sum_{j=f-l}^{f}P_{i,j}N_{i,k}(u)N_{j,l}(v)$$

$$u\in[u_e,u_{e+1}]\subset[u_k,u_{m+1}]$$

$$v\in[v_f,v_{f+1}]\subset[v_l,v_{n+1}]$$

与 B 样条曲线的分类一样，B 样条曲面沿任一参数方向按所取节点矢量的不同，可以划分成 4 种不同类型：均匀、准均匀、分片 Bézier 与非均匀样条曲面。B 样条曲面沿两个参数方向还可以选取不同类型，这样就对复杂三维物体的几何建模带来了便利。

2．B 样条曲面的递推算法

与推广到计算 Bézier 曲面上点的 de Casteljau 算法类似，计算 B 样条曲线上点的 de Boor 算法可以推广到计算 B 样条曲面上的点。

给定曲面定义域内一对参数值 (u,v)，求 B 样条曲面上对应的点 $P(u,v)$，可以按如下步骤进行。

（1）以 v 参数值对沿 v 参数方向的 $m+1$ 个控制多边形执行用于计算 B 样条曲线上点的 de Boor 算法，求得 $m+1$ 个点作为中间顶点，构成中间多边形。

（2）以 u 参数值对此中间多边形执行 B 样条曲线的 de Boor 算法，所得一点即所求该 B 样条曲面上的一点 $P(u,v)$。

上述过程的图示请参考图 6.26，此处不再赘述。

对上述步骤而言，也可按先沿 u 参数方向，后沿 v 参数方向，甚至二者交替进行。无论采用哪种顺序，最后得到结果都完全相同。请读者自行验证。比较而言，按单参数递推更简便易行。

值得指出的是，Bézier 曲线和 B 样条曲线均不能精确表示除抛物线外的其他的圆锥曲线（如椭圆）。为解决该问题，在 B 样条曲线和曲面的基础上又发展出了 NURBS（non-uniform rational B-Spline）曲线和曲面，并成为参数曲面表示的事实标准。限于篇幅本书不再介绍，请读者参阅文献[7]。

6.3 细分表示

在采用多边形网格进行三维建模的过程中，对于复杂的三维曲面必须采用足够多的小平面才能较为精确地表示。但用人工方法产生这些小平面无疑是不现实的。细分表示通过为多边形网格附加一组细分规则实现了这些小平面的自动生成，从而更好地近似所表示的复杂曲面。细分表示可以较好地解决离散近似问题，成为曲线、曲面的离散表示和连续表示之间的桥梁。

网格的细分规则一般包含两方面的内容，概述如下。

（1）几何规则，即在现有的多边形网格基础上生成一系列的新顶点，并计算其位置坐标的规则。其通常包含平均化机制。

（2）拓扑规则，即在边或面上插入新顶点，更新旧顶点及各个顶点之间的连接关系的规则，也称为网格分裂（Splitting）。

图 6.36 给出了多边形网格细分的过程。

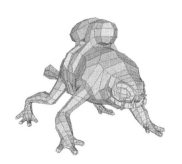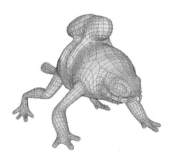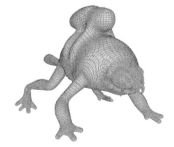

（a）初始网格　　　　　　　　（b）第1次细分结果　　　　　　　　（c）第2次细分结果

图 6.36 多边形网格细分的示例

6.3.1　四边形网格细分的 Catmull-Clark 方法

Catmull-Clark 细分方法基于任意四边形网格，是一种逼近型的面分裂方法，用于规则四边形网格时，细分曲面的最终结果是双三次张量积 B 样条曲面，该方法是很多四边形网格细分方法的基础。

1．计算新顶点的几何规则

Catmull-Clark 细分方法每次迭代均生成三种新顶点。

（1）新面点（F 点）：对于某个面，新面点为该面各顶点的平均。

（2）新边点（E 点）：对于某条边 E，若该边的两个端点为 V 和 W，该边相邻的两个面的新面点为 V_{F_1} 和 V_{F_2}，则 E 的新边点为

$$V_E = \frac{V + W + V_{F_1} + V_{F_2}}{4}$$

若边 E 为 V 和 W 构成的边界时，有

$$V_E = \frac{V + W}{2}$$

（3）新顶点（V 点）：对应顶点 V，新顶点 V' 为 V 与其周围一些点的平均，按下式计算。

$$V' = \frac{n-3}{n}V + \frac{1}{n}Q + \frac{2}{n}R$$

在上式中，n 为顶点 V 的度数，Q 为邻接于 V 的各个面的新面点的平均，R 为以 V 为顶点的各边的中点的平均。除上式外，目前还有其他计算新顶点的方式，此处不一一列举。

2．顶点连接的拓扑规则

（1）连接每一新面点与周围的新边点。

（2）连接每一新顶点与周围的新边点。

图 6.37 给出了利用 Catmull-Clark 细分方法对四边形网格进行一次细分的例子。

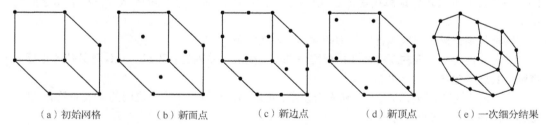

（a）初始网格　　　（b）新面点　　　（c）新边点　　　（d）新顶点　　　（e）一次细分结果

图 6.37　多边形网格细分示例

6.3.2　三角形网格细分的 Loop 方法

Catmull-Clark 细分方法主要应用于四边形网格的细分。对三角形网格的细分方法，最早是 C. Loop 在 1987 年提出的。其基本思想是更新现有顶点，每条边生成一个新的顶点，每个三角形细分为 4 个新三角形。在 n 次细分后，原来的一个三角形变为 $4n$ 个三角形。

1．计算新顶点的几何规则

（1）新顶点（V 点）：对顶点 V_0，设其相邻顶点为 $V_1, V_2, \cdots, V_n$，则对应的新顶点为

$$V = (1 - n\beta_n)V_0 + \beta_n \sum_{i=1}^{n} V_i, \quad \beta_n = \frac{1}{n}\left(\frac{5}{8} - \left(\frac{3}{8} + \frac{1}{4}\cos\frac{2\pi}{n}\right)^2\right)$$

上述 β_n 的计算方法是 C.Loop 提出的，目前也有其他计算方法，此处不一一列举。

（2）新边点（E 点）：对于边 (V_0, V_1)，共享此边的两个三角形为 $V_0V_1V_2$ 与 $V_0V_1V_3$，与之相应的新边点的位置为

$$V_E = \frac{3}{8}(V_0 + V_1) + \frac{1}{8}(V_2 + V_3)$$

2. 顶点连接的拓扑规则

（1）连接每一新顶点与周围的新边点。

（2）连接每一新边点与相邻边的新边点。

图 6.38 给出了利用 Loop 细分方法对三角形网格进行一次细分的例子。

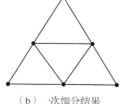

（a）初始网格　　　（b）一次细分结果

图 6.38　三角形网格细分示例

6.4　其他表示

6.4.1　点表示

随着结构光扫描及基于多视图的三维重建技术的发展，目前已经能较为方便地获得三维模型的距离图像（range image）。该图像是三维点的集合，每个点对应一个深度图像的像素，含有深度信息。三维物体的点表示就是用无连接关系的三维点集合表示三维物体。这种表示方法在工业上是常见的，致密点云表示可以直接用于零件加工，如图 6.39 所示。

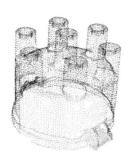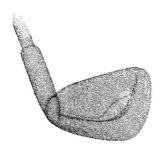

图 6.39　用点云表示的工业零件

利用三角化方法可以把点表示转换为三角网格表示，常用的点云表示处理流程如图 6.40 所示。

（a）距离图像　　　（b）三角化　　　（c）距离表面（含有深度信息）

图 6.40　常见的点云表示处理流程

由于距离图像上通常有因扫描死角造成的孔洞，所以一般还需要对其结果做填补孔洞的操作。

6.4.2　实体表示

1.　体素表示

三维物体可以表示为规则的三维立方体单元组成的阵列，这种三维立方体单元即体素（voxel）。体素中可以存储物体的各种性质，如空间占用、颜色、密度、温度等。

致密的体素集合可以直接表示三维物体的空间形状，如图 6.41 所示。

图 6.41　三维物体的体素表示

除此之外，在医学图像处理领域，经常用 CT 扫描、MRI（magnetic resonance imaging）等方式获取组织的体素表示，每个体素均赋予一个标量。通过体素表示可以进一步构造出标量场的等值面（例如用 Matching Cubes 算法），从而表示包含特定标量值的三维面，如图 6.42 所示。

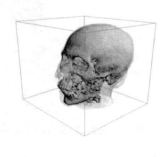

0　　　　　　　　28

（a）体素表示　　　　　　　（b）标量值对应皮肤的等值面　　　　（c）标量值对应骨骼的等值面

图 6.42　从体素表示中提取等值面

2.　CSG 表示

CSG 是构造实体几何（constructive solid geometry）的简称。这种表示方法通过组合一些称为图元的简单形状实体，利用并、交、差等布尔操作表示一个三维对象的体数据。常见的图元包括平面、六面体、四面体、球体、柱体等。模型通常存储为二叉树形式，叶子节点是图元，内部节点对应于布尔操作。

CSG 表示广泛用于 CAD（computer-aided design）系统中，非常适合机械零部件的建模，如图 6.43 所示。

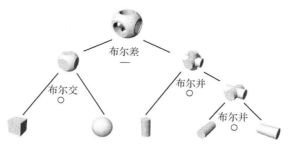

图 6.43 机械零件的 CSG 表示

三维物体的其他常用表示方法还有隐函数表示（隶属于面表示），BSP（binary spatial partition）树表示（隶属于实体表示）等。限于篇幅本书不再介绍。

6.5 实例分析

本节介绍一个 Bézier 曲面片递归细分的建模实例。实例生成的对象是著名的 Utah 茶壶（Utah teapot）。该模型包括 32 个 Bézier 曲面片。其中，前 12 个曲面片表示茶壶体，其后的 4 个曲面片表示壶柄，壶柄之后的 4 个曲面片表示茶壶嘴，其后的 8 个曲面片表示壶盖，最后的 4 个曲面片表示壶底。在每一个曲面片细分之后以线框模式或者多边形模式绘制最终曲面上的点。

```
function drawPatch(P)
{
    points.push(p[0][0]);
    points.push(p[0][3]);
    points.push(p[3][3]);
    points.push(p[0][0]);
    points.push(p[3][3]);
    points.push(p[3][0]);
}
```

用于表示曲面片的 4×4 控制顶点数组是 mat4 类型或包含 4 个元素的数组，数组的每个元素是 vec4 类型。

使用三次曲线（由参数 c 中的 4 个点定义）的曲线细分器建立曲面片细分器，通过细分生成曲线的左控制点（由参数 l 表示）和右控制点（由参数 r 表示）。代码如下。代码中利用 mix 函数计算两个顶点的中点。

```
function divideCurve(c, r, 1) {
    var mid = mix(c[1], c[2], 0.5);
    l[0] = vec4(c[0]);
    l[1] = mix(c[0], c[1], 0.5);
    l[2] = mix(l[1], mid, 0.5);

    r[3] = vec4(c[3]);
    r[2] = mix(c[2], c[3], 0.5);
    r[1] = mix(mid, r[2], 0.5);

    r[0] = mix(l[2], r[1], 0.5);
    l[3] = vec4(r[0]);
}
```

利用矩阵转置函数 transpose，可编写如下所示曲面片细分器的代码。

```
function dividePatch(P, count) {
    if (count > 0) {
        var a = mat4();
        var b = mat4();
        var t = mat4();
        var q = mat4();
        var r = mat4();
        var s = mat4();
        //在 u 方向细分曲线，对结果进行转置，然后
        //在 u 方向再次细分，等价于在 v 方向细分
        for (var k = 0;) k < 4; ++k) {
            var pp = p[k];
            var aa = vec4();
            var bb = vec4();
            divideCurve(pp, aa, bb) ;
            a[k] = vec4(aa);
            b[k] = vec4(bb);
        }
        a = transpose(a);
        b = transpose(b);
        for (var k = 0; k < 4; ++k) {
            var pp = vec4(a[k]);
            var aa = vec4();
            var bb = vec4();
            divideCurve(pp, aa, bb) ;
            q[k] = vec4(aa);
            r[k] = vec4(bb);
        }
        for (var k = 0; k < 4; ++k) {
            var pp = vec4(b[k]);
            var aa = Vec4();
            var bb = vec4();

            divideCurve(pp, aa, bb) ;
            s[k] = vec4(aa);
            t[k] = vec4(bb);
            //对生成的 4 个曲面片进行递归细分
            dividePatch(q, count-1);
            dividePatch(r, count-1);
            dividePatch(s, count-1);
            dividePatch(t, count-1);
        }
    else {
        drawPatch(p);
    }
}
```

图 6.44 为线框模式及均匀着色的茶壶模型。注意，不同的曲面片有不同的曲率和大小，所以对它们采用相同深度的递归细分会生成很多不必要的小多边形。

图 6.44　线框模式及均匀着色的茶壶模型

6.6　本章小结

本章介绍了基本的三维模型表示方法，包括多边形网格表示、参数曲面表示和细分表示。三维模型表示是三维建模的基础，而模型又是图形处理管线的数据输入部分，因此三维模型表示在计算机图形学中占据重要地位。

习　　题

1. 分析表 6.5 中各项的由来，改变边的起点与终点（即表 6.5 的第 2 列与第 3 列），重新填写各个表项，并与表 6.5 中目前的表项进行对比。

2. 概述利用翼边数据结构如何实现遍历图 6.4 中与 E 点相邻的顶点，给出该过程的伪代码。

3. 半边数据结构中，每条半边也可以存储其起点。试分析在这种情况下，如何实现遍历图 6.4 中与 E 点相邻的顶点，给出该过程的伪代码。

4. 分析在使用半边数据结构时，在某边插入新顶点，如何更新半边数据结构，给出该过程的伪代码。

5. 分析在使用半边数据结构时，若将某个四边形面细分为两个三角形面，如何更新半边数据结构，给出该过程的伪代码。

6. 假设其中某个平面的方程为 $ax + by + cz + d = 0$（其中，$a^2 + b^2 + c^2 = 1$），证明 V 点到该平面的距离为 $\boldsymbol{P}^{\mathrm{T}}\boldsymbol{V}$。

7. 假设以 V 点为顶点的 k 个三角形共面，请证明 V 点的差错度量为 0。

8. 对图 6.45 所示的多边形用 ear clipping 算法进行三角化。请给出每一步的结果，并给出最终的三角形网格。

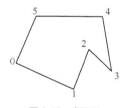

图 6.45　多边形

9. 控制顶点 $\boldsymbol{B}_0$=[-16,0]，$\boldsymbol{B}_1$=[0,20]，$\boldsymbol{B}_2$=[16,20]，$\boldsymbol{B}_3$=[16,0]，定义了一条平面 3 次 Bezier 曲线 $P(t)$，用 de Casteljau 算法求 t =1/4 处点的坐标，并将其过程在图 6.46 中绘出。

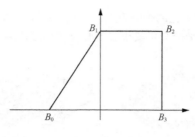

图 6.46　习题 9 配图

10.　对由下列控制点定义的双 2 次 Bezier 曲面，用 de Casteljau 算法，按照先 u 方向再 v 方向的次序求曲面上参数（1/2，1/2）所对应点的坐标。图 6.47 中：A=[12,2,6]，B=[18,2,16]，C=[22,2,8]，D=[10,1,12]，E=[18,1,28]，F=[25,1,15]，G=[10,0,10]，H=[20,0,20]，I=[30,0,10]。

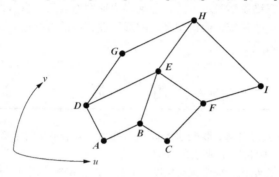

图 6.47　习题 10 配图

11.　请推导 3 次 B 样条的解析式。

12.　由控制顶点 P_0=[-20,0]，P_1=[-10,5]，P_2=[2,6]，P_3=[8,2]，P_4=[12,0]，节点矢量 U=[0,0.1,0.2,0.3,0.4,0.6,0.7,1,1]，定义了一条 3 次 B 样条曲线 $P(u)$，其中 $u \in$[0,1]。用 De Boor 算法求曲线上对应参数 u =0.5 的点 P(0.5)的坐标。

13.　概述按"线动成面"的方式构造 B 样条曲面的过程。编写程序实现该过程。获得图 6.35 的结果。

14.　在图 6.48 所示的四边形网格中，A=[0,0,0]，B=[1/2,-1,0]，C=[1,1,0]，D=[0,1,0]，E=[0,1,1]，F=[0,0,1]，G=[1/2,-1,1]，K=[1,0,0]。请按照 Catmull-Clark 细分方法，计算经一次细分后各新顶点、新边点和新面点的坐标，并在图 6.48 中绘出。

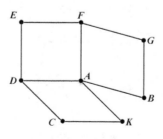

图 6.48　四边形网格

15.　分析图 6.38 所示三角形网格细分的过程，并给出各个新顶点的生成过程。

16.　获取 Utah teapot 模型控制顶点的数据，编写.js 文件，包含 6.5 节中的各个函数，编写函数完成初始化等工作，显示出图 6.44 所示的结果。

7

第 7 章　简单光照模型

本章导读

光线照射到某物体的表面时，会发生反射（reflection）、透射（transmission）、吸收（absorption）、衍射（diffraction）、折射（refraction）及干涉（interference）等物理现象。被物体吸收的光线部分转化为热能，其余部分进入人的视觉系统，使得我们能够看到该物体。为模拟上述复杂物理现象而建立的数学模型即光照模型。光照模型大致可以分为局部光照模型与全局光照模型两大类。局部光照模型只考虑光源直接作用下的物体的反射效果，全局光照模型可以模拟物体之间光照的相互作用。简单光照模型是一种局部光照模型，在该模型中不考虑镜面反射与物体表面材质的物理性质之间的关系，因此更接近于一种经验模型。由于简单光照模型可以达到实时计算效果，因此在固定管线中得到了广泛的应用。本章首先介绍光反射作用的各组成部分，然后介绍 Phong 光照模型和明暗处理的相关技术。

7.1　光反射作用的组成部分

在观察不透明、不发光的物体时，人眼观察到的是物体表面的反射光。它是由场景中的光源及场景中其他物体表面的反射光共同作用产生的。粗糙的物体表面将反射光向各个方向散射，这种现象称为漫反射（diffuse reflection）。材质非常粗糙的表面产生的主要是漫反射，从各个视角观察到的光亮度变化非常小。通常所说的物体颜色，实际上就是入射光线被漫反射后表现出来的颜色。非常光滑的物体表面会产生强光反射，称为镜面反射（specular reflection）。此外，如果一个物体能从其周围的物体获得光照，那么即使它不处于光源的直接照射下，其表面也是可见的。这种环境中物体之间存在的多次反射及其互相影响可以用与周围物体、视点、光源位置都无关的环境光（ambient light）近似模拟。下面分别介绍光反射作用的这 3 个组成部分。

7.1.1　环境光

在实际环境中，往往存在着光在物体之间多次反射，最终达到平衡而产生的一种均匀的照明光线，通常称为环境光。环境光体现的是光源对物体的间接影响。环境光与视点方向无关，无论我们从哪个方向看过去，环境光均存在且光照强度处处相同。因此，环境光的特点是：①环境光与光源的方向、位置没有关系；②环境光没有位置或方向上的特征，只有一个颜色亮度值，强度不会衰减。

在简单光照模型中用一个常数模拟环境光，用公式表示为

$$I_e = K_a I_a$$

式中，I_a 为环境光的光强，I_e 为物体表面上的一点由于受到环境光照明而反射出来的光强，K_a 为物体表面对环境光的反射系数（也称为反射度），体现了物体表面的反射性质，是一个介于 0 到 1 的常数。高反射表面的反射系数接近 1，如果表面吸收了大部分入射光，则反射系数接近 0。

7.1.2 漫反射光

光照射在物体表面，不同物体由于表面性质不同，因而产生的视觉效果不同。如果物体表面比较粗糙，入射角相差不大的光线将会被反射到相差很大的反射方向。理想漫反射表面在各个方向以相同强度反射光线，亦称为 Lambert 表面（Lambertian surface）。

对于理想漫反射表面，从表面上任一点反射出的辐射光能量用 Lambert 余弦定律（Lambert's cosine law）计算。该定律表明：每个单位面积所发散的光线与入射光方向同该表面法向量的夹角 θ 的余弦成正比，即 $R_d \propto \cos\theta$。这样，对于 Lambert 表面，在所有观察方向上的漫反射光强均相等。

如图 7.1 所示，有一个小尺寸的平行光源，该光源发出的光线照射到一个平面上。当平行光源与平面法线存在夹角 θ 时，同样能量的光线分布在更大的面积上，于是反射出的光强相对于光源垂直于平面时更小，因此表面显得更暗淡一些。

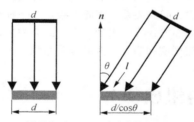

图 7.1 Lambert 余弦定律示意图

为简化计算，假定 l 和 n 都是单位长度的向量，则

$$\cos\theta = l \cdot n$$

其中，θ 是法向量 n 和光源的方向 l 之间的夹角。

引入漫反射系数 K_d，表示在入射光强为 I_p 的漫反射光中有多大一部分被反射出去，则可以得到表示漫反射光强度的公式，即

$$I_d = K_d (l \cdot n) I_p$$

考虑到 $\cos\theta$ 为负值的情况，实际中常用的是

$$I_d = \max(K_d (l \cdot n) I_p, 0)$$

在存在多个光源 I_{p_1}，I_{p_2}，$\cdots$，I_{p_N} 时，有

$$I_d = K_d \sum_{i=1}^{N} (l_i \cdot n) I_{p_i}$$

漫反射光的颜色由入射光的颜色和物体表面的颜色共同确定。漫反射系数 K_d 有 3 个分量 K_{dr}、K_{dg} 和 K_{db}，分别代表 RGB 三原色的漫反射系数，反映了物体的颜色。同样，入射光强 I_p 也可以分解为 I_{pr}、I_{pg}、I_{pb}，通过控制这 3 个分量的值调整光源颜色。

7.1.3 镜面反射光

如果只使用环境光反射和漫反射，尽管生成的图像有明暗变化，看起来有一定的立体感，但所有的表面均没有光泽，即图像中缺少我们在观察有光泽的物体时常见的高光现象。这些高光通常表现出与环境光反射和漫反射不同的颜色。例如，光滑塑料球在白光照射下会有白色的高光，这是光源在光滑球体表面产生的镜面反射造成的，如图 7.2 所示。

图 7.2　光滑塑料球被光线照射时产生高光

对理想镜面，反射光集中在于一个方向，且遵守反射定律。对一般非理想镜面的光滑表面，反射光集中在一个方向范围内，并且反射定律决定的反射方向光强最大。物体表面越光滑，镜面反射光就越集中于以反射定律决定的反射方向为中心的更小的一个角度范围内，超出这个范围，镜面反射光将迅速衰减。

对上述现象，Bui Tuong Phong（裴祥风）提出了一个计算镜面反射光强度的经验模型，其计算公式为

$$I_s = K_s \cos^m(\alpha) I_p, \; \alpha \in \left(0, \frac{\pi}{2}\right)$$

其中，K_s 是与物体表面有关的镜面反射系数，α 为视线方向 v 与反射方向 r 的夹角，如图 7.3 所示。m 为反射指数，反映物体表面的光泽程度，数目越大，物体表面越光滑，一般取 $1 \sim 2000$。$\cos^m(\alpha)$ 近似地描述了镜面反射的空间分布。按上式计算的镜面反射光将会在反射方向附近形成很亮的光斑，以模拟高光现象。

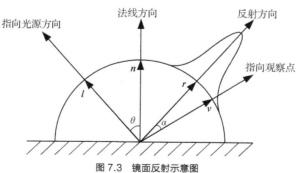

图 7.3　镜面反射示意图

由 7.3 可见，在 v 与 r 是单位向量时，可得

$$I_s = K_s \cdot (r \cdot v)^m I_p$$

考虑到 $r \cdot v < 0$ 的情况，实际中常用的是

$$I_s = \max\left(K_s \cdot (r \cdot v)^m I_p, 0\right)$$

r 可以通过下式计算

$$r = 2n\cos\theta - l = 2n(n \cdot l) - l$$

请注意，镜面反射光所产生的高光区域只与光源的颜色有关，即 K_s 是一个与物体的颜色无关的参数。

在存在多个光源 I_{p_1}，I_{p_2}，$\cdots$，I_{p_N} 时，有

$$I_s = K_s \sum_{i=1}^{N} (r_i \cdot v)^m I_{p_i}$$

7.2　简单光照模型

光照效果与许多因素有关，如物体的材质类型、物体表面的法线方向、物体相对于光源的位置，以及场景中不同形状、颜色及位置的光源。简单光照模型不着眼于求解完整的绘制方程，而是建立一个相对简单的经验公式，融合相关因素以获得较为逼真的绘制效果。

7.2.1　Phong 模型

Phong 模型可表述为：对单个点光源，由物体表面上的一点 P 反射到视点的光强 I 为环境光反射光强 I_e、理想漫反射光强 I_d、镜面反射光强 I_s 的总和，即

$$I = I_e + I_d + I_s = K_a I_a + K_d (l \cdot n) I_p + K_s (r \cdot v)^m I_p$$

为减少计算量，进一步假设：

（1）l 为常向量，即光源与物体表面的距离很远；

（2）v 为常向量，即视点与物体表面的距离很远；

（3）用 $h \cdot n$ 近似 $r \cdot v$。这里 h 为 l 和 v 的角平分量，即

$$h = \frac{l + v}{|l + v|}$$

上述关系如图 7.4 所示。

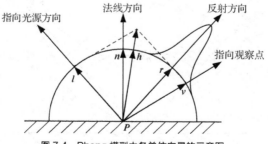

图 7.4　Phong 模型中各单位向量的示意图

对于非平面表面，计算 $h \cdot n$ 比计算 $r \cdot v$ 所需的计算量要少得多。因为在每个表面点 P 处，在计算 r 向量时需要考虑法向量 n，而对非平面表面而言，n 并非是一个常量，对不同的表面点需要重新计算。而 l 和 v 在前两个假设下是常向量，因此对所有的点总共只需进行一次 h 的计算，即可得 $h \cdot v$，无须对物体表面每一点 P 计算其对应的 r 向量，这样就可以节省大量的计算时间。

若采用 RGB 颜色模型，Phong 模型可表示为

$$
\begin{cases}
I_r = K_{ar}I_{ar} + K_{dr}\left(\boldsymbol{l}\cdot\boldsymbol{n}\right)I_{pr} + K_{sr}\left(\boldsymbol{h}\cdot\boldsymbol{n}\right)^m I_{pr} \\
I_g = K_{ag}I_{ag} + K_{dg}\left(\boldsymbol{l}\cdot\boldsymbol{n}\right)I_{pg} + K_{sg}\left(\boldsymbol{h}\cdot\boldsymbol{n}\right)^m I_{pg} \\
I_b = K_{ab}I_{ab} + K_{db}\left(\boldsymbol{l}\cdot\boldsymbol{n}\right)I_{pb} + K_{sb}\left(\boldsymbol{h}\cdot\boldsymbol{n}\right)^m I_{pb}
\end{cases}
$$

对于多个光源，由物体表面上的一点 P 反射到视点的光强 I 为

$$
I = K_a I_a + \sum_{i=1}^{N} I_{pi}\left(K_d\left(\boldsymbol{l}_i\cdot\boldsymbol{n}\right) + K_s\left(\boldsymbol{h}_i\cdot\boldsymbol{n}\right)^m\right)
$$

在 Phong 模型中，每个光源可以有不同的环境光分量、镜面反射光分量和漫反射光分量，似乎并不符合我们的直觉。这是由该模型的固有机制造成的。例如，在包含许多物体的场景中，光源发出的一部分光线直接照射到一个表面上，这部分光线对光照效果的贡献可以通过光源的镜面反射光分量和漫反射光分量建模。光源发出的其他部分光线在被场景中的其他物体反射了许多次之后向各个方向散射，这些散射光线中又有一部分照射到正在考虑的表面之上。这种情况虽然可以通过增加环境光分量近似，但是对于环境光分量所指派的颜色既依赖于光源的颜色也依赖于场景中物体的颜色。漫反射光的情况与之类似，漫反射光在各个表面之间来回反射，在一个特定表面上呈现的颜色依赖于场景其他物体表面的颜色。因此，在使用 Phong 模型时，必须通过仔细选择光源的各分量，以实现利用局部计算近似全局效果的目的。

Phong 模型是计算机图形学中提出的第一个有影响力的光照明模型，其生成的图像的真实度已经达到了可以接受的程度。图 7.5 中给出了利用该模型得到的渲染效果。但是该模型在实际应用中仍存在简单模型固有的一些问题。本书在第 9 章中将介绍更为复杂的全局光照模型。

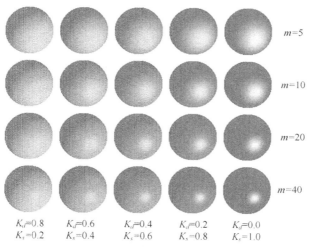

图 7.5　不同参数取值下 Phong 光照明模型的效果示意图

7.2.2　明暗处理方法

在 Phong 模型中，在各参数确定后，光强 I 仅依赖于物体表面法向量 $\boldsymbol{n}$。在多数显示系统中，每一个多边形仅有一个法向量，因而多边形内部各像素的颜色都是相同的，但相邻多边形之间的颜色可能是不同的。这就造成了图 7.6 所示的平面渲染效果。

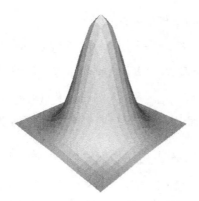

图 7.6 平面渲染效果

除此之外，由于人类视觉系统具有夸大两个相邻区域之间的光强不连续性的特点，若邻接多边形的边界处存在光强的突变，则在渲染结果上还会产生马赫带效应，即沿着多边形边界的带状效果。

为了在显示效果上保证多边形之间的光滑过渡，需要根据某种规则进行插值处理。插值的对象可以是多边形各顶点上的光强，也可以是多边形各顶点的法向量。下面分别介绍这两种技术路线。

1. 双线性光强插值法（Gouraud 明暗处理）

双线性光强插值法是由 Gouraud 于 1971 年提出的。其基本思想是先计算物体表面多边形各顶点的光强，然后用双线性插值求出多边形内部区域中各点的光强。因为公共边的顶点被相邻多边形所共享，因此相邻多边形在边界附近的颜色过渡会比较平滑，可以消除恒定光强绘制中存在的光强不连续的现象。

下面介绍双线性光强插值法的各个步骤。请注意，算法规定仅用物体表面的多边形间的几何与拓扑信息计算其顶点的法向量。如果物体的表面是曲面，则先将曲面离散化，得到曲面的多边形表示，然后进行计算。

（1）计算顶点的法向量

假设以 A 为顶点的多边形有 k 个，法向量分别为 n_1，n_2，$\cdots$，n_k，则顶点 A 的法向量为

$$n_A = \frac{1}{k}\left(n_1 + n_2 + \cdots + n_k\right)$$

（2）计算顶点的光强

在求出顶点 A 的法向量 n_A 后，用 Phong 光照明模型计算在该顶点处的光强。类似地，求出多边形各个顶点的光强。

（3）光强插值

利用多边形顶点的光强进行双线性插值，即由顶点的光强插值计算各边的光强，然后由各边的光强插值计算出多边形内部各点的光强，如图 7.7 所示。

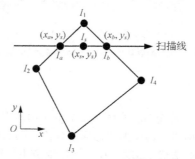

图 7.7 光强插值示意图

双线性光强插值的计算公式如下。

$$
\begin{cases}
I_a = \dfrac{I_1\left(y_s - y_2\right) + I_2\left(y_1 - y_s\right)}{y_1 - y_2} \\[3mm]
I_b = \dfrac{I_1\left(y_s - y_4\right) + I_4\left(y_1 - y_s\right)}{y_1 - y_4} \\[3mm]
I_s = \dfrac{I_b\left(x_s - x_a\right) + I_a\left(x_b - x_s\right)}{x_b - x_a}
\end{cases}
$$

在这个步骤中，可以采用增量算法实现各点光强的计算，如图 7.8 所示。

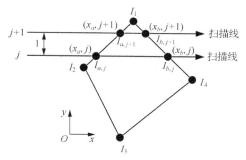

图 7.8　光强插值的增量算法示意图

当扫描线纵坐标由 j 变成 $j+1$ 时，新扫描线上的点 $(x_a, j+1)$ 的光强 $I_{a,j+1}$ 和点 $\left(x_b, j+1\right)$ 的光强 $I_{b,j+1}$，可以由前一条扫描线与边的交点 $\left(x_a, j\right)$ 的光强 $I_{a,j}$ 和 $\left(x_b, j\right)$ 的光强 $I_{b,j}$ 做一次加法得到，即

$$I_{a,j+1} = I_{a,j} + \Delta I_a$$
$$I_{b,j+1} = I_{b,j} + \Delta I_b$$

其中，

$$\Delta I_a = \frac{I_1 - I_2}{y_1 - y_2}$$
$$\Delta I_b = \frac{I_1 - I_4}{y_1 - y_4}$$

在一条扫描线内部，横坐标 x_s 由 x_a 递增到 x_b。当 x_s 由 i 增为 $i+1$ 时，多边形内的点 $(i+1, y_s)$ 的光强可以由同一扫描行左侧的点 (i, y_s) 的光强做一次加法得到，即

$$I_{i+1,s} = I_{i,s} + \Delta I_s$$
$$\Delta I_s = \frac{I_b - I_a}{x_b - x_a}$$

Gouraud 明暗处理的计算量分为两部分：计算初值和插值。光强的线性插值可以利用增量算法快速完成。该方法部分解决了相邻多边形之间的颜色突变的问题，产生的图像的颜色过渡比较均匀。Gouraud 明暗处理效果如图 7.9 所示。

图 7.9　Gouraud 明暗处理效果

2. 双线性法向量插值法（Phong 明暗处理）

从 7.1.3 节的相关内容可知，法向量的细微变化都可能导致高光的剧烈的非线性变化，因而双线性光强插值法采用的线性插值方法对模拟镜面反射形成的高光的真实效果还不太理想。另外，该算法对大块表面进行插值时，仍然可能会在边界上产生不和谐的过渡（马赫带效应）。为了修正这些问题，Phong 提出了双线性法向量插值法，将镜面反射引入明暗处理之中，相对较好地解决了高光的问题。但这种方法的计算量有较大增加。

双线性法向量插值法与双线性光强插值法的处理方法类似，将光强插值公式中的光强改成法向量即可。

$$n_a = \frac{n_1(y_s - y_2) + n_2(y_1 - y_s)}{y_1 - y_2}$$

$$n_b = \frac{n_1(y_s - y_4) + n_4(y_1 - y_s)}{y_1 - y_4}$$

$$n_s = \frac{n_b(x_s - x_a) + n_a(x_b - x_s)}{x_b - x_a}$$

增量插值计算的公式也与双线性光强插值的公式相似，将法向量替代原公式中的光强即可，公式如下。

$$n_{i+1,s} = n_{i,s} + \Delta n_s$$

$$\Delta n_s = \frac{n_b - n_a}{x_b - x_a}$$

在计算得到多边形内每一点的法向量后，即可用 Phong 模型计算该点的光强，此处不再赘述。

在几何造型中，除了精确的参数曲面表示外，绝大部分是采用多边形（四边形或三角形）逼近。Gouraud 明暗处理和 Phong 明暗处理都是对平面近似曲面的一种弥补，能够产生较为逼真的明暗效果。前者采用双线性光强插值，能有效地显示漫反射曲面，计算量小；后者采用双线性法向量插值，可以产生正确的高光区域，但是计算量大。这两种方法在真实感的效果上有一些区别，但是都存在一些缺陷，例如物体的边缘轮廓仍是折线段，透视效果造成等距扫描线产生不均匀效果，以及不同的插值方向产生不同的插值结果等。

7.3 实例分析

本节基于 Three.js 实现一个光滑曲面的光照模拟效果。几何模型由四边形网格构成，每个四边形单元分为两个三角形面。曲面模型示意图如图 7.10 所示。

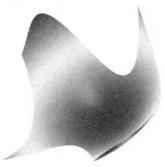

图 7.10 曲面模型示意图

下面给出了生成曲面模型数据的函数。

首先定义了一个大小为 $n \times m$ 的网格，并且定义点坐标为 xgrid 及 ygrid。

```
var n = 101, m = 101;
var nverts = n * m;
var values = new Array(n * m);
var xgrid = new Array(n * m);
var ygrid = new Array(n * m);
for (var j = 0, k = 0; j < m; ++j) {
    for (var i = 0; i < n; ++i, ++k) {
        xgrid[k] = i;
        ygrid[k] = 25*Math.sin(i*Math.PI/50) + j;
        values[k] = Math.pow( (xgrid[k]-50), 2 ) + Math.pow( (ygrid[k]-50), 2 );
    }
}
```

接下来计算网格的中间点和尺寸范围。

```
var xmin = d3.min(xgrid);
var xmax = d3.max(xgrid);
var xmid = 0.5*(xmin+xmax);
var xrange = xmax-xmin;
var ymin = d3.min(ygrid);
var ymax = d3.max(ygrid);
var ymid = 0.5*(ymin+ymax);
var yrange = ymax-ymin;
var zmin = d3.min(values);
var zmax = d3.max(values);
var zmid = 0.5*(zmin+zmax);
var zrange = zmax-zmin;
var scalefac = 1.2/Math.max(xrange, yrange);
var scalefacz = 0.5/zrange;
```

以下将 Three.js 中的几何体初始化。

```
var geometry = new THREE.Geometry();
```

接下来把设置好的网格点添加到几何体中，在这里进行一些调整。采用 Three.js 将每个单元分割成两个三角形面，这样使得最后的模型更加光滑，曲面更加逼真。

```
for (var k = 0; k < nverts; ++k) {
    var newvert= new THREE.Vector3( (xgrid[k] - xmid) * scalefac,
    (ygrid[k] - ymid) * scalefac, (values[k] - zmid) * scalefacz);
    geometry.vertices.push(newvert);
}
//每个单元增加两个三角形单元
for (var j = 0; j < m-1; j++){
    for (var i = 0; i < n-1; i++){
        var n0 = j*n + i;
        var n1 = n0 + 1;
        var n2 = (j+1)*n + i + 1;
        var n3 = n2 - 1;
        face1= new THREE.Face3(n0,n1,n2);
        face2= new THREE.Face3(n2,n3,n0);
        face1.vertexColors[0]=new THREE.Color(color(values[n0]));
        face1.vertexColors[1]=new THREE.Color(color(values[n1]));
        face1.vertexColors[2]=new THREE.Color(color(values[n2]));
```

```
            face2.vertexColors[0]=new THREE.Color(color(values[n2]));
            face2.vertexColors[1]=new THREE.Color(color(values[n3]));
            face2.vertexColors[2]=new THREE.Color(color(values[n0]));
            geometry.faces.push(face1);
            geometry.faces.push(face2);
        }
    }
```

导入 Thrss.js 中准备好的场景。

```
var scene = new THREE.Scene();
```

将网格添加到场景中。

```
scene.add( new THREE.Mesh( geometry, material ) );
```

定义相机。

```
var camera = new THREE.PerspectiveCamera( 45, 1, 0.1, 10 );
camera.position.z = 2;
```

在 Three.js 中可以设置不同的光照对物体进行光照模拟。这里我们定义环境光、镜面反射光及漫反射光，直接调用 Three.js 中的参数即可。

```
var light = new THREE.PointLight( 0xffffff);
light.position.set( 0, 0, 3 );
scene.add( light );
var light = new THREE.PointLight( 0xffffff);
light.position.set( 0, 0, -3 );
scene.add( light );
var light = new THREE.AmbientLight( 0x222222 );
scene.add( light );
renderer.render( scene, camera );
```

7.4　本章小结

本章主要介绍了图形处理管线中常用的简单光照模型及明暗处理方法。读者应理解在管线中光照算法是在顶点处理阶段计算各顶点的光强，而多边形内部的像素是光栅化时采用相应的插值算法进行计算的。另外，本章介绍的简单光照模型只考虑直接光照的影响效果，对于多次反射仅仅以环境光的方式近似处理。在第 9 章中将介绍全局光照模型。

习　　题

1. 在光照模型中考虑的因素有哪些，可以忽略的因素有哪些？分析这些因素会造成什么样不同的绘制效果？

2. 在入射光强 I_p 也可以分解为 I_{pr}、I_{pg}、I_{pb} 时，给出漫反射光的 3 个分量的表达式。

3. 在镜面反射模型中，讨论使用 $(h \cdot n)^m$ 与 $(r \cdot v)^m$ 可能出现的结果的差异。

4. 在双线性光强插值的增量算法中，证明 $\Delta I_a = \dfrac{I_1 - I_2}{y_1 - y_2}$，$\Delta I_b = \dfrac{I_1 - I_4}{y_1 - y_4}$。

5. 在双线性光强插值的增量算法中，证明 $\Delta I_s = \dfrac{I_b - I_a}{x_b - x_a}$。

6. 在双线性法向量插值的增量算法中，证明 $\Delta \boldsymbol{n}_s = \dfrac{\boldsymbol{n}_b - \boldsymbol{n}_a}{x_b - x_a}$。

7. 仿照 7.3 节中给出的例子基于 WebGL 构造一个简单的模型（如多面体、圆柱、球体等）的光照模拟程序，在程序中逐步加入环境光、漫反射光、镜面反射光的光照效应，观察其显示效果的变化。

8. 在第 7 题的基础之上，分别采用 Gouraud 光强插值和 Phong 法向量插值，设计扫描线算法，结合进行插值的计算，使画面更光滑，并对显示的结果进行比较。

9. 编写程序，实现漫反射和镜面反射的公式，使用一个点光源和 Gouraud 明暗处理绘制一个球面的多边形网格面片。可以使用一组多边形表，包括每个多边形的法向量描述对象。附加输入包括环境光强度、光源强度、表面反射系数和镜面反射系数，所有的坐标信息可以在观察参照系直接给出。

第2篇

应用篇

第 8 章　WebGL 高级应用

本章导读

本章首先围绕 WebGL 中的 Shader 编程基础进行讲解，然后结合 Three.js 中的 Shader 材质实现相应的例子。基于 Shader 材质的编程是实现很多高级特效的途径，本章将介绍如何利用 Shader 程序实现一些特效的编写，然后将之融入 WebGL 及 Three.js 的应用开发中。

在 Shader 基础部分，讲解基本的程序模块和变量定义，讲解在可编程管线上 Shader 的作用和意义；在 Shader 程序部分，通过一些实例讲解着色器在 WebGL 中的应用及 Three.js 中 Shader 材质的应用。

8.1　Shader 基础

8.1.1　WebGL 高级渲染

WebGL 依赖于 Shader 实现图形绘制与渲染。不同于传统的固定渲染管线，Shader 提供了灵活且强大的二维或三维图形的定制化绘制方法，可以充分发挥 GPU 多运算核心的优势，加速渲染过程。同时，通过编程可灵活控制像素的颜色和透明度等信息，从而控制最终的渲染效果。使用一种类似于 C 语言的高级图形编程语言 GLSL（OpenGL shading language，OpenGL 着色语言），编写片段程序并运行于 GPU 的着色器上。在 WebGL 中，着色器可以分为顶点着色器和片元着色器，分别用在图形渲染流水线中顶点处理和片元处理的阶段。

1. 顶点着色器

顶点是指二维平面或三维空间中的一个点，包含位置、颜色等属性信息。使用着色器语言编写顶点处理相关内容，编译生成一段着色器程序传递给 GPU，由 GPU 负责计算顶点的新属性信息，这些操作主要包含顶点坐标变换、法线变换及规格化、纹理坐标生成、纹理坐标变换、光照和彩色材质应用等。一个简单的顶点着色器的示例代码如下。

```
attribute vec4 vPosition;
void main() {
    gl_Position = vPosition;
};
```

四维向量 vPosition 存储了输入着色器的顶点位置，其值在初始化着色器时由应用程序输入着色器中。顶点着色器必须计算坐标在裁剪空间中的齐次坐标并将结果存储在特殊的输出变量

gl_Position 中，对于这类特殊的内置变量将在后续章节中进行介绍。

2. 片元着色器

利用着色器语言可以编写片元处理的相关内容，从而计算每个片元的颜色、材质、光照效果等。片元着色器输入顶点着色器处理后的相关信息，输出片元的颜色和深度信息。片元着色器可以替换或增添颜色计算、纹理操作、逐像素光照、雾效果和丢弃片元的操作。片元着色器无法替代某些固定光线上的光栅操作，如混合操作、模板测试、深度测试、裁剪测试、点绘测试等。以下为一个简单的片元着色器示例。

```
precision mediump float;
void main()  {
    gl_FragColor = vec4(1.0, 0.0, 0.0, 1.0);
}
```

该片元着色器通过 WebGL 的内置变量 gl_FragColor 为每个片元指定一个四维的 RGBA 颜色值。片元处理器的一大优点是可以任意多次地访问纹理内存，并可以任意方式结合所读取的值，一次纹理访问的结果可作为执行另一次纹理访问的基础。

顶点着色器负责接收来自程序的顶点数据和颜色信息，经过一系列操作，如剪切等，再将颜色信息传至片元着色器，最后生成图像并呈现在我们面前，如图 8.1 所示。

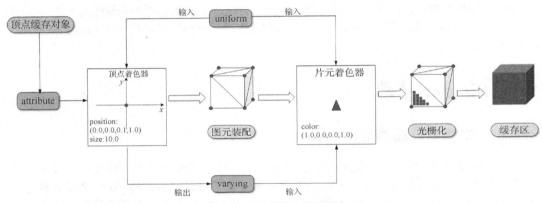

图 8.1　WebGL 的渲染管道的结构

8.1.2　Shader 简介

GLSL ES 是用于编写这些 Shader 程序的专用编程语言，其编程方式与 C 语言十分类似。

GLSL ES 的 Shader 程序对字母大小写是敏感的（如 label 和 Label 表示不同的变量），每个语句都以分号";"表示结束。GLSL ES 因严格要求变量类型而被称为强类型语言（type sensitive language）。GLSL ES 不存在默认类型，因此在声明变量时需具体地指明变量的数据类型。变量的命名规范如下。

- 变量名只能包括数字 0~9，字母 a~z、A~Z，下画线。
- 变量名的首字符不能是数字，只能是字母或下画线。
- 变量名不能是 GLSL ES 中的关键字，也不能是 GLSL ES 中的保留字。保留字是供未来版本的 GLSL ES 使用的，目前使用它们就会报错。
- 变量名不能以_Webgl_、gl_或 Webgl_作为前缀，这些前缀已经被 OpenGL ES 保留了。

GLSL ES 中的关键字如表 8.1 所示。

表 8.1　GLSL ES 中的关键字

关键字	关键字
const uniform	layout
centroid flat smooth	break continue do for while switch case default
if else	in out inout
float int void bool true false	invariant
discard return	lowp mediump highp precision
mat2 mat3 mat4	mat2x2 mat2x3 mat2x4
mat3x2 mat3x3 mat3x4	mat4x2 mat4x3 mat4x4
vec2 vec3 vec4 ivec2 ivec3 ivec4 bvec2 bvec3 bvec4	uint uvec2 uvec3 uvec4
sampler2D sampler3D samplerCube	sampler2DShadow samplerCubeShadow
sampler2DArray	sampler2DArrayShadow
isampler2D isampler3D isamplerCube	isampler2DArray

GLSL ES 中的保留字如表 8.2 所示。

表 8.2　GLSL ES 中的保留字

保留字	保留字
attribute varying	coherent volatile restrict readonly writeonly
resource atomic_uint	noperspective
patch sample	subroutine
common partition active	asm
class union enum typedef template this	goto
inline noinline volatile public static extern external interface	long short double half fixed unsigned superp
input output	hvec2 hvec3 hvec4 dvec2 dvec3 dvec4 fvec2 fvec3 fvec4
sampler3DRect	filter
image1D image2D image3D imageCube	iimage1D iimage2D iimage3D iimageCube
uimage1D uimage2D uimage3D uimageCube	image1DArray image2DArray
iimage1DArray iimage2DArray uimage1DArray uimage2DArray	imageBuffer iimageBuffer uimageBuffer
sampler1D sampler1DShadow sampler1DArray sampler1DArrayShadow	isampler1D isampler1DArray usampler1D usampler1DArray
sampler2DRect sampler2DRectShadow isampler2DRect usampler2DRect	samplerBuffer isamplerBuffer usamplerBuffer
sampler2DMS isampler2DMS usampler2DMS	sampler2DMSArray isampler2DMSArray usampler2DMSArray
sizeof cast	namespace using

OpenGL ES SL 中的基本数据类型如表 8.3 所示。

表 8.3　OpenGL ES SL 中的基本数据类型

类型	描述
void	表示空值
bool	布尔值。该类型的变量表示一个 true 或 false 的布尔值
int	整型数。该类型的变量表示一个整数
float	单精度浮点数。该类型的变量表示一个单精度浮点数

计算机图形学基础与应用——基于WebGL

续表

类型	描述
vec2、vec3、vec4	具有 2、3、4 个浮点数元素的矢量
ivec2、ivec3、ivec4	具有 2、3、4 个整型数元素的矢量
bvec2、bvec3、bvec4	具有 2、3、4 个布尔值元素的矢量
mat2、mat3、mat4	具有 2×2、3×3、4×4 的浮点数元素的矩阵
sampler2D	二维纹理
samplerCube	立方体纹理

GLSL ES 包括通用的 2、3 和 4 分量的矢量和矩阵，每个元素的数据类型都为浮点数、整型数或布尔值。矢量是将这些元素排成一列，而矩阵是将元素划分为行和列。浮点数矢量变量可用于存储颜色、法线、位置、纹理坐标、纹理查找结果等；布尔值矢量可用于数字矢量的分量比较。矢量声明的实例如下。

```
vec2 texcoord1, texcoord2;      //声明具有 2 个浮点数元素的矢量
ivec2 textureLookup;            //声明具有 2 个整型数元素的矢量
bvec3 less;                     //声明具有 3 个布尔值元素的矢量
```

如果需要对矢量进行部分操作，在 Shader 中，共有 3 种组合可供使用，如表 8.4 所示。

表 8.4　分量名

类别	描述
x y z w	用来获取顶点坐标分量
s t p q	用来获取纹理坐标分量
r g b a	用来获取颜色分量

每种组合中的 4 个值分别读取矢量中的第一个、第二个、第三个、第四个值，只是为了编写方便，语义化了 3 种组合，分别为坐标、纹理、颜色，但是使用它们读取的值是一样的，如下。

```
vec4 values = vec4(1.0,2.0,3.0,4.0);
values.z;   //3.0
values.p;   //3.0
values.b;   //3.0
values[2];  //3.0
```

这 3 种组合被使用时必须成组出现，而不能混组出现，如下。

```
vec4 values = vec4(1.0,2.0,3.0,4.0);
vec2 combination1 = values.xy;          //同一组，正确
vec3 combination3 = values.xt;          //不同组，不正确
```

OpenGL ES 着色语言具有 2×2、2×3、2×4、3×2、3×3、3×4、4×2、4×3 和 4×4 的内置浮点数矩阵，第一个数字表示列数，第二个数字表示行数。对矩阵的读取可以像对数组一样，如下。

```
vec2 x,y;
mat2 matrix;
x = matrix[0];
y = matrix[1];
```

再次强调，向矩阵构造函数中传入数据的顺序必须是列主序的。

```
mat4 m4 = mat4 (1.0, 1.0, 2.0, 2.0,
                3.0, 3.0, 4.0, 4.0,
                5.0, 5.0, 6.0, 6.0,
                7.0, 7.0, 8.0, 8.0);
```

得到的矩阵为

$$\begin{bmatrix} 1.0 & 3.0 & 5.0 & 7.0 \\ 1.0 & 3.0 & 5.0 & 7.0 \\ 2.0 & 4.0 & 6.0 & 8.0 \\ 2.0 & 4.0 & 6.0 & 8.0 \end{bmatrix}$$

m4[3][2]表示第 4 列向量的第 3 行分量，其值为 8.0。

采样器专门用来进行纹理的相关操作。一个采样器变量代表一幅或一套纹理贴图。纹理查找需要指定一个纹理或者纹理单元，GLSL ES 不关心纹理单元的底层实现，因此它提供了一个简单而不透明的句柄封装需要查找的对象，这些句柄称为采样器（sampler）。着色器程序本身不能初始化采样器，只能通过一个 uniform 限定的采样器从 OpenGL 程序中接收采样器，或者将采样器传递给用户内置函数。作为一个函数参数，采样器不能被修改，因此着色器程序不能更改一个采样器的值。例如：

```
uniform sampler2D Grass;
```

然后可以将变量 Grass 传递到对应的纹理查找函数中，以便访问一个纹理，如下。

```
vec2 coord;
vec4 color = texture2D(Grass, coord);
```

coord 是一个 vec2 类型的变量，存储要用来作为草地纹理索引的二维位置，color 是执行纹理查找返回的结果。通过着色器和 OpenGL API 一起验证数据传递，采样器 Grass 中封装一个二维纹理，并被传递到二维纹理中进行查找与验证。

着色器不能修改采样器中的值，例如表达式 Grass+1 是不被允许的。如果一个着色器需要在程序中结合多个纹理，可以使用采样器数组，如下。

```
const int NumTextures = 4;
uniform sampler2D textures[NumTextures];
```

然后在一个循环中处理它们，如下。

```
for(int i = 0; i < NumTextures; i++)
    color = texture2D(textures[i], coord);
```

最后利用数组索引指定采样器中将使用哪一个纹理。

此外，采样器类型的变量受到着色器支持的纹理单元最大数量的限制，如表 8.5 所示。

表 8.5　着色器中采样器类型变量的最小数量（mediump 是一个精度限定字）

着色器	表示最大数量的内置常量	最小数量
顶点着色器	const mediump int gl_MaxVertexTextureImageUnits	0
片元着色器	const mediump int gl_MaxTextureImageUnits	8

变量的作用域与在 JavaScript 和 C 语言中一样，例如：

```
float f = 4.0;
vec4 x, y;
for(int i = 0; i < 5; i++)
    v = f * x + y;
```

在 for 语句中声明的变量，其作用域将在该循环的子语句结束时终止。GLSL ES 也具有全局变量和局部变量的概念。全局变量可以在程序的任意位置使用，而局部变量只能在有限的区域使用。如果变量的声明在函数外部，则该变量是全局变量；否则就是局部变量，作用域只在该函数内。内置函数的作用域都在全局作用域，用户也可以定义函数和全局变量，且与内置函数的范围相同。另外，函数声明不能出现在函数内部，它必须在全局范围中。

共享全局变量是指可由多个编译单元访问的变量。在 GLSL ES 中，唯一的共享全局变量是 uniform。顶点着色器的输出不是共享全局变量，因为它们必须在片元着色器被用作输入之前，先通过光栅化阶段。共享全局变量共享相同的命名空间，并且必须以相同的类型和精度声明，它们将共享相同的存储空间。共享全局数组必须具有相同的基本类型和相同的显式大小。变量必须具有完全相同的精度、类型名称和类型定义。结构必须具有相同的名称、类型名称序列和类型定义，并且字段名称应视为相同类型。此规则以递归方式应用于嵌套或嵌入类型。

GLSL ES 中定义了 3 种类型的公共变量：attribute 变量、uniform 变量及 varying 变量。变量和函数形参都可以使用限定符前缀修饰，使用的限定符如 const、in、out、inout。

1. 存储限定符

attribute 变量只能在顶点着色器中使用（不能在片元着色器中声明 attribute 变量，也不能在片元着色器中使用）。一般用 attribute 变量表示一些顶点的数据，如顶点坐标、法线、纹理坐标、顶点颜色等。attribute 变量用来使 OpenGL 应用程序将经常修改的数据传递到顶点着色器中。attribute 变量局限于浮点数标量、浮点数矢量和矩阵。attribute 变量不支持整型数、布尔值、结构或者属性数组。

attribute、uniform 和 varying 变量的数目限制如表 8.6 所示。

表 8.6　attribute、uniform 和 varying 变量的数目限制

变量类别	内置全局变量（表示最大数量）	最小值
attribute 变量	const mediump int gl_MaxVertexAttribs	8
uniform 变量（顶点着色器）	const mediump int gl_MaxVertexUniformVectors	128
uniform 变量（片元着色器）	const mediump int gl_MaxFragmentUniformVectors	16
varying 变量	const mediump int gl_MaxVaryingVectors	8

在 OpenGL 程序中，一般用 glBindAttribLocation() 函数绑定每个 attribute 变量的位置，然后用 glVertexAttribPointer() 函数为每个 attribute 变量赋值。以下是例子。

```
uniform mat4 u_matViewProjection;
attribute vec4 a_position;
attribute vec2 a_texCoord0;
varying vec2 v_texCoord;
void main(void) {
    gl_Position = u_matViewProjection * a_position;
    v_texCoord = a_texCoord0;
}
```

uniform 变量与 attribute 变量一样，只能够在着色器程序的外部设置。两者不同的是，attribute 变量用于频繁更改的数据，而 uniform 变量用于较少更改的数据。uniform 变量一般用来表示变换矩阵、材质、光照参数和颜色等信息，支持所有的数据类型和所有的数据类型的数组。在同

一个 OpenGL 程序中，所有的顶点着色器和片元着色器会共享一个由 uniform 变量使用的全局命名空间。因此，如果 uniform 变量在顶点着色器和片元着色器两者之间的声明方式完全一样，则它可以由顶点着色器和片元着色器共享使用（相当于一个被顶点着色器和片元着色器共享的全局变量）。

uniform 变量不能被着色器修改，其在着色器中是共享的。若修改 uniform 变量，其他引用很可能会出错。uniform 变量是外部应用程序传递给着色器程序的变量，因此它是应用程序通过 glUniform**() 函数赋值的。在着色器程序内部，uniform 变量就像 C 语言中的常量（const），它不能被着色器程序修改。以下是例子。

```
uniform mat4 viewProjMatrix;        //投影+视图矩阵
uniform mat4 viewMatrix;            //视图矩阵
uniform vec3 lightPosition;         //光源位置
```

varying 变量是顶点着色器与片元着色器交流的唯一方式，必须是全局变量。和 attribute 变量一样，varying 变量只能是以下类型：float、vec2、vec3、vec4、mat2、mat3 或 mat4。varying 变量是顶点着色器与片元着色器之间的动态接口。顶点着色器计算每个顶点的值（如颜色和纹理坐标等）并将它们写到 varying 变量中。顶点着色器也会从 varying 变量中读取或写入相应的值。如果从顶点着色器中读取一个尚未被写入的 varying 变量，将返回未定义值。片元着色器会读取 varying 变量的值，并且被读取的值将会作为插值器，作为图元中片元位置的一个功能信息。varying 变量对于片元着色器来说是只读的，片元着色器写入 varying 变量是非法的。在顶点着色器和片元着色器中都有声明的同名 varying 变量的类型必须匹配，否则将引起链接错误，导致程序不能使用此变量。以下是例子。

```
// 顶点着色器
uniform mat4 u_matViewProjection;
attribute vec4 a_position;
attribute vec2 a_texCoord0;
varying vec2 v_texCoord;
// 顶点着色器中的 varying 变量
void main(void) {
    gl_Position = u_matViewProjection * a_position;
    v_texCoord = a_texCoord0;
}
// 片元着色器
precision mediump float;
varying vec2 v_texCoord;
// 片元着色器中的 varying 变量
uniform sampler2D s_baseMap;
uniform sampler2D s_lightMap;
void main() {
    vec4 baseColor;
    vec4 lightColor;
    baseColor = texture2D(s_baseMap, v_texCoord);
    lightColor = texture2D(s_lightMap, v_texCoord);
    gl_FragColor = baseColor * (lightColor + 0.25);
}
```

const 变量和 C 语言中的常量类似，被 const 限定符修饰的变量初始化后不可变。除了局部变量，函数参数也可以使用 const 修饰符。但要注意的是，结构变量可以用 const 修饰，但结构中的字段不行。限定为 const 的变量是编译时常量，这些变量在声明它们的着色器外部是不可见的。GLSL ES 支持非标量常量，例如：

```
const vec2 v=vec2(1.0,2.0);          //声明 const 变量
struct light {
    vec4 color;
    vec3 pos;
    //const vec3 pos1;                //结构中的字段不可用 const 修饰，否则会报错
};
const light lgt = light(vec4(1.0), vec3(0.0)); //结构变量可以用 const 修饰
```

如果在声明变量时没有指定限定符，那么着色器可以写入和读取这个变量。在全局范围声明的未限定变量，可以在同一个程序中链接的所有同类型着色器之间共享。顶点着色器和片元着色器分别拥有自己的用来针对未限定变量的全局命名空间。由于顶点着色器和片元着色器二者的命名空间的差异，所以通过未限定变量来交流信息数据是不行的。

2. 参数限定符

函数的参数默认是以副本的形式传递的，也就是值传递，任何传递给函数参数的变量，其值都会被复制一份，然后交给函数内部处理。我们可以为参数添加限定符达到传递引用的目的，GLSL ES 中提供的参数限定符如表 8.7 所示。

表 8.7　参数限定符

参数限定符	说明
< none: default >	默认使用 in 限定符
in	复制到函数中，在函数中可读写
out	返回时从函数中复制出来
inout	复制到函数中，并在返回时复制出来

3. 精度限定符

精度限定符的目的是帮助着色器程序提高运行效率，削减内存开销。精度限定符用来表示每种数据具有的精度，高精度的程序需要更大的开销（内存和计算时间），低精度的程序开销则很小。WebGL 程序支持 3 种精度，其限定符分别为 highp（高精度）、mediump（中精度）和 lowp（低精度），如表 8.8 所示。

表 8.8　精度限定符

精度限定符	描述	默认数值范围	
		float	int
highp	高精度，顶点着色器的最低精度	$-2^{62} \sim 2^{62}$	$0 \sim 4294967295$
mediump	中精度，介于高精度和低精度之间，片元着色器的最低精度	$-2^{14} \sim 2^{14}$	$0 \sim 65535$
lowp	低精度，低于中精度，可以表示所有颜色	$-2 \sim 2$	$0 \sim 255$

下面是声明变量精度的例子。

```
lowp float color;
out mediump vec2 P;
lowp ivec2 foo(lowp mat3);
highp mat4 m;
```

为每个变量都声明精度十分烦琐，也可以使用关键字 precision 声明着色器的默认精度。声明代码必须在顶点着色器或片元着色器的顶部，其格式如下。

```
precision 精度限定符 类型名称;
```

例如：

```
precision mediump float ;      //所有浮点数默认为中精度
precision highp int ;          //所有整型数默认为高精度
```

对于一些基本类型，着色器已经实现了默认精度，如表 8.9 所示，只有片元着色器中的 float 类型没有默认类型，需要手动指定。

表 8.9 数据类型的默认精度

着色器类型	数据类型	默认精度
顶点着色器	int	highp
	float	highp
	sampler2D	lowp
	samplerCube	lowp
片元着色器	int	mediump
	float	无
	sampler2D	lowp
	samplerCube	lowp

8.2 Shader 程序

8.2.1 内置变量与函数

在 OpenGL ES 中，内建特殊变量部分来自顶点着色器的输出变量，部分来自片元着色器的输入变量和输出变量。不同于用户定义的 varying 变量，内建特殊变量不用在顶点着色器和片元着色器之间保持严格的一一对应关系。相反，两个着色器各自有一套变量集合。

1. 顶点着色器的特定变量

OpenGL ES 在顶点着色器和片元着色器中有特定的功能，着色器通过使用内置变量与这些 OpenGL ES 的特定功能通信。用来与特定功能通信的顶点着色器的内置变量本质上按照如下方式声明。

```
in highp int gl_VertexID;
in highp int gl_InstanceID;

out highp vec4 gl_Position;
out highp float gl_PointSize;
```

除非另有说明，上面声明的这些变量仅在顶点着色器中可用。

变量 gl_Position 用于写入齐次顶点位置，它可以在着色器运行期间的任何时间写入。这个值可以用在顶点处理开始后的图元装配、剪裁、剔除和其他图元操作的固定功能上。如果检测到 gl_Position 没有被写入，或者在写入前被读取，编译器会产生一条诊断信息，但是并不是所有的情况都能检测到。如果顶点着色器已经执行，但是并没有写入 gl_Position，那么 gl_Position 的值是未定义的。

变量 gl_PointSize 是顶点着色器用来写入将要光栅化的点的尺寸，单位是像素。如果未写入 gl_PointSize，则其值在后续管线阶段是未定义的。

变量 gl_VertexID 是一个顶点着色器输入变量，它保存顶点的整型数索引。虽然变量 gl_VertexID 始终存在，但其值并不总是有定义的。

变量 gl_InstanceID 是一个顶点着色器输入变量，它在实例绘制调用中保存当前基元的实例号。如果当前原语不来自实例绘制调用，则 gl_InstanceID 的值为零。

2. 片元着色器的内置变量

片元着色器的内置变量本质上是按照如下方式声明的。

```
in highp vec4 gl_FragCoord;
in  bool gl_FrontFacing;
out highp float gl_FragDepth;
in  mediump vec2 gl_PointCoord;
```

片元着色器的输出交给 OpenGL ES 管线后端的固定功能处理。

写入 gl_FragDepth 将为正在处理的片元建立深度值。如果启用了深度缓冲，并且没有着色器写入 gl_FragDepth，则深度的默认值将用作片元的深度值。如果着色器静态地为 gl_FragDepth 赋值，但通过着色器的执行路径没有设置 gl_FragDepth，那么对于采用该路径的着色器，可能未定义片元的深度值。

gl_FragCoord 是片元着色器中的只读变量，它保存了片元相对窗口的坐标位置($x,y,z,1/w$)。这个值是顶点处理产生片元后固定功能内插图元的结果。组件 z 是用于表示片元的深度值。

gl_FrontFacing 是片元着色器的内置只读变量，如果片元属于一个当前图元，那么这个值就为 true。这个变量的一个用法就是模拟两面光，通过条件判断选择两种颜色中的一种。

gl_PointCoord 是片元着色器的内置只读变量，它的值是当前片元所在点图元的二维坐标，值的范围是 0.0～1.0。如果当前图元不是一个点，那么从 gl_PointCoord 读出的值是未定义的。

注意，discard 关键字只能在片元着色器中使用，表示丢弃当前片元，直接处理下一个片元，并且不会对任何缓冲区进行更新。当基元内的不同片元采用不同的控制路径时，就意味着某些片元被丢弃，后续对该片元隐式或显式的引用将会是未定义的。它通常用于条件语句中，例如：

```
float dist = distance (gl_PointCoord, vec2(0.5, 0.5));
if(dist < 0.5) { // 点的半径是 0.5
    gl_Pragcolor = vec4(1.0, 0.0, 0.0, 1.0);
} else {
    discard;
}
```

这段代码根据当前片元和点的中心的距离决定是否丢弃当前片元。gl_PointCoord 变量保存了片元所在点处的坐标，而点的中心坐标是(0.5,0.5)，所以上述片元着色器实现：计算片元距离所属点的中心的距离，然后根据距离判断是否绘制该片元，若距离小于 0.5 则绘制该片元，否则丢弃它。

3. 内置常量

所有的着色器均提供了如下内置常量，实际使用中的值取决于现实需要，但必须不小于下面给定的这些值。

```
// 相关常量实现。下面的示例值是各内置常量允许的最小值
// 顶点着色器的内置常量
const mediump int  gl_MaxVertexAttribs = 16;
const mediump int  gl_MaxVertexUniformVectors = 256;
const mediump int  gl_MaxVertexOutputVectors = 16;
const mediump int  gl_MaxVertexTextureImageUnits = 16;
```

```
// 片元着色器的内置常量
const mediump int  gl_MaxFragmentInputVectors = 15;
const mediump int  gl_MaxFragmentUniformVectors = 224;

const mediump int  gl_MaxTextureImageUnits = 16;
const mediump int  gl_MaxDrawBuffers = 4;
const mediump int  gl_MinProgramTexelOffset = -8;
const mediump int  gl_MaxProgramTexelOffset = 7;
const mediump int  gl_MaxCombinedTextureImageUnits = 32;
```

4. 内置 uniform 状态

作为访问 OpenGL ES 处理状态的辅助手段，OpenGL ES 着色语言中内置了如下统一变量。

```
// 窗口坐标的深度范围
struct gl_DepthRangeParameters {
    highp float near;      // n
    highp float far;       // f
    highp float diff;      // f - n
};
uniform gl_DepthRangeParameters gl_DepthRange;
```

5. 内置函数

OpenGL ES 着色语言为标量和向量操作，定义了各种内置的便利函数。大部分内置函数可用于多种类型着色器，但有些功能旨在提供直接映射到硬件的功能，因此仅适用于特定类型的着色器。

内置函数基本上分为 3 类。

*   便捷地提供一些必要的硬件功能，例如访问纹理贴图。这些函数功能无法通过着色器语言进行模拟。

*   代表一个简单的操作（例如 clamp()、mix()函数），这些功能可能对用户来说十分容易编写，但它们相当常见而且可能有直接的硬件支持。对于编译器来说，将表达式映射为复杂的汇编程序指令是非常困难的。

*   提供对图形硬件的操作，并且在适当的时候进行加速。三角函数就是一个很好的例子。

有些函数名称和常见的 C 语言的库函数类似，但它们支持向量的输入和更多的传统标量输入。在编写时建议尽量使用内置函数，而不是在着色器中实现相同功能的程序，因为内置函数是经过最大优化的，有些内置函数是直接操作硬件的。表 8.10 概括了 GLSL ES 的内置函数。

表 8.10　OpenGL ES 着色语言的内置函数

类别	内置函数
角度函数	radians()（角度值转弧度值），degrees()（弧度值转角度值）
三角函数	sin()（正弦），cos()（余弦），tan()（正切），asin()（反正弦），acos()（反余弦），atan（反正切）
指数函数	pow()（计算指数），exp()（自然指数），log()（自然对数），exp2()（以 2 为底的指数），log2()（以 2 为底的对数），sqrt()（开平方），inversesqrt()（开平方的倒数）
通用函数	abs()（绝对值），min()（最小值），max()（最大值），mod()（取余数），sign()（取正负号），floor()（向下取整），ceil()（向上取整），clamp()（限定范围），mix()（线性内插），step()（步进函数），smoothstep()（艾米内插步进），fract()（获取小数部分）

续表

类别	内置函数
几何函数	length()（矢量长度），distance()（两点间距离），dot()（内积），cross()（外积），normalize()（归一化），reflect()（矢量反射），faceforward()（使向量"朝前"）
矩阵函数	matrixCmpMult()（逐元素乘法）
向量关系函数	lessThan()（逐元素小于），lessThanEqual()（逐元素小于或等于），greaterThan()（逐元素大于），greaterThanEqual()（逐元素大于或等于），equal()（逐元素相等），notEqual()（逐元素不等），any()（任意元素为 true()，则为 true），all()（所有元素为 true()，则为 true()），not()（逐元素取补）
纹理查询函数	texture2D()（在二维纹理中获取纹素），textureCube()（在立方体纹理中获取纹素），texture2DProj()（texture2D()的投影版本），texture2DLod()（texture2D()的金字塔版本），textureCubeLod()（textureCube()的金字塔版本），texture2DProjLod()（texture2DLod()的投影版本）

内置函数的输入参数和相应的输出参数可以是 float、vec2、vec3 或 vec4，此时使用 genType 作为函数的形参类型指定。类似地，genIType 用作输入参数和相应的输出参数为 int、ivec2、ivec3 或 ivec4 的形参类型指定，genUType 用作输入参数和相应的输出参数为 uint、uvec2、uvec3 或 uvec4 的形参类型指定，genBType 用作输入参数和相应的输出参数为 bool、bvec2、bvec3 或 bvec4 的形参类型指定。对于函数的任何特定应用，实参的个数必须和所有的形参个数保持一致。mat 类型亦如此，它可以表示所有的基础矩阵类型。

内置函数的精度取决于函数和参数。具体而言，其精度可分为 3 类。

• 有些函数具有预定义的精度，其精度是指定的。例如：

```
highp ivec2 textureSize (gsampler2D sampler, int lod)
```

• 对于纹理采样函数，返回类型的精度与采样器类型的精度相同。例如：

```
uniform lowp sampler2D sampler;
highp vec2 coord;
...
lowp vec4 col = texture (sampler, coord); // texture() 返回 lowp 精度
```

• 对于其他内置函数，将返回与输入参数最高精度匹配的精度。

8.2.2　示例说明

1. 配置 Three.js 的后期处理对象

为了能够使用 Three.js 进行后期处理，我们需要对当前的配置进行如下修改。

（1）创建 Three.EffectComposer 对象，在该对象上可以添加后期处理通道。

（2）配置 Three.EffectComposer 对象，使它可以渲染场景，并应用后期处理。

（3）在 render 循环中，使用 Three.EffectComposer 渲染场景、应用通道和输出结果。

创建 Three.EffectComposer 对象，首先需要包含相应的 JavaScript 文件，这些文件可以在 Three.js 的发布包里找到，路径是 examples/js/postprocessing 和 examples/js/Shaders。

为了使得 Three.EffectComposer 正常工作，至少需要包含如下文件。

```
<script type="text/JavaScript" src = "../libs/postprocessing/
EffectComposer.js"> </script>
<script type="text/JavaScript" src = "../libs/postprocessing/MaskPass.js">
</script>
<script type="text/JavaScript" src = "../libs/postprocessing/
```

```
RenderPass.js"> </script>
  <script type="text/JavaScript" src = "../libs/Shaders/CopyShader.js">
  </script>
  <script type="text/JavaScript" src = "../libs/postprocessing/
ShaderPass.js"> </script>
```

EffectComposer.js 文件提供 Three.EffectComposer 对象，以便添加后期处理步骤。MaskPass.js、ShaderPass.js 和 CopyShader.js 文件是 Three.EffectComposer 内部使用的文件。RenderPass.js 文件用于在 Three.EffectComposer 对象上添加渲染通道，如果没有通道，场景就不会被渲染。

在这个示例中，我们添加了另外两个 JavaScript 文件，用来在场景中添加一种类似胶片的效果，如下所示。

```
<script type="text/JavaScript" src="../libs/postprocessing/FilmPass.js">
</script>
<script type="text/JavaScript" src="../libs/Shaders/FilmShader.js">
</script>
```

首先需要创建一个 Three.EffectComposer 对象，并在对象的构造函数中传入 Three.WebGLRenderer，如下所示。

```
var WebGLRenderer = new Three.WebGLRenderer();
var composer = new Three.EffectComposer (WebGLRenderer);
```

接下来我们要在这个组合器中添加各种通道。

2．后期处理配置

每个通道都会按照其加入 Three.EffectComposer 的顺序执行。第一个加入的通道是 Three.RenderPass。下面这个通道会渲染场景，但是渲染结果不会输出到屏幕上。

```
var renderPass = new Three.RenderPass (scene, camera);
composer.addPass(renderPass);
```

在创建 Three.RenderPass 时需要传入要渲染的场景和所使用的相机。调用 addPass()方法就可以将 Three.RenderPass 添加到 Three.EffectComposer 对象上。接下来要添加一个可以将结果输出到屏幕上的通道，当然，并不是所有的通道都能够实现这个功能，在本例中我们使用 Three.FilmPass 通道将结果输出到屏幕上。在添加 Three.FilmPass 通道时，首先要创建该对象，然后将其添加到组合器中。实现代码如下所示。

```
var renderPass = new Three.RenderPass (Scene, camera);
var effectFilm = new Three.EffectComposer(0.8, 0.325, 256, false);
effectFilm.renderToScreen = true;

var composer = new Three.EffectComposer(WebGLRenaderer) ;
composer.addPass (renderPass);
composer.addPass (effectFilm);
```

上面的代码创建了 Three.FilmPass 对象，并将它的 renderToScreen 属性设置为 true。这个通道是在 renderPass 之后添加到 Three.EffectComposer 组合器中的，所以使用这个组合器时，场景会被渲染并通过 Three.FilmPass 将结果输出到屏幕上。

3．更新渲染循环

现在我们需要稍微对渲染进行修改，也就是说在循环中使用组合器替换 Three.WebGLRender。

```
var clock = new Three.Clock();
function render() {
    stats.update();
    var delta = clock.getDelta();
    orbitControls.Update(delta);
```

```
        sphere.rotation.y += 0.002;

        requestAnimationFrame(render);
        composer.render (delta);
}
```

在代码中我们移除了 WebGLRenderer.render(scene, camera)，然后使用 composer.render(delta)，这样就会调用 EffectComposer 对象的 render()方法。由于我们已经将 FilmPass 的 renderToScreen 属性设置为 true，所以 FilmPass 的结果会输出到屏幕上。

Three.js 库提供了许多后期处理通道，这些通道可以直接添加到 Three.EffectComposer 组合器中使用。注意，为了更好地了解通道的效果，读者最好实验一下本章提供的示例。表 8.11 对不同的后期处理通道进行了介绍。

表 8.11　Three.js 中的后期处理通道

名称	描述
Three.BloomPass	该通道通过增强场景中明亮的区域模拟真实世界中的相机
Three.DotScreenPass	该通道会将黑点图层应用到屏幕的原始图片上
Three.FilmPass	该通道通过扫描线和失真来模拟电视屏幕的效果
Three.GlitchPass	该通道会随机地在屏幕上显示电脉冲
Three.MaskPass	使用该通道可以在当前图片上添加掩码，后续的通道只会影响掩码区域
Three.RenderPass	该通道会在当前场景和相机的基础上渲染出一个新场景
Three.SavePass	当该通道执行时会复制当前的渲染结果，在后续的步骤中可以使用。但是该通道在实际应用中作用不大
Three.ShaderPass	该通道接收自定义的着色器作为参数，以生成一个高级、自定义的后期处理通道
Three.TexturePass	该通道将组合器的当前状态保存为纹理，然后将其作为参数传入其他的 EffectComposer 组合器

4．创建自定义后期处理着色器

下面通过创建两个不同的着色器来说明。第一个着色器可以将当前图片转换为灰度图，第二个着色器可以减少颜色的可用数目，从而将图片转换为 8 位图。这里需要指出的是，创建顶点着色器和片元着色器是一个很大的话题。本小节只会简单介绍这些着色器的功能和工作原理，更多信息可以在 WebGL 规范中找到。

（1）自定义灰度图着色器

如果要创建 Three.js 使用的自定义着色器，需要实现两个组件：顶点着色器和片元着色器。顶点着色器可以用于改变每个顶点的位置，片元着色器可以用于定义每个像素的颜色。对于后期处理着色器，我们只需要实现片元着色器就可以了，然后使用 Three.js 提供的默认顶点着色器。我们知道 GPU 通常是可以支持多个着色器管道的，这也就意味着 GPU 在执行顶点着色器时会有多个着色器同时执行。对于片元着色器的执行也是一样的。

下面我们就来看看着色器的完整代码，该着色器可以在图片上创建出灰度效果（customShader.js）。

```
Three.CustomGrayScalesShader = {
uniforms: {
"tDiffuse": { type: "t", value: null },
"rPower": { type: "f", value: 0.2126 },
"gPower": { type: "f", value: 0.7152 },
"bPower": { type: "f", value: 0.0722 }
},

vertexShader: [
"varying vec2 vUv;",
"void main() {",
"vUv = uv;",
"gl_Position = ProjectionMatrix * modelViewMatrix * Vec4(
position, 1.0 );",
"}"
].join("\n"),

fragmentShader: [
"uniform float rPower;"
"uniform float gPower;",
"uniform float bPower;",
"uniform sample2D tDiffuse;",

"varying vec2 vUv;",

"void main() {",
"vec4 texel = texture2D( tDiffuse, vUv );",
"float gray = texel.r * rPower + texel.g * gPower + texel.b * bPower;",
"gl_FragColor = vec4( vec3 (gray), texel.w ) ;",
"}"
].join("\n")
};
```

首先我们来看看顶点着色器。

```
vertexShader: [
"varying vec2 vUv;",
"void main() {",
"vUv = uv;",
"gl_Position = ProjectionMatrix * modelViewMatrix * Vec4(
position, 1.0 );",
"}"
].join("\n"),
```

对于后期处理来说，这个着色器其实并没有做什么。从上面的代码来看，这不过是 Three.js 库中顶点着色器的标准实现。代码中使用的 ProjectionMatrix 表示的是相机的投影矩阵，modelViewMatrix 表示的是场景中物体的位置到真实世界位置的映射，它们共同决定将物体渲染到屏幕的哪个位置。

对于后期处理，需要注意的是代码中的 uv 值，它表示的是 texel（纹理上的像素），该值会通过 "varying vec2 vUv" 变量传递到片元着色器中。然后我们通过 vUv 获取片元着色器中需要的像素值。下面让我们从变量的声明开始看看片元着色器。

```
"uniform float rPower;"
"uniform float gPower;",
```

```
"uniform float bPower;",
"uniform sample2D tDiffuse;",
"varying vec2 vUv;",
```

在这里可以看到定义了 uniforms 属性的 4 个变量，这 4 个变量可以从 JavaScript 程序传递到着色器中。在本示例中，我们会传递 3 个浮点数，类型标识为 f（用来决定灰度图中所包含的颜色比例）；还会传递一个纹理（tDiffuse），类型为 t。该纹理中包含的是 Three.EffectComposer 组合器中前一个通道的处理结果。Three.js 会确保这个处理结果能够准确地传递给着色器。除此之外，我们也可以在 JavaScript 程序中设置其他 uniforms 变量的值。如果要在 JavaScript 程序中使用这些 uniforms 变量，我们必须定义哪些 uniforms 变量可以在着色器中使用，定义方式是在着色器文件的开头完成，如下所示。

```
uniforms: {
    "tDiffuse": { type: "t", value: null },
    "rPower": { type: "f", value: 0.2126 },
    "gPower": { type: "f", value: 0.7152 },
    "bPower": { type: "f", value: 0.0722 }
},
```

这样我们就可以接收从 Three.js 传递过来的配置参数，以及需要调整的图片。下面来看将每个像素转换为灰色的代码。

```
"void main() {",
"vec4 texel = texture2D( tDiffuse, vUv );",
"float gray = texel.r * rPower + texel.g * gPower + texel.b * bPower;",
"gl_FragColor = vec4( vec3 (gray), texel.w ) ;",
"}"
```

这段代码的作用是在传递过来的纹理上获取正确的像素。实现的方式是调用 texture2D()方法，在该方法中传递当前图片（tDiffuse）和要处理的像素的位置（vUv）。处理的结果就是一个包含颜色和透明度（texel.w）的 texel。

接下来我们将会使用 texel 的属性 r、g 和 b 的值计算灰度值。这个灰度值会保存在 gl_FragColor 变量中，并最终显示在屏幕上。这样我们的着色器就定义完成了，而且该着色器和其他着色器的使用方式是一样的。首先需要设置 Three.EffectComposer，如下所示。

```
var renderPass = new Three.RenderPass(scene, camera);
var effectCopy = new Three.ShaderPass (Three.CopyShader);
effectCopy.renderToScreen = true;

var ShaderPass = new Three.ShaderPass (Three.CustomGrayScaleShader);

var composer = new Three.EffectComposer (WebGLRenderer) ;
composer.addPass (renderPass);
composer.addPass (ShaderPass);
composer.addPass (effectCopy);
```

在渲染循环中调用 composer.render(delta)方法。如果要在运行期改变着色器的属性，改变 uniforms 属性的值即可，如下所示。

```
ShaderPass.enabled = controls.grayScale;
ShaderPass.uniforms.rPower.value = controls.rPower;
ShaderPass.uniforms.gPower.value = controls.gPower;
ShaderPass.uniforms.bPower.value = controls.bPower;
```

着色器的处理结果如图 8.2 所示。

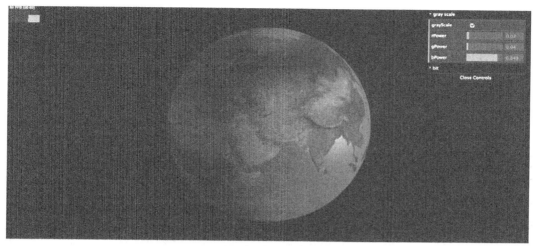

图 8.2 实现的灰度着色器的效果示例

（2）自定义位着色器

接下来我们定义另外一个着色器。这次我们需要将输出结果由 24 位降低到 8 位。

通常来说，颜色可以表示为 24 位数值，所以总共有大约 1600 万种颜色。但是在早期的计算机中，颜色一般用 8 位或者 16 位的数值表示。使用着色器，我们可以自动将 24 位的颜色值输出为 8 位（或者任何想要的位数）的值。

由于我们要使用的示例和上一示例没有太大区别，所以我们直接给出 uniforms 属性和片元着色器的定义。Uniforms 属性的定义如下。

```
uniforms: {
    "tDiffuse": { type: "t", value: null },
    "bitSize": { type: "f", value: 4 },
},
```

片元着色器的定义如下。

```
fragmentShader: [
"uniform int bitSize;"
"uniform sampler2D tDiffuse;",
"varying vec2 vUv;",

"void main() {",
"vec4 texel = texture2D( tDiffuse, vUv );",
"float n = pow(float(bitSize), 2.0)",
"float newR = float(texel.r * n)/n;",
"float newG = float(texel.g * n)/n;",
"float newB = float(texel.b * n)/n;",

"gl_FragColor = vec4( newR, newG, newB, texel.w );",
"}"
].join("\n")
```

如代码所示，我们定义了两个 uniforms 属性变量，这两个属性变量可以用来对着色器进行配置。第一个 uniforms 属性变量用于传递当前屏幕的渲染结果；第二个 uniforms 属性变量是我们定义的整型数(type:"i")的变量，用于表示要绘制的颜色深度。具体流程如下。

① 依据传入的像素位置值 vUv，从纹理和 tDiffuse 中获取 texel。

② 根据 bitSize 属性计算出可以得到的颜色数量，计算方式是取 2 的 bitSize 次方：pow(float (bitSize),2.0)。

③ 计算 texel 的新颜色值，计算方式是将原颜色的值乘 n，然后取整数 float (texel.r*n)，再除以 n。

④ 将上述的计算结果赋给 gl_FragColor（红、绿、蓝的值及透明度），然后显示在屏幕上。

渲染结果如图 8.3 所示。

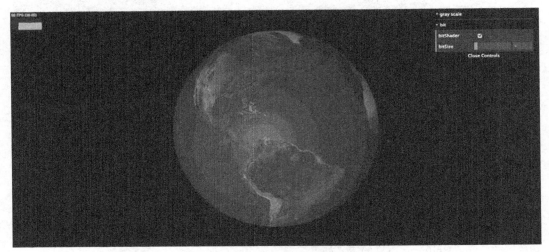

图 8.3　实现的位着色器的效果示例

8.2.3　Three.js 中的 Shader 材质

这一小节我们将要介绍 Three.js 中的自定义着色器材质 Three.ShaderMaterial。它是 Three.js 库中功能最丰富，也是最为复杂的一种高级材质。通过它，可以定义自己的着色器，直接在 WebGL 环境中运行。着色器可以将 Three.js 中的几何对象转换为屏幕上的像素。通过这些自定义的着色器，可以明确指定对象如何渲染及遮盖，或者修改 Three.js 库中的默认值。

本小节将不会涉及如何定制着色器的细节，而是讲解在 JavaScript 中如何通过 Three.js 提供的 ShaderMaterial 及预先指定的着色器功能实现自定义着色器材质的搭建。ShaderMaterial 包含几个常用属性，如 wireframe、wireframeLinewidth、flatShading、fog、vertexColors 等。其中 vertexColors 属性表示为每一个顶点定义不同的颜色，它在 CanvasRenderer 下不起作用，只在 WebGLRenderer 下起作用。

除上面提到的属性外，ShaderMaterial 还有几个特别的属性，如表 8.12 所示。使用它们可以传入数据，定制着色器。它们在前文中有所提及。

表 8.12　ShaderMaterial 的一些特别的属性

属性	介绍
fragmentShader（片元着色器）	这个着色器定义的是每个传入的像素的颜色
vertexShader（顶点着色器）	这个着色器允许修改每一个传入的顶点的位置
uniforms（统一值）	通过这个属性可以向着色器发信息。同样的信息会发到每一个顶点和片元

续表

属性	介绍
defines	这个属性的值可以转成 vertexShader 和 fragmentShader 中的 #define 代码。该属性可以用来设置着色器程序中的一些全局变量
attributes	这个属性可以修改每个顶点，通常用来传递位置数据及与法向量相关的数据。如果要用这个属性，那么要为几何体中的所有顶点提供信息
lights	这个属性定义光照数据是否传递给着色器，默认值是 false

其中，最重要的部分是：如果想要使用 ShaderMaterial 材质，就必须传入 vertexShader 和 fragmentShader 这两个不同的着色器。

接下来给出示例，创建一种动态材质，会用到较简单的 vertexShader，用来修改一个方块各个顶点的 x、y、z 坐标。还会用到另一个着色器 fragmentShader，用来创建连续变化的材质。

首先在 JavaScript 代码中先定义一段 vertexShader 代码。这种着色器初始化方法通常位于 HTML 文件的<script>标签内。

```
<script id="vertexShader" type="x-Shader/x-vertex">

    uniform vec2 uvScale;
    varying vec2 vUv;

    void main()
    {
        vUv = uvScale * uv;
        vec4 mvPosition = modelViewMatrix * vec4( position, 1.0 );
        gl_Position = projectionMatrix * mvPosition;
    }

</script>
```

接下来是定义好的 fragmentShader 的代码。

```
<script id="fragmentShader" type="x-Shader/x-fragment">
    uniform float time;
    uniform float fogDensity;
    uniform vec3 fogColor;
    uniform sampler2D texture1;
    uniform sampler2D texture2;
    varying vec2 vUv;
    void main( void ) {
        vec2 position = - 1.0 + 2.0 * vUv;
        vec4 noise = texture2D( texture1, vUv );
        vec2 T1 = vUv + vec2( 1.5, - 1.5 ) * time * 0.02;
        vec2 T2 = vUv + vec2( - 0.5, 2.0 ) * time * 0.01;
        T1.x += noise.x * 2.0;
        T1.y += noise.y * 2.0;
        T2.x -= noise.y * 0.2;
        T2.y += noise.z * 0.2;
        float p = texture2D( texture1, T1 * 2.0 ).a;
```

```
        vec4 color = texture2D( texture2, T2 * 2.0 );
        vec4 temp = color * ( vec4( p, p, p, p ) * 2.0 ) + ( color * color - 0.1 );
        if( temp.r > 1.0 ) { temp.bg += clamp( temp.r - 2.0, 0.0, 100.0 ); }
        if( temp.g > 1.0 ) { temp.rb += temp.g - 1.0; }
        if( temp.b > 1.0 ) { temp.rg += temp.b - 1.0; }
        gl_FragColor = temp;
        float depth = gl_FragCoord.z / gl_FragCoord.w;
        const float LOG2 = 1.442695;
        float fogFactor = exp2( - fogDensity * fogDensity * depth * depth * LOG2 );
        fogFactor = 1.0 - clamp( fogFactor, 0.0, 1.0 );
        gl_FragColor = mix( gl_FragColor, vec4( fogColor, gl_FragColor.w ),
        fogFactor );
    }

</script>
```

接下来就可以创建 ShaderMaterial 了，这里的第一步是定义 uniforms 变量，该变量与上面的两个着色器将一同被传递给 ShaderMaterial。

```
uniforms = {
    "time": { value: 1.0 }
};
```

紧接着我们实现一个 ShaderMaterial，将上述定义好的 fragmentShader、vertexShader 及 uniforms 变量传递进去。

```
var material = new Three.ShaderMaterial( {uniforms: uniforms,
    vertexShader: document.getElementById( 'vertexShader' ).textContent,
    fragmentShader: document.getElementById( 'fragmentShader' ).textContent
} );
```

将创建出来的材质赋予某个物体，如一个平面几何体。

```
var geometry = new Three.PlaneBufferGeometry( 2, 2 );
```

创建 mesh 网格对象后添加到场景中，这里将几何对象与材质一同传递进去。

```
var mesh = new Three.Mesh( geometry, material );
scene.add( mesh );
```

上面这一段自定义着色器实现的材质效果如图 8.4 所示。

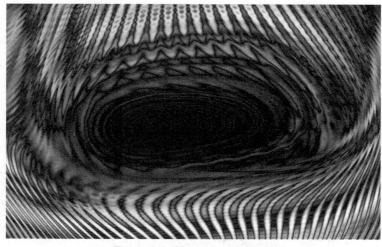

图 8.4　自定义着色器实现的材质效果

8.3　本章小结

本章的主要目标是 WebGL 编程进阶。类似于第 3 章的 WebGL 编程，所讲述内容为后面章节的案例分析提供编程的技术支撑。本章拓展 Shader 编程方面的许多技术，为后面第 9、10 章的高级绘制技术提供编程的技术支撑。

习　　题

1. WebGL 着色器在图形渲染流水线中的作用是什么？
2. 简述 uniform 变量、varying 变量、attribute 变量的作用。
3. 编写一个顶点着色器，需要有位置和颜色数据这两个输入属性，其中输入的位置数据是 4×4 的矩阵，输出是变换后的位置和颜色。
4. 写出 Three.js 中使用<script>定义顶点着色器与片元着色器的标签格式。

9

第 9 章　　全局光照

本章导读

对现实光照效果的模拟是一个非常复杂的过程。光线从光源发出，照射到物体上后，还会进行多次折射与反射，最后投射到人眼中。全局光照计算需要考虑物体间的多次折射、反射、吸收光线的影响，从而导致物体表面光照条件和阴影的变化，最终效果展示到人眼中。这就是全局光照需要模拟的效果。

本章首先给出全局光照的一些基本术语，然后给出环境遮蔽算法，该算法由于计算相对简单，实时性和效果都不错，因此目前应用得较为广泛。本章还围绕渲染方程（rendering equation），给出光线跟踪算法和辐射度算法。这两种算法都采用迭代的思维，从不同角度进行优化计算。光线跟踪是通过缩小计算单元的范围实现模型的简化，只考虑最后对空间像素有影响的光线进行计算。光线跟踪算法对视平面像素进行遍历，即构建从视点出发且经过视平面像素的方向光线，并使其射回场景，以此为基础可计算每个像素的光照强度。辐射度算法是在物空间进行区域简化，假设物体之间只存在漫反射，而且与视点观察方向不相关。辐射度算法通过考虑场景中光源与对象表面之间辐射能量的传递关系来计算光照强度，同时考虑从光源发出光后跟踪其在场景中不同表面之间的运动来计算光照强度。

9.1　　全局光照简介

一般把固定管线中的光照算法称为局部光照，其只考虑光照的直接影响，先对顶点进行光照计算，然后利用插值的方式对多边形内部点进行填充。局部光照能够模拟简单的光照效果，但不能产生阴影和折射透明效果。对于场景中多次反射的光照效果模拟，进行相关光照计算的模型称为全局光照（global illumination，GI）模型。

局部光照模型主要考虑光源发出的光对物体的直接影响，光源包括灯泡、太阳和手电等。全局光照模型除了处理光源发出的光之外，还考虑其他多次反射或折射光的间接影响，如光线穿过透明或半透明物体，以及光线从一个物体表面反射到另一个表面等。从某种意义上说，空间中每一个点都是光源，这需要巨大的运算量。全局光照有多种实现方法，例如环境光遮蔽（ambient occlusion）算法、光线跟踪算法、辐射度算法等。当光从光源被发射出来后，碰到障碍物发生反射和折射，经过无数次的反射和折射，场景中各个角落都会有光感，从而模拟出真实的自然光。

9.1.1　基本概念

1．焦散（caustics）

焦散是光线经由玻璃或水面等透明物体多次折射与反射后，再投射到其他物体上的光照现象。这种现象在模拟水面的光照时特别容易出现，经过散射，出现波光粼粼的效果。在实现方法上，可以通过光线跟踪，对光束的可能路径实现体积焦散，比如光子映射和光线跟踪都是体积焦散的实现方法之一。

焦散在计算机游戏的实时绘制中尤其重要，通常还会使用预先计算的通用纹理实现焦散，如图 9.1 所示，而不是通过物理上精准的计算实现。

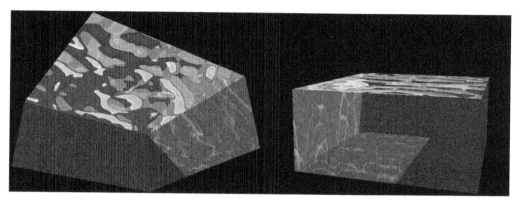

图 9.1　计算机模拟的焦散现象

2．阴影

阴影是因为光线的直线传播特性而产生的，当光线被不透明物体遮挡时，产生黑暗区域的光照效果。阴影范围由遮挡物体的外形轮廓决定，又与被遮挡物体的表面形状有关，是遮挡物体的轮廓在被遮挡物体表面投影的结果。阴影在三维绘制中具有很重要的深度信息提示作用，是真实感绘制中不可或缺的部分。

一点光源仅生成完全阴影区域，有时称为硬阴影（hard shadows）。如果使用面积光源或体积光源，则会产生软阴影（soft shadows）。每个阴影具有称为本影（umbra）的完全阴影区域和称为半影（penumbra）的部分阴影区域，如图 9.2 所示。在计算机图形中，实现对阴影的模拟是一个复杂的过程，存在各种不同的技术。

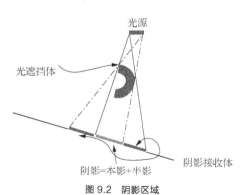

图 9.2　阴影区域

（1）平面阴影技术

平面阴影技术是一种十分简单的阴影实现技术，只考虑阴影投射到一个平面，如地面。根据光源和投影面位置推导一个投影矩阵，并利用该投影矩阵实现阴影的描述。假设一点光源的位置为 $L(l_x, l_y, l_z)$，坐标系内有一点 V，投影平面的方程为 $n_x + d = 0$，则通过推导可写出投影点 P 与 V 之间的关系，可以用一个矩阵表示，使得 $P = MV$，其中

$$M = \begin{bmatrix} \boldsymbol{n} \cdot \boldsymbol{l} + d - l_x n_x & -l_x n_y & -l_x n_z & -l_x d \\ -l_y n_x & \boldsymbol{n} \cdot \boldsymbol{l} + d - l_y n_y & -l_y n_z & -l_y d \\ -l_z n_x & -l_z n_y & \boldsymbol{n} \cdot \boldsymbol{l} + d - l_z n_z & -l_z d \\ -n_x & -n_y & -n_z & \boldsymbol{n} \cdot \boldsymbol{l} \end{bmatrix}$$

通过这个矩阵能把模型上所有顶点投射到投影面（比如地面）上，也就是将渲染物体"压扁"到一个平面上，从而实现阴影。

（2）阴影图映射技术

先通过预渲染阶段产生相应的阴影图，然后在绘制场景时，根据阴影查询进行阴影效果的绘制。算法的第一步是从光源的视角渲染场景（采用一个视角足够宽的透视投影）。根据这个渲染结果提取、保存深度图，将之保存为纹理。一旦场景中的光源或者物体发生变动，就必须更新深度图。如果场景中有多个光源，必须针对每个光源分别生成深度图。第二步是使用阴影图按照普通的透视投影绘制场景，首先找出物体在光照视景中的坐标，然后进行阴影查询（将这个坐标与深度图中的对应值比较），最后根据查询结果将处于阴影或者光照下的物体绘制出来。

阴影查询的实现，是通过光照空间的 (x, y) 坐标作为索引，对比深度图纹理中的位置，然后将 z 值进行对比。如果 z 值大于深度图中相应位置保存的数值，那么认为物体被其他物体遮挡，这个点就标记为失败，在绘制过程中将它描绘成阴影状态；否则，就将它绘制成照亮状态。对于纹理图的存储还需要考虑是否能进行插值，如果不能插值，那么阴影将会出现明显的锯齿边界，可以通过使用较高的阴影图分辨率减少这种现象。

深度图检验可以用一个片元着色器完成，在程序中根据所生成的阴影图进行深度查询，并根据结果完成阴影或者被照亮物体的绘制。

（3）阴影体绘制技术

阴影体是指从光源出发，向遮挡体外轮廓边界的点发射线所构成的一个锥形体。如图9.3所示，遮挡体三角形 ABC 与光源形成的阴影体是一个三棱台。

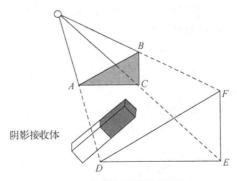

图9.3　部分处于阴影体的物体

阴影体算法创建实时阴影的关键在于：随着光源的变化，实时计算出剪影边缘；再通过剪影边缘，实时地计算出阴影体。这个算法的核心是利用阴影体判断组成物体的每个像素是否处在阴影之中。如果一个像素在阴影之中，我们将其变暗或者涂成黑色，所有处在阴影之中的像素的集合就组成了阴影（如图9.3所示）。

9.1.2　环境光遮蔽

环境光遮蔽（ambient occlusion，AO）是全局光照的一种近似替代技术，可以产生重要的视觉明暗效果，通过描绘物体之间由于遮挡而产生的阴影，能够更好地捕捉场景中的细节，可以解决漏光、阴影漂浮等问题，改善场景中角落、锯齿、裂缝等细小物体的阴影不清晰等问题，增强场景的深度感和立体感。

环境光遮蔽模拟物体和物体相交或靠近的时候遮挡周围漫反射光线的效果，通过环境光遮蔽可以实现全局光照中部分物体局部光照和阴影效果的模拟。其函数实现方式并未严格遵循现实的物理模型，但效率较高，因此当前被游戏广泛应用。需要注意的是，环境光遮蔽（包括其变种 SSAO、HBAO 等）仅是实现全局光照的技术之一，目前的游戏应用了多种技术共同达成全局光照的总体效果。

环境光遮蔽的大致计算过程是，在几何体表面任意一点的上方，用半径预定的半球探测该点的外部区域，从而决定光线是否在该点处被其他几何体阻挡，或者被吸收。一旦各点的吸收幅度确定了，则几何体表面会形成一张灰度级的映射图，以此调制环境光对该几何体表面的贡献。映射图中明暗区域均按比例调节其对环境光吸收的强弱程度。简单地讲，就是在每个采样点上计算它被其他几何体覆盖的程度，计算在一个统一的光照强度下场景的软阴影效果。可以说，环境光遮蔽在直观上给人的主要感觉体现在画面的明暗程度上，未开启环境光遮蔽特效的画面光照稍亮一些；而开启环境光遮蔽特效之后，局部的细节尤其是暗部阴影会更加明显一些，如图 9.4 所示。

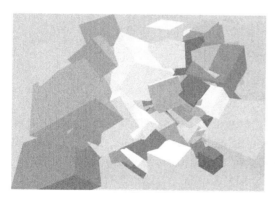 

（a）无环境光遮蔽　　　　　　　　　　　　　　（b）有环境光遮蔽

图 9.4　有无环境光遮蔽的对比

9.1.3　渲染方程

从物理上看，一个封闭场景包括光源表面在内的所有对象表面，尽管每个对象表面可能有不同的参数，但是都遵循着相同的物理规律。任何对象的表面都吸收并反射一部分光线，任何对象的表面都可以作为发射器和接收器。我们所看到的场景的明暗效果是无数的光线在场景中来回传播的结果。这些光线既包括从光源发出的，也包括从其他表面反射过来的。从能量守恒的角度分析和求解最后的稳定状态，从而避免通过多次反射跟踪光线求解。

以单个对象表面为研究对象，进入该表面的光线包括光源直接照射光线，以及其他表面的反射光线。而离开该表面的光线也可能包括两部分，即如果该表面是光源表面，那么离开表面的一部分光线是光源发射的光线，另一部分光线是其他表面的入射光所形成的反射光线。

如图 9.5 所示，对两个任意的对象表面点 p 和 p'，分析进入和离开 p 的光线，其能量在一定时间内是稳定的。Jim Kajiya 在 1986 提出来了"渲染方程",该方程给出了一个模拟全局光照的模型,该模型假设场景中每个单元都包含经过其反射之后对其他单元的影响因素。

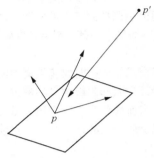

图 9.5　从 p' 到 p 的光照

$$I(x, x')=g(x, x')\left[\varepsilon(x, x')+\int_S \rho(x, x', x'')I(x, x'')\mathrm{d}x'' \right]$$

　　其中,$I(x, x')$ 表示从点 x' 到点 x 的光照强度;$g(x, x')$ 表示光照衰减因子,当 x/x' 互相遮挡时,该值等于 0,否则等于 $1/d^2$,d 是两个点之间的距离;$\varepsilon(x, x')$ 表示由点 x' 发射到点 x 的光强;$\rho(x, x', x'')$ 表示从 x'' 发出的光,经过 x' 发射之后到达 x 的光强系数;S 是场景中所有表面的点集合。渲染方程的示意图如图 9.6 所示。

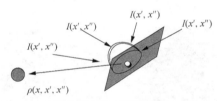

图 9.6　渲染方程的示意图

　　渲染方程中的第二项来自所有可能的点 x'' 发出的在 x' 到 x 方向的反射光线的强度。函数 $\rho(x, x', x'')$ 称为双向反射分布函数(bidirectional reflection distribution function,BRDF),表示 x' 处的表面材质属性。用于漫反射表面的 Lambert 模型和用于镜面反射的 Phong 模型都是 BRDF 的简单特例。

　　尽管这个渲染方程的形式非常简单,但求解该方程非常困难,主要困难在于维度问题。对于每个点的材质属性都相同的表面,其 BRDF 是四维函数,包括两个角度(如仰角和方位角)表示的入射光方向和反射光方向。如果材质属性还随表面变化,那么 BRDF 是六维函数,还需要另外两个变量固定其在二维表面上的位置。基于数学方法的求解方法,包括如蒙特卡洛的随机抽样方法。最新的如光子映射(photon mapping)已成为一种可行的方法,光子从创建到被吸收一般要经过多次反射和折射。光子映射从光源产生能携带能量的光子那一刻开始,一直跟踪每个光子,直到其能量被场景中对象表面吸收为止。这种方法潜在的优点在于能模拟真实世界场景的复杂光照效果。

　　从计算量的角度考虑,从光源发出的光只有很少一部分到达观察者,所以从光源开始跟踪它发射的光线是一种很低效的方法。光子映射采用了很多巧妙的策略,能降低计算跟踪的量,从而在保证效果的基础上让计算切实可行。特别要说明的是,光子映射结合了能量守恒和蒙特卡洛方法。在光子映射中,当一个光子与漫反射表面相互作用时,这个光子要么被反射,要么被表面吸收。无论是被反射还是被吸收,光子的反射角都是以随机方式确定的,因此,即使两个光子以相同的入射角作用于同一对象表面的同一位置,两者产生的效果也可能是截然不同的,这种方法使得绘制的场景非常真实。光源产生的光子越多,其结果就越准确,但是这需要跟踪更多的光子，需要付出更大的代价。

可以说，渲染方程是全局光照的基础，Kajiya 在 1986 年第一次将渲染方程引入图形学后，随后出现了很多全局光照的算法，它们都是以渲染方程为基础进行简化的求解，以达到优化性能的目的。例如，基于观察方向反向跟踪光线，减少光线跟踪计算量。对于反向跟踪的光线，要考虑多重反射及折射的效果。考虑为理想的镜面反射微平面，其反射函数只有当入射角和反射角相等，并且在同一个平面的时候才为非零值。光线跟踪求解渲染方程能够模拟真实的阴影和透明度。另一个特殊简化求解的方法是，考虑所有的表面是理想的漫反射表面，光在各个方向均匀反射，所以根据光发射的能量区域进行计算。因此，光照强度函数只与 p 点有关，此时可以用辐射度算法求解方程。

9.2 光线跟踪算法

9.2.1 光线跟踪算法原理

由于全局光照渲染方程的复杂性，不可能对场景中所有点的相互作用进行全局计算。在实际操作中，往往采用蒙特卡洛方法通过随机采样等方式对渲染方程进行有限元逼近。对于场景中的某一点，无须计算所有的点对该点颜色值的影响，而仅仅考虑部分子集点对其颜色值的影响。光线跟踪算法是全局光照模型的一种有效实现，区别于可编程流水线以像素为中心的着色方式，光线跟踪的核心是一条一条的光线。这些光线可能包括：来自光源的直接照射光线；在物体表面之间经过多次反射后形成的反射光线；在物体表面经过多次折射后形成的折射光线等。对于光源发出的所有光线，对最终绘制的图像有贡献的只是那些进入虚拟相机镜头并到达投影中心的光线，如图 9.7 所示。

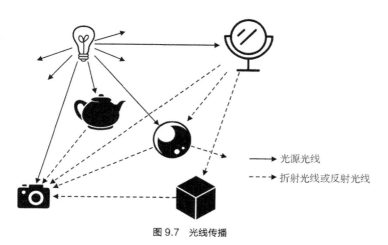

光源光线

折射光线或反射光线

图 9.7 光线传播

显然，光源所发出的大部分光线都不会进入成像平面，因此这些光线对于最终成像没有任何影响。简单的光线跟踪算法按照与光线传播相反的方向对光线来源进行跟踪，并只考虑最终到达成像平面的光线。这样就可以剔除大量的无效计算，仅针对成像平面进行渲染。

图 9.8 所示是用一个开源的光线跟踪器绘制的图像。该场景包含 4 个主要对象：铅块、玻璃球、茶壶和平面镜。如果不使用光线跟踪技术，就无法真实地绘制出这些对象表面的反射和折射等光线效果。另外，要注意场景中阴影的复杂性，这是光线跟踪算法自动产生的效果，无须额外针对阴影进行处理。

图 9.8　光线跟踪器绘制的图像

9.2.2　算法核心步骤

经典的光线跟踪算法的核心步骤如下。

1.　光线投射

光线投射是指从成像平面开始对场景内物体投射跟踪光线，如图 9.9 所示。其中，成像平面通常被划分为像素区域。为了完整计算整个成像平面的图像，每个像素至少通过一条投射光线。每条投射光线要么与对象表面相交，要么与光源表面相交，要么不与任何对象表面相交而投射到无穷远处（此时，像素颜色为背景色）。假定场景中的对象表面都是不透明的，当投射光线与物体表面相交时，就根据光照条件计算该点处的颜色值。

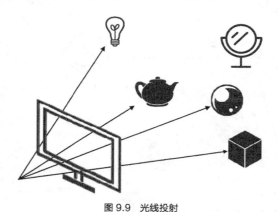

图 9.9　光线投射

这一步所描述的光线跟踪过程与传统 Pipeline 绘制过程的处理步骤是相同的，包括场景组织、投影变换和可见区域判断。只是两种方式的计算顺序不同：Pipeline 绘制过程采用逐顶点的绘制方式，而光线跟踪过程采用逐像素的绘制方式。此时，如果简单地利用改进的 Phong 光照模型计算每个交点的颜色值，会得到与局部光照模型一致的结果。在光线跟踪算法中，并不立刻使用局部光照模型计算交点的颜色值，而是进行下一步：检测投射光线和对象表面的交点是否直接被光源照亮。

2.　检测投射光线

从投射光线与物体表面的每个交点到每个光源，都构造一条阴影光线（shadow ray）或探测光线（feeler ray）。如果阴影光线在到达光源前与某个对象表面相交，说明光线被物体遮挡，该交点处于对应光源所产生的阴影中。如果交点到光源的光线被其他对象遮挡，则不需要计算该光源在该点所产生的光照强度。如果场景中所有对象表面都是不透明的，且不考虑各对象表面之间反射形成的反射光，那么所得到的图像就是在没有使用光线跟踪绘制得到的图像上增加了阴影效果后的图像。图 9.10 所示为分别与立方体和球体表面相交的两条投射光线（实线）所对应的探测光线（虚线）。其中，立方体的一条探测光线与茶壶相交，表明该点被茶壶遮挡，因此投射光线与立方体的交点只被其中的一个光源照亮。

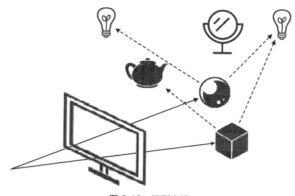

图 9.10　探测光线

对于一些具有高反射率的表面，跟踪探测光线会在表面之间进行多次反射，直到反射到无穷远处，或者与光源相交为止。图 9.11 所示为高反射率情况下两条探测光线的跟踪路线。左边的投射光线与一个镜面相交，其对应的探测光线可以通过镜面反射到达左光源，因此如果该镜面位于另一个光源的前面，则投射光线与镜面的交点只被其中一个光源照亮。右边的投射光线与球面相交，在这种情况下有两条探测光线，其中一条探测光线可以直接到达左光源，而另一条探测光线通过镜面反射到达左光源，因此投射光线与球面的交点除了被左光源直接照亮外，还被镜面反射间接照亮。

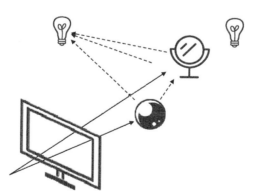

图 9.11　光线跟踪的镜面反射

3. 递归计算

利用前两个步骤的基本光线跟踪模式，沿着投射光线直到与物体表面相交（如图 9.12 所示），并计算其颜色值。这一步骤通常使用递归方式实现，同时还要考虑物体表面材质对光的吸收作用。从漫反射的角度看，离开光源的光线射到该物体表面上的一点，有一部分光线被表面吸收，而另一部分光线以漫反射形式反射出去。从镜面反射和折射的角度看，入射光一部分被表面吸收，其余部分则分为折射光和反射光。

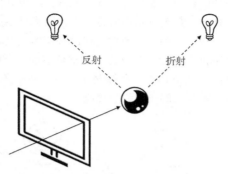

图 9.12　光线跟踪的反射和折射

对每一条投射光线，如果光源对于相应交点可见，则需要进行如下 3 个子步骤。

（1）利用标准的反射模型，计算光源在该交点的亮度。

（2）沿理想反射光线的方向投射一条光线。

（3）沿折射光线的方向投射一条光线。

新增的两条投射光线按照与初始投射光线相同的方式处理，也就是说，它们可能和其他的对象表面相交，或终止于光源，或射到无穷远处。与上述的反射光线和折射光线相交的任何其他对象表面又会产生新的反射光线和折射光线。可见，光线跟踪算法适合处理同时具有反射和折射属性的对象，如玻璃、水面等。图 9.13（a）所示显示了一条投射光线和它经过一个简单场景的路径。图 9.13（b）所示展示了光线跟踪算法在该场景中生成的光线跟踪树（ray tree）。光线跟踪树是在光线跟踪过程中动态生成的，它说明了我们必须跟踪哪些光线。

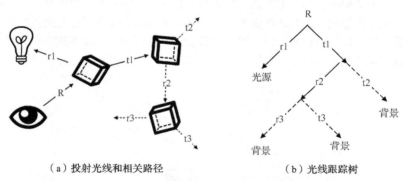

（a）投射光线和相关路径　　　　　　　　（b）光线跟踪树

图 9.13　光线跟踪场景与光线跟踪树

尽管在光线跟踪算法中使用了 Blinn-Phong 光照模型来包含光线与对象表面交点处的漫反射项，但是在光线跟踪过程中忽略了在交点处的漫反射光线。这是由于漫反射光线的数量过多，如果试图跟踪所有漫反射光线，则算法需要进行多次迭代，以至于永远不能结束。因此，光线跟踪算法适用于高反射率表面较多的场景。

9.2.3　算法实现细节

实现光线跟踪算法最简单的方法就是递归，即通过一个递归函数跟踪一条光线，它的反射光线和折射光线又调用这个函数本身。光线投射是光线跟踪算法的第一个步骤，图 9.14 所示是光线投射的一个二维示例。

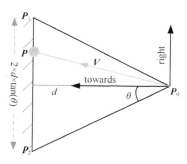

图 9.14 光线投射的二维示例

图 9.14 中，θ 表示视锥体的半角大小，d 表示投射源到视平面的距离。因此，可以得到如下表达式：

$$P_1 = P_0 + d \times \text{towards} - d \times \tan(\theta) \times \text{right}$$
$$P_2 = P_0 + d \times \text{towards} + d \times \tan(\theta) \times \text{right}$$

像素 P 的位置可以表示为

$$P = P_1 + (i / \text{width} + 0.5) \times (P_2 - P_1)$$

向量 V 可以表示为

$$V = (P - P_0) / \|P - P_0\|$$

因此，可以计算出最终的投射光线 $P = P_0 + tV$。算法的伪代码如下。

```
Image RayCast(Camera camera, Scene scene, int width, int height)
{
    Image image = new Image(width, height);
    for (int i = 0; i < width; i++) {
        for (int j = 0; j < height; j++) {
            Ray ray = ConstructRayThroughPixel(camera, i, j);
            Intersection hit = FindIntersection(ray, scene);
            image[i][j] = GetColor(hit);
        }
    }
    return image;
}
```

光线跟踪的大部分工作用来计算光线和对象表面的交点。当场景中模型比较复杂时，大量的求交计算将成为一个问题。因此，大多数基本的光线跟踪器只支持平面和二次曲面。下面分别对跟踪光线和几种简单几何体的求交进行简要介绍。

1. 光线-球面相交

如图 9.15 所示，球面方程可以表示为 $|P - C|^2 - r^2 = 0$。其中，C 表示球心，r 表示球体半径。代入跟踪光线方程 $P = P_0 + tV$，解二次方程 $at^2 + bt + c = 0$ 可得

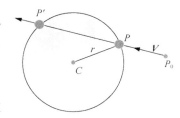

$$a = |V|^2 = 1，\quad b = 2V \cdot (P_0 - C)，\quad c = |P_0 - C|^2 - r^2$$

通过判断方程的解，即可方便地计算光线与球面的相交情况。

图 9.15 光线-球面相交的计算

此外，若光线与球面相交，通常还需要计算交点处的法向量 $N = (P - C) / \|P - C\|$，以进一步计算光照条件。

2. 光线-三角面相交

判断光线与三角面的相交通常分为两步：首先计算光线与三角面所在平面的交点，然后判断该交点是否在三角形内部。如图 9.16（a）所示，平面方程为 $\boldsymbol{P} \cdot \boldsymbol{N} + d = 0$。代入跟踪光线方程 $\boldsymbol{P} = \boldsymbol{P}_0 + t\boldsymbol{V}$ 可得 $(\boldsymbol{P}_0 + t\boldsymbol{V}) \cdot \boldsymbol{N} + d = 0$，解得

$$t = -(\boldsymbol{P}_0 \cdot \boldsymbol{N} + d) / (\boldsymbol{V} \cdot \boldsymbol{N})$$

若方程的解存在，判断交点是否在三角形内部，如图 9.16（b）所示，计算 α、β。

$$\boldsymbol{P} = \alpha(\boldsymbol{T}_2 - \boldsymbol{T}_1) + \beta(\boldsymbol{T}_3 - \boldsymbol{T}_1)$$

检查 α、β 是否满足如下条件，若满足，则说明光线与该三角面相交，否则不相交。

$$0 \leqslant \alpha \leqslant 1 \text{ 且 } 0 \leqslant \beta \leqslant 1$$
$$\alpha + \beta \leqslant 1$$

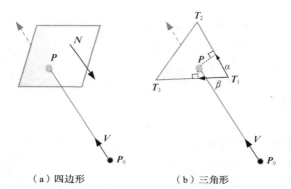

（a）四边形　　　　（b）三角形

图 9.16　光线-多边形面相交的计算

对于圆锥、圆柱和椭球形等曲面的求交，可以参考球体进行；一些凸多边形的求交问题，则可以转化为对三角面的求交问题；对于一些更复杂的表面，如凹多边形等，则需要更加复杂的求交计算。在此基础上，可以构造一个用于处理简单对象（如二次曲面和多面体）的递归光线跟踪器。

首先需要定义两个基本函数。递归函数 trace()用来跟踪一条光线，该光线由一个点和一个方向确定，函数返回与光线相交的第一个对象表面的明暗值或颜色值。递归函数 trace()会调用 intersect()函数计算指定的光线与最近对象表面的交点位置。

（1）trace()函数

递归函数的参数（即跟踪的光线）通过起点 p 和方向 d 确定，该函数返回颜色值。为了防止光线跟踪递归算法陷入死循环，可以指定一个最大的递归步数 max。为了简单起见，假定只有一个光源，而且光源属性、场景对象的描述及其表面属性都定义为全局变量。如果还有其他的光源，可以使用与处理单光源类似的方法把它们对图像的贡献添加进来。trace()函数的伪代码如下。

```
function trace(p, d, step)
{
  color local, reflected, transmitted;
  point q;
  normal n;
  if (step > max){
    return(backgroundColor);
  }
```

```
    q = intersect(p, d, status);

    if (status == light_source){
      return(light_source.color);
    }
    if (status == no_intersection){
      return(backgroundColor);
    }
    n = normal(q);
    r = refect(q, n);
    t = transmit(q, n);
    local = phong(q, n, r);
    reflected = trace(q, r, step+1);
    transmitted = trace(q, t, step+1);

    return(local + reflected + transmitted);
  }
```

注意，计算反射光颜色和折射光颜色时，必须考虑表面在反射和折射之前吸收了多少入射光的能量。如果递归次数超过了最大递归的步数，则返回背景颜色，否则，使用 intersect() 函数计算给定的光线与最近对象表面的交点。intersect() 函数必须能访问场景数据库中的所有对象，而且能求出光线与光线跟踪器所支持的所有类型对象表面的交点。因此，光线跟踪器大部分的时间开销及代码复杂度都隐藏在该函数里。

如果光线没有和任何对象相交，那么 intersect() 函数返回一个状态变量，并从 trace() 函数返回背景颜色。同样，如果光线和光源相交，那么返回光源的颜色。如果 intersect() 函数返回一个交点，那么交点处的颜色值由 3 部分组成：利用改进的 Phong 模型（或其他光照模型）计算得到的局部光照颜色、反射光颜色和折射光颜色（如果对象表面是半透明的）。在计算这些颜色之前，必须计算交点的法向量及反射光线和折射光线的方向。法向量计算的复杂度取决于光线跟踪器所支持的对象类型，这个计算过程是 trace() 函数的一部分。

局部光照颜色的计算要求检测光源相对于最近交点的可见性。因此，从最近的交点向光源投射一条试探光线或阴影光线，并检测阴影光线是否和其他对象相交。这个过程可能也是一个递归过程，因为阴影光线可能与一个反射表面相交，如一面镜子；或者与半透明的对象表面相交，如一片玻璃。另外，如果阴影光线与一个自发光对象相交，则有一部分来自该光源的光线对交点 q 的颜色有贡献。通常忽略这部分光的贡献，因为它们会非常明显地降低计算的速度。实际使用的光线跟踪算法一般采用折中方案，这种方案实现的光照计算在物理上并不一定完全正确。

最后，程序中有两个递归调用，分别调用 trace() 函数计算从交点 q 发出的反射光线和折射光线对 p 点颜色值的贡献。正是因为这两个递归调用使得这段代码成为一个光线跟踪器，而不是简单的光线投射方法（在这种简单的光线投射方法中，只需发现第一个交点并用光照模型计算这个交点的颜色值）。最后，把这 3 种颜色值相加获得 p 点的实际颜色。

（2）intersect() 函数

一个典型的光线跟踪算法的大部分计算时间都用于 intersect() 函数中的求交计算。因此，必须将场景对象定义为容易求交的几何对象。如果使用场景对象表面的隐式表示形式，那么可以以一种简洁的方式表示一般的求交问题。例如，将一个对象表面定义为

$$f(x,y,z) = f(p) = 0$$

从 p_o 出发，方向为 d 的光线方程可以用参数的形式表示为

$$p(t) = p_o + t d$$

那么交点位置处的参数 t 的值应当满足

$$f(p_o + td) = 0$$

上式是关于 t 的一个标量方程。若 f 表示一个代数曲面，则其表达式是形如 $x^i y^j z^k$ 的多项式之和。并且 $f(p_o + td)$ 是一个关于 t 的多项式。因此求交问题就转化为寻找多项式所有根的问题。

第一种情况是二次曲面。由于所有的二次曲面都可以写成二次形式

$$p^T A p + b^T p + c = 0$$

因此将光线方程代入上式后可以得到一个求解参数 t 的标量二次方程。解该方程可以得到 0 个、1 个或 2 个（交点）。该二次方程的求解只需一次开平方根运算，所以使用光线跟踪处理二次曲面的求交运算并不困难。另外，求解方程之前，可以通过删除与该曲面相切或不相交的光线进一步简化运算。

例如，考虑一个球心为 p_c、半径为 r 的球面，其二次形式可以表示为

$$(p - p_c) \cdot (p - p_c) - r^2 = 0$$

将光线方程 $p(t) = p_o + td$ 代入上式，可得二次方程为

$$d \cdot d \cdot t^2 + 2(p_o - p_c) \cdot d \cdot t + (p_o - p_c) \cdot (p_o - p_c) - r^2 = 0$$

解方程即可求得光线与球面的交点。

同样地，光线与平面求交，则可以将光线方程代入如下平面方程。

$$p \cdot n + c = 0$$

得到一个只需一次除法运算的标量方程，通过计算可得交点的参数 t。

$$t = -\frac{p_o \cdot n + c}{n \cdot d}$$

实际上对凸面对象的多个平面求交时，对于多边形，还必须判定交点是在多边形内部还是外部。判定算法的复杂度取决于多边形是否是凸多边形，如果不是，则需要进行分割处理。多面体可以定义为多个平面相交形成的凸面对象。例如，一个平行六面体可以使用 6 个平面定义，而一个四面体可以使用 4 个平面定义。对于光线跟踪算法，可以使用简单的光线与平面的求交方程推导出光线与多面体的相交情况。

假定多面体的所有平面都具有一个指向外部的法向量。考虑图 9.17（a）所示的与多面体相交的光线，它进入和离开多面体分别仅有一次。该光线一定从面向光线的平面进入，并且从背向光线的平面离开。并且这条光线一定也和构成多面体的其他平面相交（与光线平行的平面除外）。

（a）光线与多面体相交　　　　　（b）光线与多面体不相交

图 9.17　光线和法向量朝外的多面体的相交判断

下面考虑光线与所有正向平面（指那些法向量指向光线起点的平面）的交点，光线的入点一定是光线起点与所有正向平面交点中距离最远的那个交点。类似，光线的出点一定是光线与所有背向平面交点中最近的交点，且入点一定比出点更接近光线起点。如果考虑一条与上面提到的同一多面体不相交的光线，如图 9.17（b）所示，那么可发现光线与正向平面最远

的交点比光线与背向平面最近的交点离起点更近。因此，按任意顺序通过光线-平面求交运算得到这些可能的入点和出点，并且每当求得一个交点，就要更新这些可能的入点和出点。如果发现一个可能的出点比当前入点更近，或者一个可能的入点比当前出点更远，即可判断光线与多面体不相交。

分析如图 9.18（a）所示的用于测试光线与凸多边形交点的二维示例。为了直观起见，这里用直线表示平面。假定光线与直线求交的顺序是 1、2、3、4。从直线 1 开始，通过计算直线的法向量和光线方向的点积，根据点积的符号就可以判断直线 1 是面向光线的初始点。光线和直线 1 的交点产生一个可能的入点。直线 2 背向光线的初始点，因此产生一个可能的出点，该出点比我们当前的可能入点更远。直线 3 产生一个更近的出点，但仍然比入点更远。直线 4 生成一个比当前出点更远的出点，因此不需更新出点。至此我们测试了所有直线，并得出光线穿过了该多边形的结论。

图 9.18（b）所示是同样的直线及其构成的同样的凸多边形，但多边形与光线不相交。光线与直线 1 的交点仍然产生了一个可能的入点。光线与直线 2 及直线 3 的交点仍然是比入点更远的可能出点。但是光线和直线 4 的交点产生了一个比入点更近的出点，这种情况表明光线和多边形没有相交。

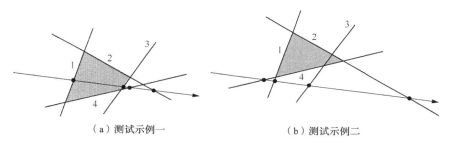

（a）测试示例一　　　　　　　　　（b）测试示例二

图 9.18　光线与凸多边形交点

9.2.4　算法改进

大多数光线跟踪器都采用了多种方法判断何时结束递归过程。一种相当容易实现的方法是忽略跟踪距离超过某个阈值的所有光线，或假定这些光线都射到无穷远处。要实现这种测试方法，可以假定场景中的所有对象都位于一个以原点为中心的大球体里面。因此，如果认为该球体是用特定的背景颜色着色的对象，那么每当通过求交计算确定这个球体是最近的对象时，就可以终止某条光线的递归过程并返回背景颜色。

另一种简单的终止策略是检查投射光线的剩余能量。当光线穿过一个半透明材质或者从一个光泽的对象表面反射时，可以估算出折射光线和反射光线的能量在入射光线能量中所占的比重，以及被对象表面所吸收能量的比重。因此，在光线跟踪器的 trace()函数中增加一个能量参数 energy，然后只需在递归程序中增加一行代码，用于检查是否还剩下足够的能量继续跟踪光线。

此外，有许多改进方法可以用来提高光线跟踪算法的运算速度和精确度。例如，可以很容易地使用迭代的方法代替光线跟踪器里的递归过程。通过使用包围盒或包围球，可以避免大量的求交计算，因为光线与这类对象的求交运算的速度非常快。包围体（如 BSP 树等）通常可以用来有效地组织场景中的对象。

由于光线跟踪是一种基于采样的方法，所以必然存在走样误差，如果采样点取得不够多，走样误差就会趋于明显。然而在基本的光线跟踪器里，其运算量和光线的数量成正比。许多光线跟踪器使用了随机采样的方法，在这种方法中，下一条投射光线的各项参数取决于已经投射的光线的处理结果。也就是说，如果光线与某个特定的区域里任何对象没有交点，那么几乎不会有光线投射到这个区域；与此相反，如果光线与某个区域有很多交点，那么要增加指向这个区域的投射光线的数量。虽然我们认为随机采样只有在随机场景里才起作用（因为可能在某些区域里的微小对象会出现采样精度不高的情况），但是随机采样绘制的图像一般不会出现均匀采样绘制的图像所特有的波纹状图案走样现象。

9.3 辐射度算法

辐射度算法通过分析辐射能在对象表面之间的转移和能量守恒定律，较为准确地建立对象表面的漫反射模型以模拟漫反射之间的相互作用效果。

9.3.1 辐射度算法原理

辐射度算法假设场景中所有的物体都是潜在光源。除了自己发光外，还反射其他的入射光。最终物体的光照效果就是通过汇总这些潜在光源的光照的结果。辐射度算法的基本前提有如下两点。

- 光源和普通物体没有区别。
- 场景中的一个表面被它周围的所有可见的表面照亮。

基于上述前提，先来了解场景经历一次计算辐射度光照的过程。

基本的辐射度算法首先将场景分解成许多小平面多边形，或称为面片（patch），每个面片都假定是理想的漫反射面，然后考察它上面的光照。想象将眼睛紧贴在这个面片之上，然后向外看，将所能看到的所有面片的所有光强加在一起，从而计算出从场景中发出的所有能够击中这个面片的光强，称为总入射光强。

循环遍历所有面片，可以得到第一次辐射度光照计算的结果，并根据计算的结果有效地将光强赋给每个面片。此时，除了被初始光源直接照射的地方外，其他面片都是全黑的。在第一次辐射度光照计算后，场景中的某些面片被照亮，它们自己也变成了光源，在后续的遍历中也能够向场景中的其他部分投射光线。然后反复进行该循环遍历过程，直到光照的能量趋向稳定状态。

辐射度算法通过经历多次上述的遍历过程，模拟光在一个场景里多次反射的结果，其中每一次遍历都会给场景带来一些轻微的变化，直到产生的变化趋于稳定，最终就能够得到更柔和、更自然的影子和反射结果。根据场景复杂度的不同，以及表面的光照特性，可能需要几次或几千次甚至更多次遍历。

9.3.2 辐射度方程

假定一个场景包含 n 个面片（$1 \sim n$），给定的面片 i 可能会被场景中的其他所有表面照亮。面片 i 的辐射度记为 b_i，它表示该面片单位面积上发射的光强度，以 $\mathrm{W \cdot m^{-2}}$ 作为单位。假定第 i 个面片的面积为 a_i。辐射度算法假定每个面片都是理想的漫反射表面，那么离开第 i 个面片总的光强度是 $b_i a_i$。发光体发出的光强度包括两部分：一部分是自己发射的辐射光，并假定整个面片的辐射光强度是一个常量；另一部分是反射光，它是由所有其他面片发出并到达第 i 个面片的光强度引起的。因此有如下公式。

$$b_i a_i = e_i a_i + \rho_i \sum_{j=1}^{n} b_j a_j f_{ji}$$

其中，参数 e_i 为单位面积上由面片 i 发出的能量速率，若面片 i 不是光源，则 $e_i = 0$。ρ_i 为面片 i 的反射因子（向各方向反射入射光线的百分比）。系数 f_{ij} 为面片 i 和面片 j 之间的排列因子（form factor），它表示光线从面片 i 到面片 j 的能量比重。排列因子的大小取决于两个面片间的朝向、两个面片间的距离，以及是否有其他的面片遮挡了从面片 j 到面片 i 的光线。将在 9.3.4 节讨论排列因子的计算。

排列因子 f_{ij} 和 f_{ji} 之间存在一个简单的关系，称为对等方程（reciprocity equation）。

$$f_{ij}a_i = f_{ji}a_j$$

将上式代入前面的面片强度公式，可以得到

$$b_i a_i = e_i a_i + \rho_i \sum_{j=1}^{n} b_j a_i f_{ij}$$

公式两边除以 a_i，可以得到面片的辐射度方程（radiosity equation）。

$$b_i = e_i + \rho_i \sum_{j=1}^{n} b_j f_{ij}$$

9.3.3　求解辐射度方程

对于单色图像，场景中每个面片都需要一个辐射度方程 e_i、ρ_i、f_{ij} 的数组值，为了得到封闭场景内各个表面的光照效果，必须对 n 个面片联立求解辐射方程，即求解

$$(1 - \rho_i f_{ii})b_i - \rho_i \sum_{j \neq i} b_j f_{ij} = e_i$$

或

$$\begin{bmatrix} 1 - \rho_1 f_{11} & -\rho_1 f_{12} & \cdots & -\rho_1 f_{1n} \\ -\rho_2 f_{21} & 1 - \rho_2 f_{22} & \cdots & -\rho_2 f_{2n} \\ \vdots & \vdots & & \vdots \\ -\rho_n f_{n1} & -\rho_n f_{n2} & \cdots & 1 - \rho_n f_{nn} \end{bmatrix} \cdot \begin{bmatrix} b_1 \\ b_2 \\ \vdots \\ b_n \end{bmatrix} = \begin{bmatrix} e_1 \\ e_2 \\ \vdots \\ e_n \end{bmatrix}$$

我们把上式和绘制方程相比较就会发现，如果面片被划分得越来越小，当被划分到无穷小时，则会有无穷多个面片。这个求和就变成了积分，而最终的辐射度方程将成为绘制方程的一个特例，即所有对象表面都是理想的漫反射表面。

虽然可以证明上式一定有解，但是真正的问题在于这样做的可行性。一个典型的场景可能包含成千上万个面片，因此使用高斯消元法等直接的方法求解辐射度方程是不可行的。

可以通过把辐射度定义成下面的列矩阵，将辐射度方程改写成矩阵的形式。

$$\boldsymbol{B} = [b_i]$$

如果面片是发光体，其发射光的强度矩阵记为

$$\boldsymbol{E} = [e_i]$$

反射系数构成的对角线矩阵记为

$$\boldsymbol{R} = [a_{ij}], a_{ij} = \begin{cases} \rho_i, & i = j \\ 0, & i \neq j \end{cases}$$

排列因子矩阵记为

$$\boldsymbol{F} = [f_{ij}]$$

现在可以得到辐射度的一组方程

$$B = E + RFB$$

计算辐射度的求解公式可记为

$$B = \left[I - RF\right]^{-1} E$$

许多方法考虑矩阵 F 是一个稀疏矩阵，但由于大多数面片实际上相距很远，某个面片发射或反射的光线几乎无法到达大多数其他的面片，因此矩阵 F 的大多数元素实际上等于 0。

可以考虑根据迭代法求解稀疏矩阵对应的方程组，假定使用上述的面片辐射度方程得到如下迭代方程。

$$B^{k+1} = E + RFB^k$$

该方程的每次迭代都需要做矩阵乘法运算 RFB^k，假定 F 是一个稀疏矩阵，那么其时间复杂度为 $O(n)$，而不是一般情况下的 $O(n^2)$。对于单个面片的辐射度，有下面的公式：

$$b_i^{k+1} = e_i + \sum_{j=1}^{n} \rho_i f_{ij} b_j^k$$

上式称为雅可比（Jacobian）式，无论其初始值 b^0 等于何值，该问题求解的过程总是收敛的。

平面和凸面都无法"看见"自身，也就是说面片没有自反射特性，因此不会发生自入射情况，即 f_{ii} 等于 0。将该结论代入上一个公式，就会得到如下高斯-赛德尔（Gauss-Seidel）迭代公式。

$$b_i^{k+1} = e_i + \sum_{j=1}^{i-1} \rho_i f_{ij} b_j^{k+1} + \sum_{j=i+1}^{n} \rho_i f_{ij} b_j^k$$

还有另一种更加有利于理解辐射度算法物理规律的迭代方法，有下面的标量公式。

$$\frac{1}{1-x} = \sum_{i=0}^{\infty} x^i$$

该公式在 $|x| < 1$ 时总是成立的。对于 RF，该公式的矩阵形式为

$$\left[I - RF\right]^{-1} = \sum_{i=0}^{\infty} (RF)^i$$

对于辐射度方程，RF 的所有特征值的模小于 1，因此该公式收敛。可以进一步把 B 写为

$$B = \sum_{i=0}^{\infty} (RF)^i E = E + (RF)E + (RF)^2 E + (RF)^3 E + \cdots$$

使用这个公式，并在某个地方终止计算，就可以得到 B 的一个近似值。该表达式的第一项 E 是每个面片直接发出的光线，因此如果该表达式只含这个项，那么 B 的近似解只表示光源的照射效果。表达式的第二项 $(RF)E$，增加了光源到其他面片形成的一次反射光线。该表达式的下一项增加了两次反射形成的光线，以此类推。

9.3.4　计算排列因子

在求解辐射度方程之前，必须确定出排列因子 f_{ij} 的值。

考虑两个具有理想漫反射性质的平面面片，如图 9.19 所示的 P_i 和 P_j，该图没有考虑任何其他可能导致遮挡的面片。每个面片都有一个表示其朝向的法向量。尽管每个面片朝各个方向

均匀地发射光线，但是由于面片 P_j 上两个不同的点到达面片 P_i 上某一点的距离不一样，所以从面片 P_j 上两个不同的点到达面片 P_i 上任意一个点的光线的能量并不相等。因此，为了计算所有从 P_j 到 P_i 的光线，必须对面片 P_j 上的所有点求积分。同理，面片 P_i 上两个不同的点从面片 P_j 上的任意一点接收的光线也是不相等的，因此，为了确定 P_i 接收的光线，也必须对面片 P_i 上的所有点求积分。

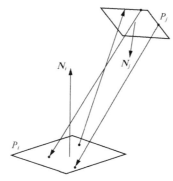

图 9.19　两个面片之间的光线

考虑由面片 j 转移到面片 i 的光线，每个面片都被认为是一个理想的漫反射器，如图 9.20 所示。离开 $\mathrm{d}A_j$ 的光线沿着方向 $\boldsymbol{d} = \boldsymbol{p}_i - \boldsymbol{p}_j$ 传播，光线强度按 $\cos\phi_j$ 衰减，其中 ϕ_j 是面片 j 的法向量 N_j 和向量 $\boldsymbol{d}$ 之间的夹角。同理，到达 $\mathrm{d}A_j$ 的光线也按 $\cos\phi_j$ 衰减，其中 ϕ_i 是面片 i 的法向量 N_i 和向量 $-\boldsymbol{d}$ 之间的夹角。

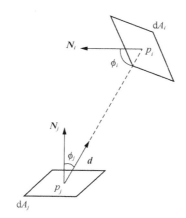

图 9.20　两个面片小区域之间光线强度的衰减

两个表面之间的排列因子是由 $\mathrm{d}A_j$ 发散出来的能量中投射到 $\mathrm{d}A_j$ 部分所占的比例决定的。

$$f_{ij} = \frac{\text{投射到} \mathrm{d}A_i \text{上的能量}}{\text{离开} \mathrm{d}A_j \text{的总能量}}$$

为了正确计算两个面片的排列因子 f_{ij}，还必须考虑这两个面片之间的距离及可能的遮挡，有两种情况，定义项 o_{ij} 为

$$o_{ij} = \begin{cases} 1, & \text{如果可以从} p_i \text{看见} p_j \\ 0, & \text{其他} \end{cases}$$

接着除以面片的整个面积以计算平均值，就可以得到排列因子的方程为

$$f_{ij} = \frac{1}{A_i} \int_{A_i} \int_{A_j} o_{ij} \frac{\cos\phi_i \cos\phi_j}{\pi r^2} \mathrm{d}A_i \mathrm{d}A_j$$

尽管上面这个积分形式很简单，但只有几种特殊的情况能够求出解析解。对于真实的场景，需要使用数值求解的方法。因为有 n^2 个排列因子，所以许多方法只能在精确性和实时性之间折中。下面将简单介绍半球体法和半立方体法。

如图 9.21 所示，假设有一个半球体把面片 P_i 和面片 P_j 隔开，假定需要计算从面片 P_i 上的点到达面片 P_j 上的光。将半球体的中心放置在 P_i 点，并调整面片的朝向使得面片的法向量向上。然后把面片 P_j 投影到半球体上，就可以使用投影后的面片（而不是原始的面片）计算排列因子，如果转换到极坐标系，投影后面片的排列因子的计算方程相对来说要简单很多。然而对于面片 P_j 的每一个小区域都必须放置一个半球体，然后把各个区域的贡献累加起来。

对于大多数图形应用，使用半立方体是一种比使用半球体更简单的方法。如图 9.22 所示，半立方体的中心位置和半球体一样，但是半立方体的表面被分割为许多称为像素的小正方形。到达面片 P_i 的光线与使用的中间表面类型无关。使用半立方体的优点是半立方体的表面要么平行于 P_i 要么垂直于 P_i，因此可以把 P_i 直接投影到半立方体上，然后计算半立方体上每个像素对到达 P_i 这个点的光照贡献。因此，如果半立方体的表面被分割为 m 个像素（$1 \sim m$），那么能够计算出面片 P_j 投影的并且从 P_i 点可见的那些像素的贡献值，把这些贡献值累加起来就可得到 delta 排列因子（delta form factor）Δf_{ij}，它表示面片 P_j 对半立方体中心处的小区域 $\mathrm{d}A_i$ 的贡献。把所有 delta 排列因子的贡献值加起来就可以得到所需的排列因子。一旦知道面片 P_j 是否投影到某个像素上，该像素的贡献值就可以被解析出来，这种计算方法和光线跟踪中用来确定光源方向上一个对象是否可见的方法类似。

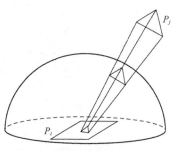

图 9.21　把面片投影到半球体上

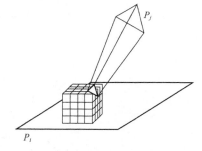

图 9.22　把面片投影到半立方体上

9.3.5　实现辐射度算法

虽然辐射度方法可以生成具有高度真实感的对象表面的绘制结果，但是同时带来了巨大的存储需求问题，以及计算排列因子需大量处理时间的问题。在实际应用中，辐射度绘制方法的主要步骤如下。

首先，将场景分割为一个由许多面片组成的网格。这个步骤需要一些技巧，因为分割后的面片越多，需要计算的排列因子就越多。然而正是因为把对象表面分割为许多面片，辐射度算法才能利用面片之间的漫反射相互作用绘制出场景的精细图像。一般使用交互方法创建初始网格，这样可以在对象表面间的转角等区域放置更多的面片。另一种方法是基于一个大的表面的辐射度等于其细分后子区域辐射度的面积加权和。因此可以从一个很粗糙的网格开始，然后对它逐步细分，这种方法称为逐步求精（progressive refinement）法。一旦得到了一个网格，就可以计算其排列因子，这是整个过程中计算最密集的一步。

其次，得到了网格及其排列因子之后，就可以求解辐射度方程。使用场景中的光源值可以得到发射光的强度矩阵 E，通过把颜色赋给表面得到矩阵 R。然后就可以通过求解辐射度方程确定矩阵 B 中的元素作为面片的新颜色值。随后可以将视点放置在场景的任意位置，并使用传统的绘制系统绘制场景。因此，辐射度模型被称为"视无关"的，但是场景中任意对象位置的改变会引起排列因子的改变，因此需要重新求解辐射度方程。

以下伪代码为简单的逐步求精方法的步骤。

```
for each patch i
    /* Set up hemicube and calculate form factor F[j][i] */

for each patch j {
    dRad = rho[j] * B[i] * F[j][i] * A[j] / A[i];
    dB[j] = dB[j] + dRad;
    B[j] = B[j] + dRad;
}
dB[i] = 0;
```

9.4　本章小结

本章重点讲述了全局光照的相关算法，读者需要明白如何考虑光的多次反射和折射效果的影响，明白渲染方程的模型表达意义，需要掌握光线跟踪算法和辐射度算法等。相对于第 7 章的局部光照，这里需要采用可编程管线完成光照模型的计算与实现。

习　　题

1. 局部光照模型和全局光照模型的不同之处是什么？
2. 有哪些阴影实现技术？
3. 环境光遮蔽能改善或解决什么问题？可起到什么作用？
4. 渲染方程的数学表达式是什么？
5. 对于理想的镜面反射表面来说，可以使用什么方法求解渲染方程？
6. 对于理想的漫反射表面来说，可以使用什么方法求解渲染方程？
7. 描述光线跟踪算法的原理。
8. 描述光线跟踪渲染管线与传统的光栅化渲染管线的区别。
9. 光线跟踪算法渲染产生的阴影与局部光照渲染产生的阴影有何区别？
10. 为什么说光线跟踪算法最适用于高反射率表面较多的场景？
11. 辐射度算法的基本原则是什么？
12. 辐射度算法第一次遍历的主要步骤是什么？
13. 简述半球体方法和半立方体方法，以及两者的关联。
14. 为什么实际上通常使用逐步求精法？

10

第 10 章　实时物理渲染与非真实感绘制

本章导读

本章将围绕基于物理的渲染技术和非真实感绘制技术两种高级渲染技术进行讲解。

基于物理的渲染（physically based rendering，PBR）技术是基于真实物理原理简化而实现的一类渲染技术。由于其真实性更接近现实，同时相对于光线跟踪更具有实时性效果，并且可以直观地利用相关物理参数调整效果，因此近些年在游戏和电影渲染上得到了广泛应用。

非真实感绘制（non-photorealistic rendering，NPR）技术是指利用计算机实现类似于油画、漫画等风格模式的绘制技术，其绘制结果不追求照片级的现实光照效果，而是模拟绘画艺术创作的方式，强调笔触，强调色彩的艺术效果。

10.1　实时物理渲染

本节重点讲述 PBR 技术与 BRDF 模型技术。

10.1.1　PBR 技术

现实世界中物体表面并非绝对光滑，用放大镜观察，会发现表面往往是凹凸不平的。在考虑物体的光照效果时，可以把表面模拟成大量朝向各异的微小光学平面的集合。当光线照射到这些微小表面上时，一部分光线在表面发生反射，朝向不同的微平面把入射光线反射到不同的方向；另一部分光线发生折射，折射光线取决于物质的组成成分。对于金属，折射进表面的光线的能量大都会立即被金属中的自由电子吸收，转换成电子的能量，不再可见。对于非金属，通常由于其并非由单一成分构成，其中包含很多折射率不同的微粒，光线遇到这些粒子后发生反射与折射，在物质内部不断传播，散射到不同方向，其中一部分光线会再次穿过表面被观察到，这种现象称为次表面散射（subsurface scattering），也有一部分光线在传输过程中被吸收。

直接反射部分称为高光（specular light），其反射方向相对固定，聚集在一个方向周围，从不同的位置观察会有不同的结果。次表面散射部分属于散射光（diffuse light），光线被散射到各个方向，往往采用双向反射分布函数模拟这种现象。

前面章节中我们讲述了全局光照，全局光照和基于物理的渲染是两个不同的概念，也是处理渲染的不同阶段和过程。全局光照是指模拟间接光照的过程，光线在一个场景中的发射不停迭代的结果。PBR 侧重于在物理模型上考虑以合理方式对表面光照结果进行模拟，其内容包括能量守恒、微平面等理论。此外，PBR 并不总是试图准确地模拟光线，为了达到实时渲染的目的，PBR 大都采用近似和粗略的计算方法。

1. PBR 理论

基于物理的渲染是指使用基于物理原理和微平面理论建模的着色/光照模型，根据从现实中测量的表面参数准确表示真实世界材质的渲染理念。简单来说，它是指能够实现接近物理真实的整个渲染算法或过程。

全局光照算法，如基于光测量的辐射度算法，由于其光照方程的复杂性及硬件性能的限制，很难达到实时计算。早期的应用中大多使用一些近似的算法（如 Phong 光照算法或者 Blinn-Phong 光照算法等）模型。这些模型能产生近似真实的效果，但是其图像的渲染结果不是物理上正确的。而基于物理渲染的目的是使用一种更符合物理学规律的方式模拟光线，使绘制的结果与原来的 Phong 光照算法或者 Blinn-Phong 光照算法相比更真实。基于物理的渲染不仅需要能够使图像渲染结果更接近真实效果，同时还需要建立相应的材质系统，保证其材质属性很容易让美术人员直观地设计、编辑和修改（例如像迪士尼原创的 BRDF 及虚幻引擎 4 中的材质系统 Real Shading in UE4）。如今基于物理的渲染已经广泛应用于各种渲染引擎和游戏引擎中。但要明白，基于物理的渲染仍然只是对现实世界物理原理的一种近似，所以称之为 "physically based rendering" 而非 "physical rendering"。

以下是对 PBR 基础理念的概括。

- 微平面理论（microfacet theory）。微平面理论是基于将物体表面看成无数微观尺度，并具有随机朝向的理想镜面反射小平面（microfacet）的光照模拟计算理论。

- 能量守恒（energy conservation）。出射光线的能量永远都等于或略小于入射光线的能量。

- 基于物理的 BRDF 模型（physically based BRDF）。它描述的是光线在物体表面发生反射到任何一个视点方向的反射特性，即入射光线经过某个表面反射后如何在各个出射方向上分布。

2. 微平面理论

物体表面的粗糙度会影响光线反射的结果，反射光的范围大小取决于物体表面的粗糙度，物体表面越粗糙，它越能接收更大范围的光照，如图 10.1 所示。光照模型通过模拟物体表面微观尺度（小于单个像素）细节的光照变化，用数学分析的方法模拟微平面的反射结果，这就是微平面理论，如图 10.2 所示。

图 10.1 物体表面的粗糙度影响光线反射的结果

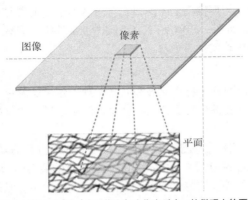

图 10.2　微平面理论（在图像上每个像素对应一块微观上的平面）

像素是最终绘制结果的最小单元，但一个像素的尺寸远远大于物体表面上微观粒子的尺寸。图 10.2 中的小方块表示一个像素，下面灰色褶皱部分是该像素对应的实际微观结构。如果不基于这些微观结构模拟光照计算，而只在像素层面考虑着色（如直接贴图），其反映不出真实物体表面的微观细节，因此不能真实地反映实际的光照效果，这些技术也不能称为基于物理的渲染技术。

在微平面理论中，表面上的每个微平面都是微小的菲涅耳透镜，其物体表面特征表现为微平面表面法线的分布。

每个微平面可以看成绝对光滑的，只遵循反射定律。这样，满足反射方向刚好在观察方向 v 的微观面元才会被观察到。所以微观面元的法线方向正好位于光线入射角度 l 与观察方向 v 之间，这个矢量称为半矢量（half vector）h，如图 10.3 所示，计算如下。

$$h = \frac{l+v}{|l+v|}$$

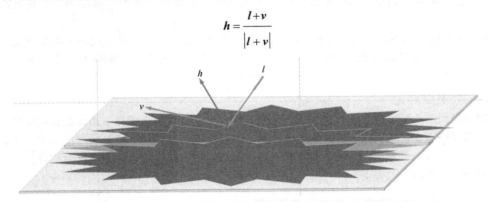

图 10.3　微平面的镜面反射

有些微平面反射的光有时还会被遮挡，实际情况是经过多次表面反射，这些光最终还是可见的。在微平面模型中一般忽略这一复杂的情况，即不考虑所有被遮挡的光线；同时忽略光在微平面上的多次反射。微平面遮挡与反射情况的对比如图 10.4 所示。

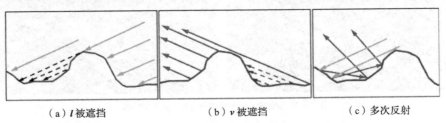

（a）l 被遮挡　　　　　　（b）v 被遮挡　　　　　　（c）多次反射

图 10.4　微平面遮挡与反射情况的对比

图 10.4（a）所示表示光照 *l* 经过一些表面点时被遮挡；图 10.4（b）所示表示从视图方向 *v* 看不到一些表面点，这两种情况的表面点对 BRDF 没有贡献；图 10.4（c）所示表示经过多次反射之后，阴影区域内仍然有区域反射的光。

这些微小结构的数量远超过最终结果的像素数量，并且微平面上的法线方向是随机的，因此基于统计学方式考虑，就有了 microfacet BRDF 理论。该理论使用正态分布函数（normal distribution function，NDF）模拟微观面元的法线分布特征。通过该分布函数能够表述物体表面的微观特征，从而接近物理真实，这是一种基于物理的渲染模型。

NDF 描述组成表面的点的所有微观面元的法线分布概率。可以这样理解，假设光线入射方向为 *l*，观察方向为 *v*，则可以计算出半矢量 *h*，NDF 可以根据给定的 *h* 返回一个法线等于半矢量 *h* 的微观面元占总数的比例（比如是 20%，则代表有 20% 的微观面元的法线方向等于半矢量 *h*，那么有 20% 的微观面元能将光线反射到观察方向 *v*）。

常见的一些法线分布模型有 Beckmann[1963]、Blinn-Phong[1977]、GGX[2007]、Trowbridge Reitz[1975]、Generalized Trowbridge Reitz(GTR)[2012]、Anisotropic Beckmann[2012]、Anisotropic GGX[2015]等。GGX 与 Blinn-Phong 的对比如图 10.5 所示。其中，业界较为主流的法线分布函数是 GGX（Trowbridge Reitz），因为通过其可获得更好的高光长尾：

$$D_{\text{GGX}}(\boldsymbol{m}) = \frac{\alpha^2}{\pi\left[(\boldsymbol{n} \cdot \boldsymbol{m})^2(\alpha^2 - 1) + 1\right]^2}$$

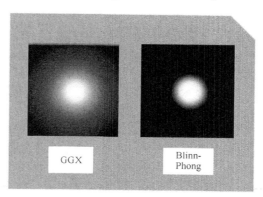

图 10.5 GGX 与 Blinn-Phong 的对比

3. 辐射能量守恒

微平面的近似计算满足能量守恒，即出射光能不应超过入射光能（不包括表面的自发光）。

如图 10.6 所示，从左到右，镜面反射区域不断增加，同时将伴随着粗糙度不断增加，其亮度也会降低。如果镜面反射强度在每个像素处相同，这样较粗糙的表面将反射更多的能量，这就违反了能量守恒原理。所以，结果是在光滑表面上看到的镜面反射更强烈，在粗糙表面上看到的更模糊。

图 10.6 不同粗糙度的材质的镜面反射效果

为了遵守能量守恒原理，需要明确区分漫反射光和镜面反射光。当光线照射到表面的那一刻，它会分为折射部分和反射部分。反射部分是直接被反射并且不会进入表面的光，这就是图形学中经常说的高光，如图 10.6 所示的左边球体的高亮区域。折射部分是进入表面并被吸收后的剩余光，这就是我们所知的散射光照。

这里有一些细微差别，因为折射光不会立即被表面吸收，从物理学的角度看，我们知道光可以被有效地视为一束能量，一直向前移动，直到它失去所有的能量，光束失去能量的方式是碰撞，每种材料都由微小的微粒组成，可以与光线发生碰撞，如图 10.7 所示。粒子在每次碰撞时吸收部分或全部光能，并将之转化为热量。

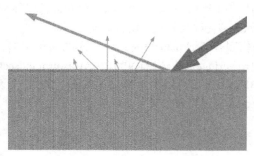

图 10.7　光线在物体内部穿梭与反射

通常并非所有能量都被吸收，光将在随机方向上发生散射，在该方向上它与其他粒子碰撞，直到其能量耗尽或离开表面。从表面重新射出的光线即观察到的（漫反射）颜色。在基于物理的渲染中，需要简化此假设，即所有折射光在非常小的撞击区域内被吸收和散射，这个技术被称为次表面散射技术。次表面散射技术可以显著改善皮肤、大理石和蜡等材料的视觉效果，但会以性能为代价。

反射和折射的另一个不同之处在于金属表面。与非金属表面相比，金属表面对光的反应不同。金属表面遵循相同的反射和折射原理，但所有折射光都直接被吸收而没有散射，只留下反射或镜面光，金属表面没有显示漫反射的颜色。由于金属和电介质之间的这种明显的区别，它们在 PBR 管道中的处理方式也不同，后面我们通过调节材质的金属度可以看到明显的效果。

4. 菲涅耳反射率

菲涅耳方程描述入射光被反射和折射的比例，菲涅耳反射率仅取决于入射角 θ 及两种介质的折射系数，而介质的折射系数取决于物体的物理材质。本小节我们将深入探讨不同物理材质的菲涅耳效果。

反射的光量由菲涅耳反射率 R_F 描述，其取决于入射角 θ。根据能量守恒原理，任何未反射的光都会被折射，则折射的辐射能量的比率为 $1-R_F$。又由于折射后形成的投影面积与立体角的大小有差异，因此入射和折射的辐射亮度之间的关系定义如下，菲涅耳反射光亮如图 10.8 所示。

$$L_t = [1 - R_F(\theta_i)]\frac{\sin^2 \theta_i}{\sin^2 \theta_t} L_i$$

折射角度 θ_t 的大小取决于一种称为折射率的光学性质，采用符号 n 表示折射率。其中 n_1 是物体表面"上方"（光最初传播的地方）的折射率，n_2 是物体表面"下方"（折射光传播的地方）的折射率。θ_i、θ_t、n_1 和 n_2 服从一个简单的方程式，称为 Snell 定律。

$$n_1 \sin \theta_i = n_2 \sin \theta_t$$

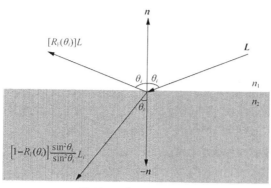

图 10.8 菲涅耳反射光亮

利用 Snell 定律，我们可以推出计算折射辐射亮度的公式为

$$L_t = \left[1 - R_F(\theta_i)\right] \frac{n_2^2}{n_1^2} L_i$$

对于给定的一个物体表面，菲涅耳公式根据菲涅耳反射率 R_F 及光线入射角进行计算。在相同角度下，不同物体表面材质的菲涅耳反射率 R_F 的值不同，即不同的物质都有一个曲线图表示该物质的菲涅耳反射率 R_F 和入射角的关系。通常这个曲线是非线性的，入射角在 0°（光线垂直于表面）到 60° 之间菲涅耳反射率 R_F 的值变化很小，从 60° 到 90° 时 R_F 的值迅速变大到 1，如图 10.9 所示。

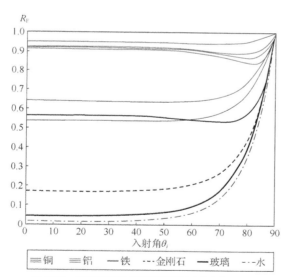

图 10.9 用于外部反射的菲涅耳反射率来自各种物质

由于铜和铝在可见光上的反射率有显著变化光谱，它们的反射率显示为 R、G 和 B 这 3 条独立曲线。铜的 R 曲线最高，其次是 G 曲线，最后是 B 曲线。铝的 B 曲线最高，其次是 G 曲线，最后是 R 曲线。当入射角约为 80° 时，铝的 R、G 和 B 曲线有明显不同，显示微弱的淡蓝色。Schlick 给出了计算菲涅耳反射率 R_F 近似值的公式，该公式对大多数物质来说是准确的。

$$R_F(\theta_i) \approx R_F(0°) + \left[1 - R_F(0°)\right](1 - \cos\theta_i)^5$$

这个公式比较实用，$R_F(0°)$ 是唯一需要提前给定的参数，$R_F(0°)$ 的值有明确的范围（ 0 到 1 ），并且在现实中容易测量得到不同材质的 $R_F(0°)$。折射率也可用于计算 $R_F(0°)$。通常假设 $n_1=1$

（近似于空气的折射率），n 作为物体的折射率。这就给出了以下等式。

$$R_F(0°) = \left(\frac{n-1}{n+1}\right)^2$$

由图 10.9 可以看出不同类型的材质的 $R_F(0°)$ 具有不同的范围。在图形学领域通常分为金属和非金属。最常见的非金属材质有水、玻璃、皮肤、木头、头发、皮革、塑料、石头、混凝土等。非金属材质通常有相对较低的 $R_F(0°)$ 值，通常为 0.05 或更小。这使得当光线近似垂直入射（角度接近 90°）时菲涅耳效应特别明显，因为在接近 90° 时，菲涅耳反射率 R_F 的值迅速增加到 1。而金属具有高的 $R_F(0°)$ 值，几乎总是 0.5 或更大。金属与非金属的部分菲涅耳系数及颜色如表 10.1 所示。

表 10.1　金属与非金属的部分菲涅耳系数及颜色

非金属	$R_F(0°)_{(Linear)}$	$R_F(0°)_{(sRGB)}$	颜色
水	0.02,0.02,0.02	0.15,0.15,0.15	
塑料/玻璃（低光）	0.03,0.03,0.03	0.21,0.21,0.21	
塑料（高光）	0.05,0.05,0.05	0.24,0.24,0.24	
玻璃（高光）/宝石	0.08,0.08,0.08	0.31,0.31,0.31	
金刚石	0.17,0.17,0.17	0.45,0.45,0.45	
金属	$R_F(0°)_{(Linear)}$	$R_F(0°)_{(sRGB)}$	颜色
金	1.00,0.71,0.29	1.00,0.86,0.57	
银	0.95,0.93,0.88	0.98,0.97,0.95	
铜	0.95,0.64,0.54	0.98,0.82,0.76	
铁	0.56,0.57,0.58	0.77,0.78,0.78	
铝	0.91,0.92,0.92	0.96,0.96,0.97	

10.1.2　BRDF 模型技术

BRDF 是真实感光照模型的一个重要概念。它描述的是物体表面将光线从任何一个入射方向反射到任何一个视点方向的反射特性，即入射光线经过某个表面反射后如何在各个出射方向上分布。BRDF 模型主要是用于描述光反射现象的基本模型，如图 10.10 所示。

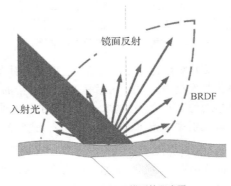

图 10.10　BRDF 模型的示意图

相关定义介绍如下。

- 辐照度（irradiance，又译作辉度、辐射照度），表示单位时间内到达单位面积的辐射通量，也就是辐射通量对于面积的密度，通常用符号 E 表示，单位为 $W \cdot m^{-2}$。

- 辐射率（radiance，又译作光亮度），表示每单位立体角每单位投影面积的辐射通量，通常用符号 L 表示，单位为 $W \cdot sr^{-1} \cdot m^{-2}$。

1. BRDF 的定义

BRDF 的定义为出射辐射率的微分（differential outgoing radiance）与辐照度的微分（differential incoming irradiance）的比值：

$$f(l, v) = \frac{dL_o(v)}{dE(l)}$$

其中，l 是入射光方向，v 是观察方向，也就是我们关心的反射光方向，如图 10.11 所示。$dL_o(v)$ 是表面反射到 v 方向的反射光的微分辐射率。表面反射到 v 方向的反射光的辐射率为 $L_o(v)$，来自表面上半球所有方向的入射光线的贡献，而微分辐射率 $dL_o(v)$ 特指来自方向 l 的入射光贡献的反射辐射率。$dE(l)$ 是表面上来自入射光方向 l 的微分辐照度。表面接收到的辐照度为 E，是来自上半球所有方向的入射光线的贡献，而微分辐照度 $dE(l)$ 特指来自方向 l 的入射光。

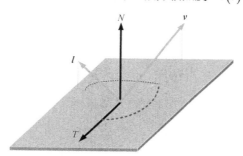

图 10.11 从立体角度观察

BRDF 定义为出射辐射率的微分和入射辐照度的微分之比，它描述了入射光线经过某个表面反射后光照如何在各个出射方向上分布。要理解这个概念，可以想象一个表面被一个角度 l 的入射光照亮，而这个光照效果由表面辐照度 $dE(l)$ 决定。表面会反射此入射光到很多不同的方向，在给定的任意出射方向 v，光亮度 $dL_o(v)$ 与辐照度 $dE(l)$ 成一个比例。两者之间的这个取决于 l 和 v 的比例，就是 BRDF。

2. BRDF 可视化

一种理解 BRDF 的方法就是在输入方向保持恒定的情况下，对它进行可视化表示，如图 10.12 所示。对于给定方向的入射光来说，图中显示了出射光的能量分布。在坐标原点（光与表面的交点）附近形成的半球形部分是漫反射部分，出射光在任何方向上的反射概率相等。椭球部分是一个反射波瓣（reflectance lobe），表示镜面反射部分，该波瓣位于入射光的反射方向上，波瓣厚度对应反射的模糊性。

迪士尼公司提供了一个开源的 BRDF 工具，这个工具可以导入并绘制给定的 BRDF 模型，这些 BRDF 模型可以由 GLSL ES 编写或者来自对真实材质测量的 BRDF 数据。

由于物体表面的微观结构不是绝对光滑的，因此物体表面上每个点的反射或者折射有多个不同的方向。给定一条入射光线，BRDF 的值分布在所有可能出射的方向上。如图 10.13 所示，球面部分是漫反射部分，因为漫反射沿所有方向的值都是一样的；椭圆部分代表了光泽部分，对应图中右边材质球上高光的部分。

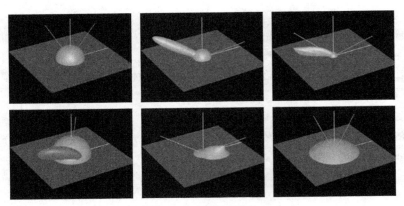

图 10.12　BRDF 可视化

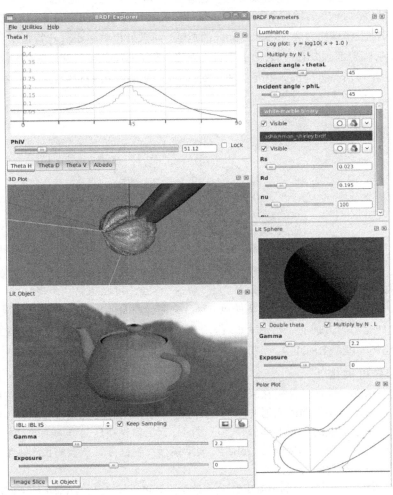

图 10.13　迪士尼公司提供的开源 BRDF 工具

3．BRDF 模型

（1）基于经验的 BRDF 模型

经验模型并不是基于物理原理，而是根据经验给出的模型公式。1975 年，Phong 反射模型（Phong reflection model）提出：

$$I_{\text{Phong}} = k_a I_a + k_d (\boldsymbol{n} \cdot \boldsymbol{l}) I_d + k_s (\boldsymbol{v} \cdot \boldsymbol{r})^a I_s$$

1977 年，Blinn 对 Phong 模型做出修改，这就是后来广泛使用的 Blinn-Phong 反射模型：

$$I_{\text{Blinn-Phong}} = k_a I_a + k_d (\boldsymbol{n} \cdot \boldsymbol{l}) I_d + k_s (\boldsymbol{n} \cdot \boldsymbol{h})^a I_s$$

Blinn-Phong 模型相比 Phong 模型，在观察方向趋向平行于表面时，高光形状会拉长，更接近真实情况。

（2）基于物理的 BRDF 模型

基于物理的 BRDF 模型遵循能量守恒原理，通常为一个 diffuse BRDF（模拟漫反射）加上一个 specular BRDF（模拟镜面反射）。其中 diffuse BRDF 可以分为传统型和基于物理型两大类。传统型主要是众所周知的 Lambert 模型，Lambert 模型的漫反射值由常数值表示。而基于物理的模型有 GDC 2017 年提出的适用于 GGX+Smith 的漫反射模型（PBR diffuse for GGX+Smith），也包含在 SIGGRAPH 2018 上提出的来自《使命召唤：二战》的多散射漫反射 BRDF（multiscattering diffuse BRDF）。

Microfacet Cook-Torrance BRDF 是目前实践中应用最广泛的模型，实际上也几乎是人们可以想到的最简单的微平面模型。它仅对几何光学系统中的单层微平面上的单个散射进行建模，没有考虑多次散射、分层材质及衍射。Cook-Torrance BRDF 包含一个 diffuse BEDF 和一个 specular BRDF：

$$f_r = k_d f_{\text{Lambert}} + k_s f_{\text{Cook-Torrance}}$$

这里 k_d 是前面提到的漫反射的比率，k_s 是镜面反射的比率。BRDF 的左侧表示漫反射部分，这用 Lambert 模型模拟漫反射，通常假设 Lambert 模型漫反射的值由常数值表示，即

$$f_{\text{Lambert}} = \frac{c}{\pi}$$

其中，c 是表面颜色，除以 π 进行归一化。虽然 Lambert 模型漫反射很简单，但正如 Epic Games 公司所总结的那样，Lambert 模型漫反射足以满足大多数实时渲染需求。因为看起来越逼真的漫反射模型，计算上的开销就越大。右边部分表示镜面反射，此 specular BRDF 表示为

$$f(\boldsymbol{l}, \boldsymbol{v}) = \frac{F(\boldsymbol{l}, \boldsymbol{h}) G(\boldsymbol{l}, \boldsymbol{v}, \boldsymbol{h}) D(\boldsymbol{h})}{4(\boldsymbol{n} \cdot \boldsymbol{h})(\boldsymbol{n} \cdot \boldsymbol{v})}$$

Cook-Torrance 镜面 BRDF 由 3 个函数和归一化因子作为分母组成。D、F 和 G 符号中的每一个代表一种近似于表面反射特性的函数，这些分别代表法线概率分布函数、菲涅耳方程和几何函数。

- $D(\boldsymbol{h})$：法线概率分布函数，描述微平面法线分布的概率，也就是正确朝向的法线的浓度。即具有正确朝向，能够将来自 $\boldsymbol{l}$ 的光反射到 $\boldsymbol{v}$ 的表面点的相对于表面面积的浓度。
- $F(\boldsymbol{l}, \boldsymbol{h})$：菲涅耳方程（Fresnel equation），描述不同的表面角下表面所反射的光线所占的比率。
- $G(\boldsymbol{l}, \boldsymbol{v}, \boldsymbol{h})$：几何函数（geometry function），描述微平面自成阴影的属性，即 $\boldsymbol{m} = \boldsymbol{h}$ 的未被遮蔽的表面点的百分比。
- 分母 $4(\boldsymbol{n} \cdot \boldsymbol{h})(\boldsymbol{n} \cdot \boldsymbol{v})$：校正因子（correction factor），作为微观几何的局部空间和整个宏观表面的局部空间之间变换的微平面量的校正。

上述函数或方程中的每一个都是它们在物理基础上的近似计算，都在逼近基础物理学。Epic Games 公司的 Brian Karis 在这里对多种类型的近似进行了大量的研究。在 Epic Games 公司的虚幻引擎 4 的应用中，基于物理的 BRDF 模型的一个普遍的公式为一个漫反射 BRDF 加上一个镜面反射 BRDF，如下。

$$f(\boldsymbol{l}, \boldsymbol{v}) = \text{diffuse} + \frac{F(\theta_d) G(\theta_l, \theta_v) D(\theta_h)}{4 \cos \theta_l \cos \theta_v}$$

即 D 函数的 Trowbridge-Reitz GGX，F 函数的 Fresnel-Schlick 近似和 G 函数的 Smith 的 Schlick-GGX。

4. PBR 材质

这里我们使用迪士尼公司的 BRDF 模型解释材质参数。在 2012 年迪士尼公司的 BRDF 被提出之前，基于物理的渲染都需要大量复杂而不直观的参数，此时 PBR 的优势并没有那么明显。2012 年迪士尼公司提出，他们的着色模型是艺术导向（art directable）的，而不一定是完全物理正确（physically correct）的，并且对微平面 BRDF 的各项都进行了严谨的调查，并提出了清晰、明确而又简单的解决方案。

迪士尼的理念是开发一种"原则性"易用的模型，而不是严格的物理模型。正因为这种艺术导向的易用性，让我们用非常直观的少量参数，以及非常标准化的工作流，就能快速实现涉及大量不同材质的真实感的渲染工作。而这对于传统的着色模型来说是不可能完成的任务。

以上述理念为基础，迪士尼动画工作室对每个参数的添加进行了把关，最终得到了一个颜色参数描述，包括如下 10 个标量参数。

颜色参数为 baseColor（基础色），用于描述表面颜色，通常由纹理贴图提供。

10 个标量参数如下。

- subsurface（次表面）：使用次表面近似控制漫反射形状。
- metallic（金属度）：金属（0 =电介质，1 =金属）。这是两种不同模型之间的线性混合。金属模型没有漫反射成分，并且还具有等于基础色的着色入射镜面反射。
- specular（镜面反射强度）：入射镜面反射量，用于取代折射率。
- specularTint（镜面反射颜色）：对美术控制的让步，用于对基础色（base color）的入射镜面反射进行颜色控制，掠射镜面反射仍然是非彩色的。
- roughness（粗糙度）：表面粗糙度，控制漫反射和镜面反射。
- anisotropic（各向异性强度）：各向异性程度，用于控制镜面反射高光的纵横比（0=各向同性，1 =最大各向异性）。
- sheen（光泽度）：一种额外的掠射分量（grazing component），主要用于布料。
- sheenTint（光泽颜色）：对光泽度的颜色控制。
- clearCoat（清漆强度）：有特殊用途的第二个镜面波瓣（specular lobe）。
- clearCoatGloss（清漆光泽度）：控制透明涂层光泽度，0="缎面"（satin）外观，1="光泽"（gloss）外观。

每个参数的渲染示例如图 10.14 所示。

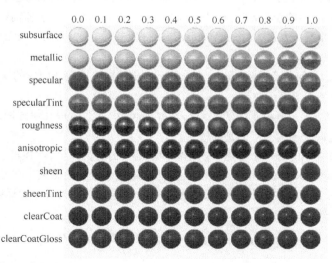

图 10.14　颜色参数的渲染示例（迪士尼公司的 BRDF 每行的参数从 0 到 1 变化，其他参数保持不变）

10.1.3　WebGL 材质实例分析

在 WebGL 中通过调用 Three.MeshStandardMaterial 或 Three.MeshPhysicalMaterial 创建基于物理的渲染的材质。可以在其中传入金属度、粗糙度等参数。这两个函数的不同之处在于 MeshPhysicalMaterial 可以添加 clearCoat 和 clearCoatRoughness 参数。

```
var material = new Three.MeshStandardMaterial( {
    color: 0xffffff,
    metalness: params.metalness,
    roughness: params.roughness
} );
var material = new Three.MeshPhysicalMaterial( {
    metalness: params.roughness,
    roughness: params.metalness,
    clearCoat: params.clearCoat,
    clearCoatRoughness: params.clearCoatRoughness,
    reflectivity: params.reflectivity,
    envMapIntensity: 1.0
} );
```

最重要的 3 个参数是 metallic、roughness 和 specular。图 10.15 所示是用 metallic=0，roughness=0.02 和 specular=0.5 渲染得到的，下面用这个结果作为参考说明其他几个参数对最终外观的影响。

图 10.15　metallic=0、roughness=0.02 和 specular=0.5 得到的渲染结果

metallic 是一个插值因子。metallic 为 0 的时候，对应的材质就是一层漫反射材质外面包裹了一层清漆（clear coat）材质；metallic 为 1 的时候，则没有任何漫反射项（如果不在乎小细节则直接让菲涅耳项等于 1）；metallic 在 0 和 1 之间的时候，则让漫反射项和菲涅耳项插值。图 10.16 所示是把参考图片的 metallic 调成 1 得到的结果。

图 10.16　metallic=1、roughness=0.02 和 specular=0.5 得到的渲染结果

roughness 也许同时影响漫反射项和基于微平面的镜面反射项。漫反射项的实现在 10.1.2 小节中已经给出了，roughness 越大，在入射角低的时候漫反射项会有更强的反光。roughness 的平方则直接作为微平面的 D 函数中的粗糙度参数，若使用平方，最终视觉外观的粗糙度为线性。

微平面的 G 函数中的粗糙度参数则为 0.5+（0.5\times roughness），原因是如此所得结果更符合 MERL 数据库中的结果。对 roughness 的重新映射也体现了之前提到的基于外观和数据驱动的特点。图 10.17 所示是把参考图片的 roughness 调到 0.2 得到的结果。

图 10.17　metallic=1、roughness=0.2 和 specular=0.5 得到的渲染结果

specular 决定了物体镜面反射强度的大小，实现更为简单。0～1 就只是映射到菲涅耳项中垂直入射角度镜面反射的强度而已。映射的范围是[0,0.08]，对应的折射率范围是[1.0,1.8]，可以覆盖绝大多数的材质。specular 为 0.5 时对应的折射率是 1.5，也就是最常见的玻璃材质。图 10.18 所示是把参考图片的 specular 分别调到 0 和 1 的结果。

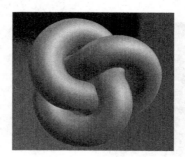 

（a）specular 为 0　　　　　　　　　　（b）specular 为 1

图 10.18　调整 specular 的效果

clearCoat 参数是第二层镜面反射的强度，现实中有许多两层镜面反射的材质，如微平面材质和多层材质。clearCoat 从 0 到 1 映射第二层镜面反射的强度是 0 到 0.25，第二层镜面反射中 G 函数的参数使用常数 0.25。D 函数的参数取决于 clearCoatGloss。图 10.19 是 metallic 为 1、roughness 为 0.7、clearCoatGloss 为 0.05 时，clearCoat 分别为 0 和 1 时的效果对比。

（a）clearCoat 为 0　　　　　　　　　　（b）clearCoat 为 1

图 10.19　调整 clearCoat 的效果

其他所有以 Tint 结尾的参数是确定对应项是否有颜色。例如 specularTint 为 0 的时候镜面反射的光照就是无色的（所有光线都被反射），为 1 的时候则变成 BRDF 的颜色 baseColor。

对这个材质系统的大概认识，就是基于对基本的材质模型间的插值、叠加等操作模拟更复杂的材质。但参数的选择需要通过分析现实中各种材质外观的特性，从而挑出了一些最能决定外观的参数，并且将这些参数重新映射到 0～1 的范围内，使得使用的时候更加直观、可以插值，并利用多重映射拟合现实中测量的反射数据。虚幻引擎 4 中的材质系统使用的是同一个 BRDF，当然有许多简化的地方，例如漫反射项就只是最简单的 Lambert 模型。

WebGL 实现物理渲染的代码位于如下路径：

Three.js\src\renderers\Shaders\ShaderChunk\lights_physical_pars_fragment.glsl.js

这里一共定义了 4 个函数，分别如下。

- 计算直接光照的 RE_Direct_Physical()；
- 计算窗口射入光线的 RE_Direct_RectArea()；
- 计算间接光照漫反射的 RE_IndirectDiffuse_Physical()；
- 计算间接光照镜面反射的 RE_IndirectSpecular_Physical()。

WebGL 相应官网上有具体实现和说明。

10.2　非真实感渲染

非真实感渲染（NPR），通过风格化渲染（stylistic rendering）的方式，在计算机上模拟各种艺术的表达方式。与传统的追求照片真实感的真实感渲染（photorealistic rendering）不同，非真实感渲染旨在模拟艺术式的绘制风格，如铅笔画、钢笔画、墨水画、木炭画、水彩画等。

10.2.1　概述

经典的图形学绘制致力于模拟真实的光照效果，对场景的再现可以达到照片级效果。真实感渲染一般采用物理建模的方法，对场景的颜色、材质等属性进行模拟，仿真光线与对象的交互影响，从而产生真实的绘制结果。计算机的真实感绘制追求与现实生活中人们观察世界、摄影、摄像等过程完全一致。

非真实感渲染不同于照片级渲染，其往往都针对一些不同的特殊目的，如插图画风格的绘制，目的就是将模型渲染成艺术插图效果。插图绘制会忽略掉一些细节，而只有轮廓或者模拟阴影部分才会呈现。一张闪亮的汽车渲染效果图在向客户销售汽车的时候会很有用，但对于修理汽车引擎的工程师来说，线稿图更有意义。另一种 NPR 的应用领域是模拟绘画效果，比如模拟铅笔画、水彩画的效果等。在计算机上，通过图形绘制管线，要获得特别的笔触会涉及大量的算法。

非真实感渲染对模型进行一定的抽象，省略了一些绘制细节，而突出加强了另一些细节结果描述，从而比真实感渲染更能一目了然地体现设计者的设计意图。因此，非真实感渲染在工程技术图、装配说明图和某些视频教育领域比真实感渲染有更好的表现效果。

真实感渲染和非真实感渲染的差别如表 10.2 所示。

表 10.2　真实感渲染与非真实感渲染的差别

因素	真实感渲染	非真实感渲染
实现方式	真实光照模拟	风格化
特征	客观的	主观的

续表

因素	真实感渲染	非真实感渲染
影响因素	物理过程模拟	艺术过程模拟（基于认知规律）
描述的准确性	追求精确	模拟近似
细节的表达	追求详细，真实地反映所有细节	根据观者的注意力，改变细节层次
完整性	完全的	选择性的
适用于表达	刚性曲面	自然现象

利用非真实感渲染技术，可以对同一三维场景用多种风格绘制，比如铅笔画、水彩画、素描、油画、漫画等效果，甚至可以模仿高水平画家的风格。在某些场合，使用非真实感渲染技术生成的图像比使用真实感渲染技术生成的图像更生动和吸引人，因而它在教育、娱乐、艺术等领域有广泛的应用前景。目前这些技术已被应用到技术说明手册、游戏、电影等方面，随着研究和认识的深入，非真实感渲染技术将有更广泛的应用。

上述两种技术的渲染结果如图 10.20 所示。

（a）真实感渲染　　　　　　　　　　　　　（b）非真实感渲染

图 10.20　真实感渲染与非真实感渲染的结果

10.2.2　分类

非真实感渲染有多种分类方法，按绘制风格大致分为以下几种。

- 科学可视化（scientific visualization）。
- 技术绘图（technical illustration）。
- 铅笔、钢笔画插图（pen-and-ink illustration）。
- 艺术绘图（painterly rendering）。
- 卡通渲染（cartoon render）。

铅笔、钢笔画插图，此类绘制追求铅笔、钢笔等的素描效果。主要使用线条勾勒景物轮廓，用线条曲率方向表现景物形状，用线条笔画稠密表现光照明暗等，如图 10.21 所示。

艺术绘图也是非真实感渲染的主要目标之一，其绘制可能包含几种风格：印象派（impressionist）、表现派（expressionist）、水彩（watercolor）、点绘（stippling）等，还有像我国特有的水墨画风格。物理模拟方法主要是对画纸、画刷和颜料等介质的物理性质及绘画过程进行模拟，如颜料在纸上的流动、不同画刷笔画之间的重叠交互和纸对水的吸收能力等。

图 10.21　基于 NPR 渲染出的铅笔素描

卡通渲染出现在各式动漫、游戏和电影中。在游戏制作方面，各种涉及非真实感渲染的作品数不胜数，如《塞尔达传说》系列等。下面以卡通渲染为主进行实现技术的讲解。

10.2.3　卡通渲染

McCloud 在其经典著作《理解漫画》中讲到"通过简化进行增强"。卡通渲染的原则就是通过简化光照与阴影的细节内容来突出物体的轮廓与形变。

卡通渲染是游戏中常见的一种渲染风格，使用这种风格的游戏画面通常有一些共同特点，如物体都有黑色的轮廓线，以及简单清晰的明暗变化。要实现卡通渲染有很多方法，其中之一就是使用基于色调的着色技术（tone-based shading）。

卡通渲染中 3 个基本要素如下。

* 锐利的阴影（sharp shadows）。
* 少有或没有高亮的点（little or no highlight）。
* 物体轮廓描边（outline around objects）。

对于含有纹理但没有光照的模型来说，可以通过对纹理进行量化来近似具有实心填充颜色的卡通风格。

而对于明暗处理，有两种最为常见的方法：一种是用实心颜色填充多边形区域，但这种方式的实用价值不大；另一种是使用 2-tone 方法表示光照效果和阴影区域，该方法也称为硬着色方法（hard shading），是通过将传统光照方程元素重新映射到不同的调色板上实现的。此外，一般用黑色绘制图形的轮廓，可以达到增强卡通视觉效果的目的。真实感光照模型和卡通着色模型的效果如图 10.22 所示。

（a）真实感光照模型　　　　　　　　　（b）卡通着色模型

图 10.22　真实感光照模型和卡通着色模型的效果

1. 提取轮廓线

轮廓线是三维模型观察绘制时的一个重要特征，代表了模型在当前视点方向观察时的大致轮廓和形状，刻画了三维模型在不同观察视角时刻的外观特征。因此经常通过绘制轮廓线，或者通过在轮廓边缘加强对比来突出模型外形特征。很多手动绘制的三维场景经常通过简化某些局部细节和加强轮廓线来表达设计者的设计意图。

轮廓线是跟视点相关的，所以在动画实时应用中，必须为每一帧计算轮廓线。高效的轮廓线算法可以提升应用的整体性能，所以用计算机自动生成物体的轮廓线是卡通渲染的核心技术。轮廓线的检测技术需要解决可见性判别问题。根据视点可以计算提取物体的外轮廓，包括物体的边缘，以及物体本身固有的褶皱。

在 *Real Time Rendering* 第 3 版中，轮廓渲染的方法分为以下 5 种。

（1）表面角描边

表面角描边（surface angle silhouetting）基于观察方向和表面法线提取轮廓线，其基本思想是使用视点方向（view point）和表面法线（surface normal）之间的点乘结果判定轮廓线。如果此点乘结果接近 0，那么可以判定这个表面有极大概率是侧向（edge-on）的视线方向，而我们就将其视作轮廓边缘进行描边。

如图 10.23 所示，P_1 和 P_2 代表相机所在位置，S 是表面上一点，N 是 S 的法线。当我们在 P_1 观察物体时，S 点很明显不能当成物体的轮廓，这个时候 n 和 v_1 的点乘值比较大。而在 P_2 点观察的时候，S 点左边的部分几乎是看不到的，这个时候 n 和 v_2 的点乘值很小，接近 0，于是可以把 S 看成物体的轮廓。

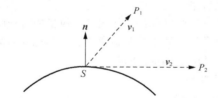

图 10.23　基于观察角度和表面法线的轮廓线渲染

对轮廓线的绘制采用类似于一个边缘为黑色圆形图的环境贴图方法。对物体表面进行着色处理的方法如图 10.24 所示，沿着圆形图的边缘对圆进行加宽，即可产生较粗的轮廓。

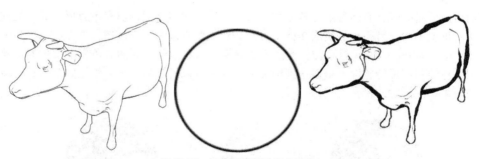

图 10.24　使用圆形图绘制边缘轮廓

在实际应用中，常使用一张一维纹理图（又称 ramp 图）代替圆形图，使用视角方向与顶点法线的点乘对该纹理进行采样。需要注意，这种技术仅适用于一些特定的模型，这些模型必须保证法线与轮廓边缘之间存在一定关系。例如立方体这样的模型，此方法并不太适用，因为往往无法得到轮廓边缘。也可以通过显式地绘制折缝边缘，正确地表现出这类比较明显的特征。

（2）过程几何描边

过程几何描边（procedural geometry silhouetting）是基于几何过程方法的轮廓线渲染，基本思想是先渲染正向表面（front faces），再渲染背向表面（back faces），从而使得轮廓边缘可见，达到描边的目的。有多种方法用来渲染背向表面，且各有优缺点。大都是先渲染正向表面，然后打开正向表面裁剪（clipping）开关，同时关闭背向表面裁剪开关。这样渲染结果便只会显示出背向表面。

① 仅仅渲染出背向表面的边界线，使用偏离值确保这些线条恰好位于正向表面之前。这样就可以将除轮廓边缘之外的其他所有线条全部隐藏起来。这种方法非常适合单像素宽的线条，但如果线条的宽度超过单像素，那么通常会出现无法连接独立线段的情况，从而造成明显的缝隙。

② z 方向偏离的方法，该方法可以直接将背向表面轮廓渲染成黑色。首先需要做的就是通过将背向表面沿屏幕 z 方向向前移动，这样，便只有背向表面的三角形边缘是可见的。如图 10.25 所示，同时利用背向表面斜率设置线条宽度。

图 10.25　z 方向偏离的方法

可以通过对背向表面进行向前平移实现对其渲染。如果正向表面的角度不同，那么背向表面的可见量也不同。

（3）基于图像处理的轮廓线渲染

基于图像处理生成轮廓描边（silhouetting by image processing），该方法通过在各种缓冲区上执行图像处理实现轮廓线的渲染。其处理过程往往是一个后处理操作方式。

通过寻找相邻 z 缓冲数值的不连续性，就可以确定大多数轮廓线的位置。同样，借助邻接表面法向量的不连续性，也可以确定分界线（往往也是轮廓线）边缘的位置。此外，利用环境色对场景进行绘制，也可以检测前两种方法可能漏掉的边缘。

图像处理中，常采用 Sobel 边缘检测算法。Sobel 边缘检测算法的基本原理是利用两组 3×3 的横向和纵向卷积模板，求取图像 x、y 方向的亮度差分近似值。可以通过设定阈值判定图像边缘，公式为

$$G = \sqrt{G(x)^2 + G(y)^2}$$

为了减少计算开销，通常使用近似表达式，即

$$G = \left| G(x) + G(y) \right|$$

当 G 大于某个阈值时，便认为点 P(x,y) 已经到达图像边缘，然后使用以下公式表示图像边缘的方向。

$$\Theta = \arctan\left(\frac{G(y)}{G(x)} \right)$$

该方法的过程总结如下：首先分别渲染出场景的深度图像和法线图像，之后对法线和深度

纹理使用查找边缘滤镜，生成边缘纹理。位于边缘的像素纹理为黑色，其他的为白色。最后，将边缘纹理和颜色纹理结合起来，生成最终渲染图。

（4）基于轮廓边缘检测的描轮廓线渲染

前文提到的大多数渲染方法都存在一个缺点，那就是它们都需要两个通道才能完成物体轮廓的渲染。基于轮廓边缘检测的描边，直接检测出轮廓边缘，然后对它们进行绘制。这种形式的描边，可以很好地控制线条绘制的过程。由于边缘独立于模型，因此这种方法还有另外一个优点，就是能够生成一些特殊的效果。例如，在网格密集的地方可以突显轮廓边缘。

检测一条边是否是轮廓线的方法很简单，只需要检查和这条边相邻的两个面片是否满足以下条件。

$$(n_0 \cdot v > 0) \neq (n_1 \cdot v > 0)$$

其中，n_0 和 n_1 分别表示两个相邻三角形面片的法向，v 是从视角到该边上任意顶点的方向。上述公式的本质在于检查两个相邻的三角形面片是否一个朝正面，一个朝背面。

（5）混合轮廓描边

混合轮廓描边（hybrid silhouetting）即结合了图像处理方法和几何要素方法。这种方法的具体思想是：首先，找到一系列轮廓边缘的列表；然后构造轮廓边缘的绘制属性，为它们指定不同的 ID 值（赋予不同的颜色）；接着遍历 ID 缓冲器，判断提取可见的轮廓边缘；再对这些可见线段进行重叠检测，并将它们连接起来形成平滑的笔画路径；最后对这些重建起来的路径进行风格化笔画渲染。这些笔画本身可以用很多方法进行风格化处理，包括变细、火焰、摆动、淡化等效果，同时还有深度和距离信息。

2. 着色

经典的卡通渲染着色方法是 cel shading 和 tone based shading。cel shading 的基本思想是把色彩从多色阶降到低色阶，减少色阶的丰富程度，从而实现类似手动着色的效果。具体来说，可以用如下计算方法。

$$celCoord = dot(normal, lightDir)$$

$$I = tex(paletteTex, celCoord).rgb \times lightColor.rgb \times k_d$$

其中，k_d 表示模型自身的贴图颜色；celCoord 表示法线和光照方向的点积，用作一维色彩表的查找坐标；paletteTex 是一维色阶表，由几个纯色色块组成。上述做法可以用于模拟卡通渲染的漫反射分量，却并没有考虑视角相关的光照分量的模拟，因此很难实现类似菲涅耳效果的卡通渲染。实际上，也可以用类似查找表的思路计算视角相关的光照分量色阶离散化，将一维查找表扩展到二维即可。

$$celCoord = vec2(dot(normal, lightDir), dot(normal, viewDir))$$

$$I = tex(paletteTex, celCoord).rgb \times lightColor.rgb \times k_d$$

具体的着色方法，可以理解为在片元着色器中测试每个像素漫反射 diffuse 中的 NdotL 值，让漫反射形成一个阶梯函数，不同的 NdotL 区域对应不同的颜色。不同的漫反射强度值的着色部分阶梯指定不同的像素颜色，如图 10.26 所示。

图 10.26　不同的漫反射强度值的着色部分阶梯指定不同的像素颜色

不同于 cel shading，tone based shading 的风格化是基于美术指定的色调插值，并且插值得到的色阶是连续的。这种理论是在 1998 年的论文 *A Non-Photorealistic Lighting Model for Automatic Technical Illustration* 中提出的。该理论提出，色调可以由混合两种颜色（冷调颜色 k_{cool} 和暖调颜色 k_{warm}）得到，首先需要由美术指定冷色调和暖色调，而最终模型的着色将根据法线和光照方向的夹角，在这两个色调的基础上进行插值，具体算法如下。

$$I = k_{\text{cool}}\left(1 + \text{dot}\left(\text{normal}, \text{lightDir}\right)\right)/2 + \left(1 - \left(1 + \text{dot}\left(\text{normal}, \text{lightDir}\right)\right)\right)/2k_{\text{warm}}$$

$$k_{\text{cool}} = k_{\text{blue}} + \alpha k_d$$

$$k_{\text{warm}} = k_{\text{yellow}} + \beta k_d$$

其中，k_d 仍是模型自身的色彩贴图，k_{blue}、k_{yellow} 和 α、β 均是自定义的参数。基于 tone based shading 绘制的球体如图 10.27 所示。

图 10.27　基于 tone based shading 绘制的球体

3．卡通渲染实例

卡通风格渲染的实现主要有两个阶段：轮廓线渲染和着色。物体轮廓线渲染的实现，关键是确定当前着色的片元是否处在边缘的位置。例如可以采用基于观察角度和表面法线的轮廓线渲染方法，计算视线向量与物体表面的夹角，若夹角大于一定的值则认为是边缘。该算法只需要求出视线向量（相机位置减去顶点位置）和法向量，并对其进行单位化，然后对两个向量做点乘运算即可。着色过程使用 cel shading，其中片元着色器的功能就是先将光照强度分级，并且将该等级映射到颜色上，然后根据每个片元受到的光照强度给予该片元一个等级的颜色，这样人为制造出着色过程中不平滑的色块效果。

顶点着色器的完整实例代码如下。

```
varying vec3 vNormal;
varying vec3 vLight;
void main()
{
    vNormal = normalize(normalMatrix * normal);
    vec4 viewLight = viewMatrix * vec4(position, 1.0);
    vLight = viewLight.xyz;
    gl_Position = projectionMatrix * modelViewMatrix * vec4(position, 1.0);
}
```

片元着色器的代码如下。

```
varying vec3 vColor;
varying vec3 vNormal;
varying vec3 vLight;

void main() {
    float silhouette = length(vNormal * vec3(0.0, 0.0, 1.0));
    if (silhouette < 0.5) {
        silhouette = 0.0;
    }
    else {
        silhouette = 1.0;
```

```
    }
    float diffuse = dot(normalize(vLight), vNormal);
    if (diffuse > 0.8) {
        diffuse = 1.0;
    }
    else if (diffuse > 0.5) {
        diffuse = 0.6;
    }
    else if (diffuse > 0.2) {
        diffuse = 0.4;
    }
    else {
        diffuse = 0.2;
    }
    diffuse = diffuse * silhouette;
    gl_FragColor = vec4(vColor * diffuse, 1.0);
}
```

其中，vNormal 是顶点着色器中传递过来的法向量；vec3(0.0, 0.0, 1.0) 是垂直于屏幕的方向，也就是视图坐标系下的视角方向。vNormal * vec3(0.0, 0.0, 1.0) 是将法向量和视角方向进行点乘，得到法向量在视角方向上的投影。length()得到该点乘结果的模长，如果它较小，代表法向量在视角方向上的投影较小，也就是法向量较接近于平行屏幕的方向。图 10.28 所示为卡通渲染的结果。

图 10.28　卡通渲染的结果

10.2.4　其他风格的 NPR 渲染

除了卡通渲染这种比较受欢迎的模拟风格之外，还存在其他各式各样的风格。NPR 效果涵盖的范围非常广泛，从修改具有真实感效果的纹理，到使用算法产生相应的几何修饰。主要有如下 3 种不同的其他风格的 NPR 渲染技术。

- 纹理调色板（palette of textures）。
- 色调艺术图（tonal art maps，TAM）。
- 嫁接（graftals）。

1．纹理调色板

纹理调色板由 Lake 等讨论提出，基本思想是通过漫反射着色项（diffuse shading term）的不同，选择应用于物体表面上的不同纹理。随着漫反射项逐渐变暗，可以选用相应的更暗的纹理，而为了能够产生手绘效果，可以使用屏幕空间坐标采样纹理。同时，为了增强绘制效果，也可以在屏幕空间的所有表面上运用纹理。但如果物体在运动，就会出现物体在纹理之间进行穿梭的现象。此外，也可以在世界空间中运用这个纹理，这样就能够得到一个与屏幕空间完全不同的效果。

2. 色调艺术图

通过在纹理之间进行切换，形成处于硬着色效果和卡通着色效果之间的一种混合，Praun 等提出了一种可以实时生成笔画纹理分级细分图的方法，并可以将其以平滑的方式运用到物体表面上。第一步是生成即时使用的纹理，称为色调艺术图，主要思想是将笔画绘制为分级细分图层次，如图 10.29 所示。

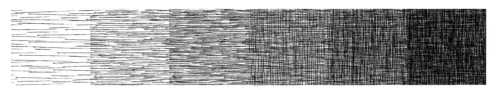

图 10.29 色调艺术图

将笔画绘制到细分图层次中，每个分级细分图层次包含图 10.29 中从左到右纹理中的所有笔画，这样，在细分图层次之间和相邻纹理之间的插值就比较平滑。

3. 嫁接

嫁接的基本思想是，将几何或者贴花纹理应用到物体表面，从而产生某种特殊效果。可以通过所需要的细节层次、物体表面相对视点的方位或者其他因素，对纹理进行控制，这种方法可以用来模拟钢笔或者画刷的笔触。

10.3 本章小结

本章重点讲述物理渲染技术和非真实感绘制技术，这两种高级渲染技术在近年的游戏和电影渲染中经常使用。通过对前面 WebGL 高级编程知识的积累，结合本章的一些实例，读者可以利用 Shader 实现自己的高级绘制效果。

习　题

1. 非真实感渲染有哪些常见分类？
2. 卡通渲染有哪些基本特点，要如何实现？
3. 轮廓线渲染中基于过程几何的方法如何实现？
4. 描述卡通着色中的 tone based shading 的原理。
5. 使用 cel shading 的着色方法实现卡通渲染效果。

参考文献

[1] 孙家广. 计算机图形学[M]. 3 版. 北京: 清华大学出版社, 1998.

[2] EDWARD A, DAVE S. 交互式计算机图形学——基于 WebGL 的自顶向下方法[M]. 2 版. 张荣华, 姜丽梅, 邵绪强, 等译. 北京: 电子工业出版社, 2016.

[3] ELMAR L, GABRIEL Z. 计算机图形学——几何体数据结构[M]. 黄刚, 译. 北京: 清华大学出版社, 2019.

[4] MASSIMILIANO C, MARCO D B, SUMANTA P. 计算机图形学导论——实用学习指南 (WebGL 版)[M]. 邵绪强, 李继荣, 姜丽梅, 等译. 北京: 电子工业出版社, 2017.

[5] HEARN D, BAKER M P. 计算机图形学[M]. 3 版. 电子工业出版社, 2010.

[6] 孙家广, 胡事民. 计算机图形学基础教程[M]. 2 版. 北京: 清华大学出版社, 2009.

[7] 施法中. 计算机辅助几何设计与非均匀有理 B 样条[M]. 北京: 高等教育出版社, 2013.

[8] JOHN F H, ANDRIES V D, MORGAN M, et al. Computer Graphics: Principles and Practice[M]. 3th ed. Upper Saddle River: Addison-Wesley Professional, 2013.

[9] KOUICHI M, RODGER L. WebGL Programming Guide: Interactive 3D Graphics Programming with WebGL[M]. Upper Saddle River: Addison-Wesley Professional, 2013.

[10] STEVE M, PETER S. Fundamentals of Computer Graphics[M]. 4th ed.A K Peters: CRC Press, 2018.

[11] FARHAD G, DIEGO C. Real-Time 3D Graphics with WebGL 2[M]. 2nd ed.Birmingham: Packt Publishing, 2018.

[12] MIKE B, STEVE C. Graphics Shaders: Theory and Practice[M]. 2nd ed. A K Peters: CRC Press, 2016.

[13] JOS D. Learning Three.js: the JavaScript 3D Library for WebGL[M]. 2nd ed. Birmingham: Packt Publishing, 2015.

[14] RAKESH B. AR and VR Using the WebXR API: Learn to Create Immersive Content with WebGL, Three.js, and A-Frame[M]. Apress, 2020.